全国高职高专规划教材

企业环境管理

（第二版）

主　编　林帼秀

参　编　刘铁梅　凌伟峰　白丹丹

李　珍　刘丽霞　张绮纯

中国环境出版集团·北京

图书在版编目（CIP）数据

企业环境管理/林帼秀主编. —2 版. —北京：中国环境出版集团，2020.1（2024.5 重印）
ISBN 978-7-5111-4218-4

Ⅰ. ①企… Ⅱ. ①林… Ⅲ. ①企业环境管理—教材 Ⅳ. ①X322

中国版本图书馆 CIP 数据核字（2019）第 290417 号

出 版 人　武德凯
策划编辑　黄晓燕
责任编辑　侯华华
封面设计　宋　瑞

更多信息，请关注
中国环境出版集团
第一分社

出版发行　中国环境出版集团
（100062　北京市东城区广渠门内大街 16 号）
网　　址：http://www.cesp.com.cn
电子邮箱：bjgl@cesp.com.cn
联系电话：010-67112765（编辑管理部）
010-67112735（第一分社）
发行热线：010-67125803，010-67113405（传真）
印　　刷　北京市联华印刷厂
经　　销　各地新华书店
版　　次　2014 年 4 月第 1 版　2020 年 1 月第 2 版
印　　次　2024 年 5 月第 2 次印刷
开　　本　787×960　1/16
印　　张　24
字　　数　392 千字
定　　价　63.00 元

前言

本教材是根据我国目前环境管理工作的发展趋势，紧密结合环境保护相关专业的培养目标，按照职业院校“企业环境管理”课程教学改革及相关环保管理人员培训需要，组织“双师型”教师及环保系统技术骨干共同编写而成的。

本教材共分六个模块，重点介绍了我国环境管理发展及机构体制，环境法律、制度与标准，建设项目环境管理（环境影响评价、“三同时”验收、排污许可证管理、环境保护税），污染源环境监察，以及企业环境风险及突发事件应急处理、企业环境管理实务等内容。各模块先通过引言介绍该模块的主要内容，引导读者进入该模块的学习；模块中配有案例、例题、图表，理论与实践相结合；各模块后还附有相关阅读材料和复习思考题，便于读者拓展专业知识和视野，并通过思考题巩固本模块的学习；书后附录为常用环保法律，便于读者在学习工作过程中查找阅读。全书内容全面、深入浅出、实用易懂、强化实践、注重创新，体现了培养新时期应用型环境管理人才的特色。

本教材可供职业院校环保类专业环境管理方向教学使用，可作为企业环境管理人员的培训教材，也可作为基层环保部门的环境管理人员的参考书。

本教材由林帼秀主编，刘铁梅、凌伟峰、白丹丹、李珍、刘丽霞、张绮纯等参编。其中，林帼秀负责教材大纲以及模块一、模块三、模块四、模块六的编写与全书统稿审核等工作；刘铁梅、李珍、张绮纯负责模块二的编写工作；凌伟峰负责模块五的编写工作；白丹丹负责模块六部分编写工作；刘丽霞负责附录汇编工作。本教材所引用的文献和图表已一一列入参考文献，在此向原著作者致谢。

由于近年来我国环保法律、法规及相关环境管理政策发生了较大的变化，本教材重新修订出版第二版，以适应当前环保新形势下企业开展环境管理工作的需要。由于时间仓促，限于编者的水平和教学经验，书中欠妥之处在所难免，恳请读者批评指正，不胜感激。

编　者

2019 年 8 月

目 录

模块一　绪　论

引言：本模块在分析环境问题产生、发展的基础上，阐述了环境管理工作的必要性。介绍了环境管理的概念，回顾了我国环境管理工作的发展历程，并综述了我国环境管理的体制、机构及相关管理职能，使读者对环境管理建立初步的认识，为后续模块的学习奠定基础。

一、认识环境管理

（一）环境与环境问题

1．环境

环境（Environment）是相对于某一中心事物而言的。人类环境分为自然环境和社会环境。自然环境包括大气、水、土壤、生物和各种矿物资源等，是人类赖以生存和发展的物质基础。社会环境是指人类在自然环境的基础上，为提高物质和精神生活水平，通过长期有计划、有目的的发展，逐步创造和建立起来的人工环境，如城市、农村、工矿区等。

《中华人民共和国环境保护法》明确指出："本法所称环境，是指影响人类生存和发展的各种天然的和经过人工改造的自然因素的总体，包括大气、水、海洋、土地、矿藏、森林、草原、野生动物、自然遗迹、人文遗迹、自然保护区、风景名胜区、城市和乡村等。"这是把环境保护的要素或对象界定作为"环境"的定义，并对"环境"的法律使用对象或适用范围所作的规定。

2．环境问题

环境问题是指由于人类活动作用于周围环境所引起的环境质量变化，以及这种变化对人类的生产、生活和健康造成的影响。环境问题按产生的原因可分为原生环境问题和次生环境问题两大类。

（1）原生环境问题

原生环境问题是由自然环境的自身变化引起的环境问题。如火山活动、地震、风暴、海啸、干旱等自然灾害，因环境中元素自然分布不均引起的地方病，以及自然界中放射物质引起的放射病等。

（2）次生环境问题

次生环境问题是人为因素造成的环境问题，一般可分为两类：环境污染和生态破坏。环境污染是指在人类生产、生活活动中产生的各种污染物进入环境，超过了环境容量的容许极限，使环境受到污染和破坏；生态破坏是指人类在开发利用自然资源时，超越了环境自身的承载能力，使生态环境质量恶化，或出现自然资源枯竭的环境问题。

表 1-1 环境问题分类

环境问题分类	产生原因	实例
原生环境问题	自然因素	火山爆发、海啸、地震、泥石流
次生环境问题	环境污染	大气污染、水污染、噪声污染、固体废物污染
	生态破坏	水土流失、森林破坏、草原退化、生物多样性减少

值得注意的是，原生环境问题和次生环境问题往往难以截然分开，它们相互影响、相互作用。例如，2011 年 3 月 11 日发生在日本福岛的第一核电站爆炸与核泄漏事故，正是因为日本东北部海域发生 9 级强烈地震（原生环境问题），导致福岛第一核电站发生机组氢气爆炸与核泄漏事故（次生环境问题）。福岛核电事故后，每天向大气中释放蒸气形态的铯-137 和碘-131，事故被定义为最严重的 7 级，专家分析称福岛核泄漏已超过切尔诺贝利核事故水平。

3. 环境问题的发生和发展

环境问题是随着人类社会和经济的发展而发展的。随着人类生产力的提高，人口数量也迅速增长，人口增长又反过来要求生产力的进一步提高，如此循环发展至今，环境问题发展到十分尖锐的地步。环境问题的发展大致可分为以下 3 个阶段。

（1）农业社会的环境问题

从人类出现到工业革命，人类经历了以采集狩猎为生的游牧生活到以耕种、养殖为主的农业社会。随着种植、养殖和渔业的发展，人类社会开始有了劳动分工，从完全依赖大自然恩赐转变到自觉利用土地、生物、水体等自然资源。人类社会需要更多的资源来扩大物质生产规模，开始进行烧荒、垦荒、兴修水利工程等改造活动，引发了严重的水土流失、土壤盐渍化、沼泽化等生态退化问题。但总体而言，这一阶段人类活动对环境的影响是局部的，地球生态系统基本能自行恢复平衡。

（2）工业社会的环境问题

工业革命以来，人类由农业社会迅速向工业社会转变，这是人与自然关系的一次历史性转折。这一阶段出现高度的城市化，人口和工业密集，生产力迅速提高，能源资源消耗急剧增加，产生一系列的环境污染问题。自20世纪30年代起，许多发达国家发生了环境公害事件，如比利时马斯河谷烟雾事件、美国洛杉矶光化学烟雾事件、美国多诺拉烟雾事件、英国伦敦烟雾事件、日本水俣事件、日本四日事件、日本米糠油事件、日本骨痛病事件等。此后，发达国家耗费大量力气治理这些环境污染，并把污染严重的工业搬到发展中国家。随着发达国家环境状况的改善，许多发展中国家重走工业化、城市化和“先污染、后治理”的老路。近年来，各国均发生了多起严重环境污染事件，如墨西哥油库爆炸、印度博帕尔农药泄漏、我国松花江水污染事件、我国广西龙江镉污染事件等。

（3）当代全球环境问题

自20世纪80年代科学家证实南极上空出现“臭氧空洞”开始，环境问题迅速从地区性问题发展成为波及世界各国的全球性问题，从简单问题（可分类、可定量、易解决、低风险、近期可见性）发展到复杂问题（不可分类、不可量化、不易解决、高风险、长期性），出现了一系列国际社会关注的热点问题，如全球气候变化、臭氧层破坏、森林破坏与生物多样性减少、大气及酸雨污染、土地荒漠化、国际水域与海洋污染、有毒化学品污染和有害废物越境转移等。这一切表明，环境问题日益复杂化和全球化，地球生物圈的生命保障系统对人类社会的支撑已接近极限。

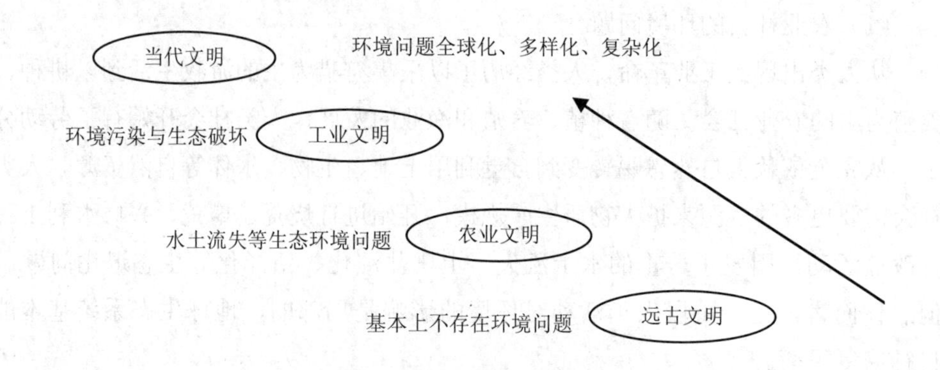

图 1-1　环境问题的发展历程

案例 1-1：著名的八大公害事件

① 马斯河谷烟雾事件：1930 年 12 月，比利时马斯河谷工厂排放大量 SO_2、SO_3 等有害物质和粉尘，3 000 多人咳嗽、喉痛或中毒，60 人死亡。

② 多诺拉烟雾事件：1948 年 10 月，美国多诺拉镇（地处河谷，多受气旋和逆温控制）大量工厂排放 SO_2、SO_3，6 000 多人咳嗽、喉痛，20 多人死亡。

③ 洛杉矶光化学烟雾事件：1943—1955 年 9 月，美国洛杉矶的大量汽车排放碳氢化合物、氮氧化物，在太阳光照射下发生光化学作用，生成浅蓝色刺激性光化学烟雾，许多居民感到眼痛、头痛、呼吸困难，400 多人死亡。

④ 伦敦烟雾事件：1952 年 12 月，英国伦敦居民煤炉排放大量 SO_2、SO_3，凝结在烟尘或水珠上形成硫酸雾，许多市民胸闷气促、咳嗽、喉痛，5 天内 4 000 多人死亡。

⑤ 日本四日事件：1955 年，日本四日市工厂排放大量 SO_2，并含钴、锰、钛等重金属，重金属微粒与 SO_2 形成硫酸雾，500 多人患支气管炎、支气管哮喘及肺气肿等许多呼吸道疾病，36 人死亡。

⑥ 日本水俣事件：1956 年，日本水俣镇氮肥厂把含汞催化剂废水排入海湾，汞的化合物破坏了居民的大脑和中枢神经，许多居民出现手震颤、头痛、视力模糊、语言障碍、痉挛麻木等异常症状，还出现了“疯猫跳海”的奇闻。180 多人患神经病，22 人死亡。

⑦ 日本骨痛病事件：1963—1968 年，日本富山炼锌厂把含镉污水排入一条名叫“神通川”的河流中。用这种含镉的水浇灌农田，稻秧生长不良，生产出来的稻米成为“镉米”。当地居民食用了这种“镉米”和“镉水”后，骨骼软化萎缩，四肢弯曲，脊柱变形，骨质松脆，连咳嗽都会引起骨折，患者不能进食，疼痛无比，常大叫“痛死了！”，超过 215 人死亡。

⑧ 日本米糠油事件：1968 年，日本爱知县的米糠油被多氯联苯 PCB（热载体）污染，10 000 多人出现眼皮肿、咳嗽、肌肉疼、皮疹、呕吐恶心、肝功能下降等症状，16 人死亡。

（二）环境管理的概念

1. 环境管理产生背景

环境管理是人类在与环境斗争的实践中产生的。20 世纪 50 年代后，工农业污染逐渐由局部扩展到更大范围，环境问题逐渐被重视，发达国家对工农业废物开始采取单项技术治理，虽花费了大量资金，但公害事件还是不断扩大。60 年代中期，发达国家开始研究采用综合治理措施，如开展废弃物综合利用，推行闭路循环工艺，建立生态村，改用较清洁能源，调整不合理生产布局、结构等，从而使污染得到一定程度的控制。这是把治理污染看作单纯的技术问题、在以污染治理为中心的思想支配下，走着“先污染、后治理”的发展道路，但是这种“先污染、后治理”的做法付出的代价很高。据经济合作与发展组织统计，用于污染治理的费用，发达国家达到国民生产总值的 1%～2%，发展中国家也达到 0.5%～1%。这样高额的经济投资，产生的效果却有限，有时环境污染与生态破坏不可逆转，就只好牺牲环境质量。

20 世纪 60 年代末至 70 年代初，许多国家先后成立了全国性环境保护机构，颁布了环境保护法规、条例和方针。对于环境污染，除采用工程技术措施治理外，还利用法律、行政、经济等手段控制污染。这时实际上已在进行环境管理工作，但并无明确的环境管理概念，环保机构的工作范围主要是控制污染，对保护自然环境与维护生态平衡也有所重视，但对人类生态大环境还缺乏足够的认识。

20 世纪 70 年代后，越来越多的国家和个人认识到环境问题不仅是环境污染和生态破坏问题，还涉及环境系统管理问题。1972年，联合国召开了人类环境会议，这次会议成为人类环境管理工作的历史转折点，是人类认识环境问题的一个里程碑。这种认识的改变表现在：① 扩大了环境问题的范围，从全球来看，生态破坏比环境污染更严重，从而扩大了环境管理的领域和研究内容；② 强调人类与环境、发展与环境是协调与平衡的关系。1992年，联合国在巴西里约热内卢召开世界环境与发展会议，也称为"地球首脑会议"，通过了以可持续发展为核心的《里约环境与发展宣言》等文件。人类既要坚持可持续发展，满足人类的一切需要，又不能超出生物圈的容许极限，这就使人类社会经济的发展与环境保护构成了对立统一的关系。为协调它们之间的关系，就要研究人类活动与环境相互影响的机理，应对整个人类环境系统实行科学管理。这种环境系统管理概念后来为越来越多的人所接受。大家认识到，要解决好环境问题，首先要研究人类社会经济活动与环境相互影响的原理和规律，并把这些原理运用到整个经济开发过程中，要在生产过程中解决环境污染问题，始终重视对环境的影响，不仅考虑社会经济效益，也要考虑环境效益，把二者协调统一起来。

2．环境管理的概念

环境管理（Environmental Management）是运用行政、法律、经济、教育、技术手段，调整人类与自然环境的关系，通过全面规划使社会经济发展与环境相协调，达到既满足人类生存与发展的需要，又不超出环境容许极限，最终实现可持续发展。

环境行政管理主体是国家及地方各级政府环境行政管理部门，是授权依法行使环境管理职能的部门，环境行政管理客体是个人、组织、企业、政府。环境管理具有权威性、强制性、区域性、综合性、社会性等特点，主要通过以下五大手段来实现。

（1）法律手段

法律手段是环境管理的强制性措施。环境管理通过立法把国家对环境保护的要求以法律形式固定下来并强制执行，通过执法对严重污染和破坏环境的行为给予各种形式的处罚。目前，我国环境保护法律体系主要包括宪法、环境保护基本法、环境保护单行法、环境保护行政法规和部门规章、环境标准等。

（2）经济手段

经济手段是利用价值规律及价格、税收、信贷等经济杠杆，调节生产者在资源开发中保护环境、消除污染的行为，以限制损害环境的社会经济活动，鼓励积极治理污染的单位，促进节约和合理利用资源，充分发挥价值规律在环境管理中的作用。我国现行环境管理经济手段主要包括排污收费制度、减免税制度、补贴政策、贷款优惠政策等。

（3）行政手段

行政手段是行政机构以命令、指示、规定等形式作用于直接管理对象的一种手段。行政干预是环境保护部门经常采用的手段。主要是研究制定环境政策、组织制订和检查环境计划；运用行政权力，将某些地域划为自然保护区、重点治理区、环境保护特区；对某些严重危害环境的工业企业要求限期治理，甚至勒令停产、转产或搬迁；采取行政制约手段，如审批环境影响报告书、发放与环境保护有关的各种许可证；对重点城市、地区、水域的防治工作给予必要的资金或技术帮助。

（4）技术手段

技术手段是包括推广清洁生产工艺，采取综合治理和区域治理技术，控制有毒化学品生产、进口和使用，引进国内外先进环保科技成果，开展国际环境科学技术合作研究等。运用技术手段可以实现环境管理的科学化。许多环境政策、法律、法规的制定和实施都涉及很多科学技术问题，所以环境问题解决得好坏，在很大程度上取决于科学技术的发展状况。

（5）宣传教育手段

环境宣传是通过广播、电视、电影及各种文化形式广泛宣传，使公众了解环境保护的意义和内容，激发公众保护环境的热情和积极性，把保护环境、热爱大自然、保护大自然变成自觉行动，形成强大社会舆论，制止浪费资源、破坏环境的行为。环境教育的目的在于培养各种环境保护的专门人才，是一种智力投资。

二、我国环境管理发展历程

（一）环境管理起步阶段（1973—1978年）

1972年6月5日，人类环境会议在瑞典斯德哥尔摩召开。通过这次会议，高层决策者开始认识到环境问题对经济社会发展的重大影响。1973年8月，第一次全国环境保护会议在北京召开。这次会议标志着中国环境保护事业的开端，为中国的环保事业做出了重要的贡献。它既向全国人民，也向全世界表明了中国不仅认识到存在环境污染，且已到了比较严重的程度，并有决心治理污染。会议通过了“全面规划、合理布局，综合利用、化害为利，依靠群众、大家动手，保护环境、造福人民”的32字环境保护方针，还通过了中国第一个全国性环境保护文件《关于保护和改善环境的若干规定（试行草案）》。该文件明确规定“三同时”，即“一切新建、扩建和改建企业，防治污染项目，必须和主体工程同时设计、同时施工、同时投产”。根据该文件的规定，各地区、各部门要设立环境保护机构，给他们以监督、检查的职权。1974年10月，经国务院批准正式成立了国务院环境保护领导小组。随后，各省、自治区、直辖市和国务院有关部、委、局也相应设立了环境保护管理机构。

这一时期环境保护工作主要有以下4个方面：

① 开展全国重点区域污染源调查、环境质量评价及污染防治研究；

② 开展以水、气污染治理和“三废”综合利用为重点的环保工作；

③ 制订环境保护规划和计划；

④ 逐步形成一些环境管理制度，制定了“三废”排放标准。1973年11月17日，由国家计委、国家建委、卫生部联合颁布了中国第一个环境标准——《工业“三废”排放试行标准》(GBJ 4—73)。

（二）环境管理发展阶段（1979—1992年）

1979年，第五届全国人民代表大会常务委员会第十一次会议通过我国第一部环境保护基本法——《中华人民共和国环境保护法（试行）》。

1983年12月，第二次全国环境保护会议在北京召开。这次会议是中国环境保护工作的一个转折点，为中国的环境保护事业做出了重要的贡献。主要有以下4个方面：

① 会议确定了“环境保护是我国的一项基本国策”，确定了环境保护在社会主义现代化建设中的重要地位；

② 制定了环境保护工作的重要战略方针，提出“经济建设、城乡建设和环境建设同步规划、同步实施、同步发展”，实现“经济效益、社会效益与环境效益的

统一”；

③ 确定了符合国情的三大环境政策，即“预防为主、防治结合、综合治理”“谁污染、谁治理”“强化环境管理”；

④ 提出了到20世纪末的环保战略目标：到2000年，力争全国环境污染问题基本得到解决，自然生态基本达到良性循环，城乡生产生活环境优美、安静，全国环境状况基本上同国民经济和人民物质文化生活水平的提高相适应。

1989年4月，第三次全国环境保护会议在北京召开。会议明确提出“努力开拓有中国特色的环境保护道路”，并且总结确定了八项有中国特色的环境管理制度：环境影响评价制度、“三同时”制度、排污收费制度、排污申报登记和排污许可证制度、污染集中控制、限期治理制度、环境保护目标责任制、城市环境综合整治定量考核制度。

1989年12月，第七届全国人民代表大会常务委员会第十一次会议通过《中华人民共和国环境保护法》（简称《环境保护法》），该阶段我国环保政策、法规体系初步形成。

（三）环境管理可持续发展阶段（1992—2013年）

1992年，在巴西里约热内卢召开了联合国环境与发展大会，实施可持续发展战略已成为全世界各国的共识，世界已进入可持续发展时代。

1996年7月，第四次全国环境保护会议在北京召开。这次会议对于部署落实跨世纪的环境保护目标和任务、实施可持续发展战略，具有十分重要的意义。会议明确提出“保护环境实质就是保护生产力”，把实施主要污染物排放总量控制作为确保环境安全的重要措施，开展重点流域、区域污染治理。这次会议提出了两项重大举措：一是提出“九五”期间全国主要污染物排放总量控制计划，对12种主要污染物（烟尘、粉尘、SO_2、COD、石油类、汞、镉、六价铬、铅、砷、氰化物及工业固体废物）的排放量进行总量控制；二是提出中国跨世纪绿色工程规划。

第四次全国环境保护会议后，国务院发布了《国务院关于环境保护若干问题的决定》，要求到2000年，全国所有工业污染源排放污染物要达到国家或地方规定标准；各省、自治区、直辖市要使本辖区主要污染物排放总量控制在国家规定的排放总量指标内，环境污染和生态破坏趋势得到基本控制；直辖市及省会城市、经济特区城市、沿海开放城市和重点旅游城市的环境空气、地面水环境质量，按功能区分别达到国家规定的有关标准（“一控双达标”）。污染防治的重点是控制工业污染；要重点保护好饮用水水源，水域污染防治的重点是“三湖”（太湖、巢湖、滇池）和“三河”（淮河、海河、辽河）；重点防治燃煤产生的大气污染，尽快划定酸雨控制区和二氧化硫污染控制区。

2002年1月，第五次全国环境保护会议在北京召开。会议要求把环境保护工作摆到同发展生产力同样重要的位置，按照经济规律发展环保事业，走市场化和产业化的路子。会议提出三项环保目标：一是减轻环境污染，到2005年全国主要污染物的排放总量比2000年减少10%；二是“两控区”二氧化硫排放量减少20%，环境污染有所减轻；三是加强生态保护，坚持“预防为主，保护优先”的方针，正确处理资源开发与生态环境保护的关系，加大资源开发和重大建设项目的生态环境保护力度，遏制生态环境恶化的趋势。

2006年4月，第六次全国环境保护会议在北京召开。大会总结了“十五”期间的环保工作，强调做好新形势下的环保工作，关键是要加快实现三个转变：一是从重经济增长轻环境保护转变为保护环境与经济增长并重，把加强环境保护作为调整经济结构、转变经济增长方式的重要手段，在保护环境中求发展；二是从环境保护滞后于经济发展转变为环境保护和经济发展同步，做到“不欠新账，多还旧账”，改变“先污染、后治理，边治理、边破坏”的状况；三是从主要用行政手段保护环境转变为综合运用法律、经济、技术和必要的行政手段解决环境问题，自觉遵循经济规律和自然规律，提高环境保护工作水平。

2007年1月，国家环保总局首次启动“区域限批”政策来遏制高污染、高耗能产业的迅速扩张趋势。被列入“区域限批”黑名单的有大唐国际、华能、华电、国电四大电力集团，以及河北省唐山市、山西省吕梁市、贵州省六盘水市、山东省莱芜市4个高耗能、高污染产业行政区域。根据《国务院关于落实科学发展观加强环境保护的决定》第13条和第21条，国家环保总局首次动用“区域限批”政策来惩罚严重违规的行政区域、行业和大型企业，即停止审批其境内或所属的除循环经济类项目外的所有项目，直至其违规项目彻底整改。

2011年12月，第七次全国环境保护会议在北京召开，这次会议是全面部署

“十二五”环保工作任务的一次重要会议。会议提出：要积极探索走出一条代价小、效益好、排放低、可持续的环保新道路；组织实施环保规划，统筹谋划；把握“十二五”环保工作难点、突破重点、应对热点，继续抓好污染减排，着力解决突出问题上抓落实，优先解决大气、重金属、化学品、土壤、持久性有机物等污染问题；进一步深化“以奖促治”和“以奖代补”政策，大力推进农村环境综合整治；加强环境监测、监察、应急、信息、宣教等基础能力建设，有效防范环境风险和妥善处置突发环境事件，切实保障环境安全；提高环保监管水平上抓落实，严格执行环境影响评价制度，科学设定环境准入门槛，制定实施分区域分阶段的环境保护标准，加强对产业布局、结构和规模的统筹；强化环境执法监管，继续开展环保专项行动和日常执法检查，严格依法办事，严厉查处环境违法行为；地方各级政府要严格履行环境保护责任，实行环境保护“一票否决”制。

（四）环境管理改革创新阶段（2014 年至今）

近年来，我国在环境管理领域推出一系列改革与创新工作：一是大力加强环保立法和执法，通过最严格的环境执法，对环境污染、破坏生态的行为“零容忍”；二是全面打响生态保护及污染防治攻坚战。

2014 年 4 月 24 日，十二届全国人民代表大会常务委员会第八次会议表决通过新《环境保护法》（2015 年 1 月 1 日实施），该法被称为中国“史上最严”环保法。

2015 年 8 月 29 日，第十二届全国人民代表大会常务委员会第十六次会议修订通过新《中华人民共和国大气污染防治法》（简称《大气污染防治法》，2016 年 1 月 1 日施行）；

2016 年 7 月 2 日，第十二届全国人民代表大会常务委员修订通过新《中华人民共和国环境影响评价法》（简称《环境影响评价法》，2016 年 9 月 1 日施行）；

2017 年 6 月 27 日，第十二届全国人民代表大会常务委员会第二十八次会议修订通过新《中华人民共和国水污染防治法》（简称《水污染防治法》，2018 年 1 月 1 日施行）；

2018 年 8 月 31 日，第十三届全国人民代表大会常务委员会第五次会议通过通过《中华人民共和国土壤污染防治法》（简称《土壤污染防治法》，2019 年 1 月 1 日起施行），这是我国第一部土壤污染防治领域的专门法律，填补了我国在土地污染防治法律方面的空白。

2018 年 5 月 18—19 日，第八次全国生态环境保护大会在北京召开。习近平指出，总体来看，我国生态环境质量持续好转，出现了稳中向好趋势，但成效并不稳固。生态文明建设正处于压力叠加、负重前行的关键期，已进入提供更多优质生态产品以满足人民日益增长的优美生态环境需要的攻坚期，也到了有条件有能力解决生态环境突出问题的窗口期。生态文明建设是关系中华民族永续发展的根本大计。新时代推进生态文明建设，必须坚持好“人与自然和谐共生”“绿水青山就是金山银山”“良好生态环境是最普惠的民生福祉”“山水林田湖草是生命共同体”“用最严格制度最严密法治保护生态环境”“共谋全球生态文明建设”六大原则。要通过加快构建生态文明体系，确保到 2035 年，生态环境质量实现根本好转，美丽中国目标基本实现。到 21 世纪中叶，物质文明、政治文明、精神文明、社会文明、生态文明全面提升，绿色发展方式和生活方式全面形成，人与自然和谐共生，生态环境领域国家治理体系和治理能力现代化全面实现，建成美丽中国。此次会议习近平等多位国家领导人出席，可见中央对生态环境保护问题的重视，规格之高前所未有，会议释放出强烈的信号，昭示全国生态保护及污染防治攻坚战正式开始。

三、我国环境管理体制与机构

（一）中国环境管理的体制

《环境保护法》明确规定，县级以上各级人民政府的环境保护行政主管部门对本辖区的环境保护工作实施统一监督管理，从而在中国形成了各级环境保护行政主管部门统一监督管理、各有关部门分工负责的环境行政管理体制。中国环境管理体制主要有三种类型：区域管理模式、行业或部门管理模式、资源管理模式。

1. 区域管理模式

我国环境管理体制在纵向实行分级管理，生态环境部是国家环境保护行政主管部门，相应的各级人民政府设有相应的生态环境行政主管机构，对所辖区域进行环境管理，这种管理在形式上称为区域管理。由于环境污染和生态破坏总是在一定地域范围内造成影响，所以，生态环境部，省、自治区、直辖市生态环境机构，地、市、县等地区性、综合性生态环境机构是环境管理组织体系中的重点，它们的基本职能就是规划、协调、指导（服务）、监督。区域管理模式也称为“块块管理”模式，它是将同一区域内的环境问题，不分行业、不分领域、不分类别均纳入该区域环境管理范围的管理模式，这种模式是世界各国最早普遍采用的、以行政区划为特征的管理模式。该模式主要源于国家的区域行政管理体制和模式，源于生态环境组织机构的“块块管理”的人事制度和体制。《环境保护法》中关于“地方政府对本辖区环境质量负责”的法律规定就是区域管理模式的基础和法律依据。

区域管理模式是环境管理模式中的主要模式，是其他管理模式的基础。在这一模式中，生态环境部是国家的职能部门，代表国家行使环境管理的职能；省、市、县等各级生态环境机构分别代表所在辖区人民政府行使环境管理的职能。在我国的长期环境管理实践中，区域环境管理体制已形成了一整套思想、方法、制度、政策体系，代表了具有中国特色的环境保护道路。

2. 行业或部门管理模式

行业或部门管理模式也称为“垂直管理”或“条条管理”模式，这是跨越行政的一种管理模式，是对区域管理模式的补充。行业或部门的生态环境机构主要是负责本系统、本部门的环境管理工作，它们也是环境管理组织体系中的重要方面，如轻工、化工、冶金、石油等部门都设立了部门性的、行业性的环境保护机构，结合本行业部门的实际生产过程，控制环境污染和生态破坏行为，制定污染防治规划和环境管理条例，对工业企业实施环境管理。

3. 资源管理模式

资源管理模式是指农业、林业、水利、海洋等资源部门环境管理机构对所管辖领域开展的环境保护管理，主要任务是保护自然环境，协调开发利用资源与环境保护的关系，资源管理模式往往在区域上是跨区域管理模式。另外，我国对一些大的水系、自然保护区也设有行政管理机构，承担环境保护的责任，属于资源管理模式或跨区域管理模式，有时也称为流域环境管理。如长江水利委员会负责长江流域水资源的管理。当然，这种跨区域资源环境管理只有与区域环境管理有机结合才能更好地发挥效力，只有依靠跨区域的管理机构的组织、协调，以流域内各省、市、县的管理为主，才能实现流域环境管理的目标。

（二）中国环境管理的机构

1993 年 3 月，第八届全国人民代表大会第一次会议通过增设全国人民代表大会环境保护委员会的决定。1994 年 3 月，第八届全国人民代表大会第二次会议决定其改名为全国人民代表大会环境与资源保护委员会（简称全国人大环资委）。该委员会是全国人大在环境和资源保护方面行使职权的常设工作机构，受全国人民代表大会领导。它负责提出、拟订和审议环境资源方面的法律草案和有关的其他议案，并协助全国人大常委会进行资源与环境方面法律执行的监督等。该委员会的设立，使环境与资源保护在国家的最高权力机关有了专门的负责机构，对我国的环境与资源保护有着重要意义。各省、直辖市的地方人民代表大会也设置了相应的委员会。

2018 年，国务院启动机构改革方案，正部级机构减少 8 个，副部级机构减少 7 个，除国务院办公厅外，国务院设置组成部门 26 个。其中，组建生态环境部，不仅保留原环境保护部全部职责，还整合了国家发展和改革委员会的应对气候变化和减排职责，国土资源部的监督防止地下水污染职责，水利部的编制水功能区划、排污口设置管理、流域水环境保护职责，农业部的监督指导农业面源污染治理职责，国家海洋局的海洋环境保护职责，国务院南水北调工程建设委员会办公室的南水北调工程项目区环境保护职责。

目前，我国的生态环境管理行政机构体系包括国家、省、市、县、乡（镇）五级。生态环境部是国家一级环境管理行政机构，各省、自治区、直辖市生态环境行政主管部门的机构设置与生态环境部基本对应，地、市和县级生态环境行政主管部门的内设机构简化，乡（镇）级常为下设的环保办公室。

其他环境监督管理机构包括国家海洋行政主管部门、港务监督、渔政渔港监督、军队环境保护部门和各级公安、交通、铁道、民航管理部门，县级以上人民政府的土地、矿产、林业、农业、水利行政主管部门，与各级政府的环境保护行政主管部门有很大的区别，它们只是在其业务相关的范围内执行一定的环境保护监督管理任务。

我国各级各类生态环境管理机构设置见图 1-2。

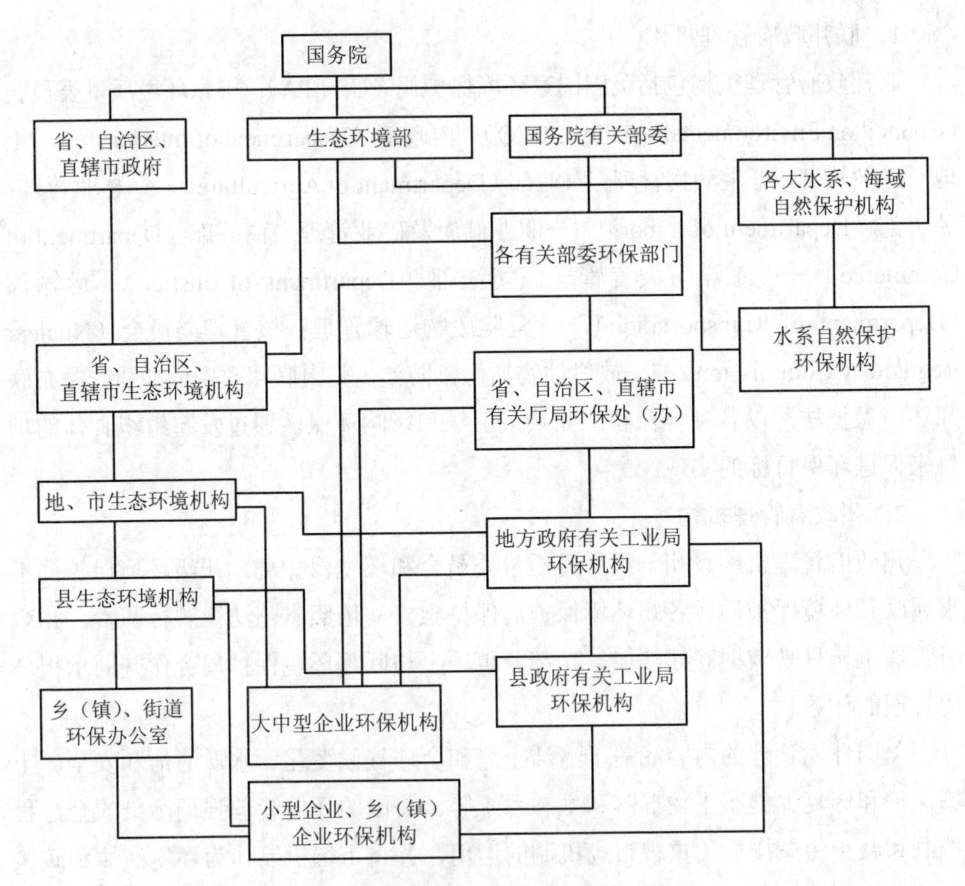

图 1-2　我国各级生态环境管理机构设置

【阅读材料】国外环境管理

一、美国环境管理

美国环境问题自 20 世纪 60 年代以来随着其经济的发展日益突出。公众对环境污染和生态破坏的关注增强，直接导致在 70 年代爆发了联邦环境管理的“革命”。经过几十年的发展，美国逐渐建立了一整套较完善的环境管理体制，即由联邦政府制定基本政策、法规和排放标准，由各州政府负责实施。

1．联邦政府管理机构

联邦政府管理机构包括美国国家环境保护局（US EPA）；国家环境质量委员会（Council on Environmental Quality，CEQ）；内政部（Department of Interior）——土地及渔业管理、野生动物管理；农业部（Department of Agriculture）——林业管理；劳工部（Department of Labor）——职业健康及矿业管理；商务部（Department of Commerce）——海洋与大气管理；司法部（Department of Justice）；运输部（Department of Transportation）——危险废物运输管理；核管理委员会（Nuclear Regulatory Commission）——放射性物质污染防治。美国联邦政府的职责：颁布联邦环境保护法，以各种环保和产业政策引导和影响环保，通过发起组织具体的项目来促进环保目标的实现。

2．州政府管理机构

州政府管理机构设州一级环境质量委员会和环境保护局。州级环境保护局不隶属联邦环境保护局，各州环境保护局保持独立，依照本州法律履行职责。州政府管理机构只是依据联邦法律，在部分事项上与联邦环境保护局合作共同承担环境管理的任务。

美国环境管理的内容涵盖了清洁空气和全球气候变化、水质清洁和安全、土壤保护和修复、健康生物群落和生态系统等。美国的环境管理强调污染的全过程控制和减少污染排放，重视市场机制的运用，并将市场机制作为环境法律和政策的补充。美国现行环境管理经济手段包括按照“谁污染、谁付费”的原则对造成污染的企业征税、以各种税收奖励制度促进清洁技术的开发和应用、将税收政策与环境保护挂钩、征收天然产品发展税等。

二、欧盟环境管理

欧洲是工业革命的发源地，同时也最先品尝到环境污染的苦果。欧盟各成员国地理气候、经济发展水平和环境问题各不相同，与我国环境管理所面临的问题具有相似性。20 世纪 70 年代，欧盟各成员国纷纷设立非关税壁垒，引发不满。1973—1977 年，欧共体第一个环境行动计划实行，确立了其未来的政策原则和优先领域，以详细行动内容来处理共同关注的污染问题。1986 年，《单一欧洲法案》强调“环境要求应成为共同体其他政策的基础”。20 世纪 90 年代，欧盟的共同环境政策以可持续发展战略目标为主，与《21世纪议程》相一致。现在欧盟已经制定了300多项环境法法令和法规及一系列共同环境政策，覆盖水环境保护、空气污染控制、化学制品、动植物区系的保护、噪声和废物处理等。

欧盟环境管理实施以下原则：预防优于挽救、环境影响必须在决策过程中尽早考虑、资源环境开发要避免造成生态平衡破坏、应通过科技提高环境保护效率、实施“污染者付费”原则、成员国环境政策要与欧盟政策一致，成员国环境政策必须考虑其他国家（尤其是发展中国家）的利益、欧盟成员国必须推动国际和世界范围的环境保护、加强公众环境意识和环境教育。

欧盟环境管理具有以下特点：

①通过经济政策增强公平性。欧盟有一条不成文的原则，即一体化必须伴随着资源从较富的国家向较穷的国家转移。欧盟主要通过一系列基金方式的运作来增强其区内公平性。

②强调经济活动的有效性。欧盟是一个贸易自由化地区，经济活动越有效，则使用的环境资源越少。欧盟通过在区内消除贸易壁垒从而获取在比较成本和规模经济上带来的效率，有效的环境管理政策能降低保护环境质量所花费的成本，以使有限的资源可另作他用。

③注重公众参与。欧盟规定了公民具有以下环境权利：通过各种途径获得信息、参与环境政策的制定、评议政府的环境决策、从欧盟相关环境政策中受益。

④开展广泛的国际协作。欧盟内部的环境政策与国际环境公约的协调程度正在不断地加深，欧盟还致力于成立世界性环境权力机构。

欧盟环境管理也具有一定的局限性。由于政治原因，欧盟很多环境决策是为了缓解矛盾而非基于科学。如果一个成员国反对某一方案，则往往无法达到预期目标。

三、日本环境管理

从20世纪70年代开始，日本在很短的时间内就成功地取得了防治污染斗争的胜利，从“公害领先国”转变为现在的“公害防治先进国”，并长期保持了环境保护和经济发展“双赢”的局面，日本在环境管理方面取得的成就是各方面因素综合作用的结果。

1970 年 7 月，日本成立了由首相直接领导的公害防治总部。1971 年 7 月，日本发布《环境厅设置法》，环境厅正式成立。2001 年 1 月，日本行政改革后，在中央机构大幅精简的情况下，唯有环境厅单独升格为环境省。目前，日本的两个中央环境保护机构包括公害对策会议和环境省。

日本主要的环境管理制度包括：环境影响评价制度、污染物总量控制制度、无过失责任制、公害纠纷处理制度等。日本环境管理的对策主要包括：加强环境法制、加强环境监测和科学技术研究、加强企业内部的环境管理、大力治理污染源、加强环境教育。

日本环境管理的主要特点表现为以下几个方面：健全的环境管理机构、修改法律以适应环境管理的需要、以环境标准作为政策的目标和手段、地方政府行为超前于中央政府、企业环境管理重在“防”。

四、联合国环境规划署（UNEP）运行机制

1972 年 12 月 15 日，联合国大会通过建立环境规划署的决议。1973 年 1 月，作为联合国统筹全世界环保工作的组织，联合国环境规划署（United Nations Environment Programme，UNEP）正式成立。环境规划署的临时总部设在瑞士日内瓦，后于同年 10 月迁至肯尼亚首都内罗毕。环境规划署是一个业务性的辅助机构，它每年通过联合国经济和社会理事会向大会报告其活动。

联合国环境规划署的宗旨：促进环境领域内的国际合作，并提出政策建议；在联合国系统内提供指导和协调环境规划总政策，并审查规划的定期报告；审查世界环境状况，以确保可能出现的具有广泛国际影响的环境问题得到各国政府的适当考虑；经常审查国家和国际环境政策与措施给发展中国家带来的影响和费用增加的问题；促进环境知识的取得和情报的交流。

联合国环境规划署的主要职责：贯彻执行环境规划理事会的各项决定；根据理事会的政策指导提出联合国环境活动的中期、远期规划；制订、执行和协调各项环境方案的活动计划；向理事会提出审议的事项以及有关环境的报告；管理环境基金；就环境规划向联合国系统内的各政府机构提供咨询意见等。

联合国环境规划署运行机制见图 1-3。

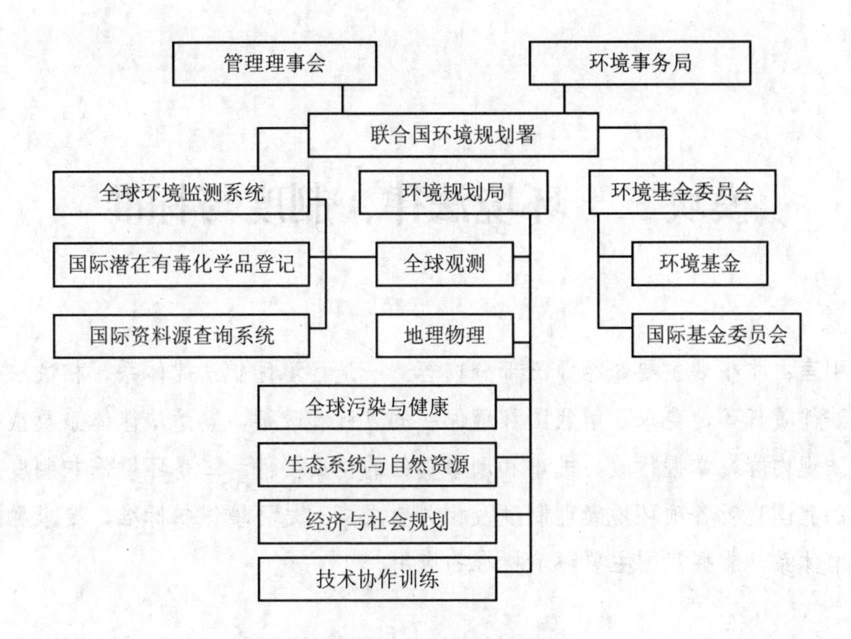

图 1-3　联合国环境规划署运行机制

复习思考题

1．什么是环境？环境问题在各阶段有哪些表现？

2．何为环境管理？环境管理的五大手段是什么？

3．试述我国环境管理的发展历程。

4．我国环境管理机构有哪些？简述各机构的职能。

模块二　环境法律、制度与标准

引言：本模块主要介绍了三部分内容：一是环境保护法律体系、相关法律法规及法律责任等，要求了解我国环境保护的方针和政策，熟悉法律体系及重要的法律法规内容，掌握行政、民事和刑事责任的构成要件；二是环境保护制度，要求熟悉我国现行各项环境管理制度及相关要求；三是环境保护标准，要求熟悉环境标准体系，掌握我国主要环境标准的应用。

一、中国环境保护方针

（一）“三十二字”方针

1973年8月5—20日，在北京召开了第一次全国环境保护会议。这次会议标志着中国环境保护事业的开端。会议通过了“全面规划、合理布局、综合利用、化害为利、依靠集体、大家动手、保护环境、造福人民”的“三十二字”环境保护方针。

（二）“三同步、三统一”方针

1983年12月31日—1984年1月7日，在北京召开了第二次全国环境保护会议，这次会议是中国环境保护工作的一个转折点。会议制定了环境保护工作的重要战略方针，提出“经济建设、城乡建设和环境建设同步规划、同步实施、同步发展”，实现“经济效益、社会效益与环境效益的统一”。

二、中国环境保护政策

（一）环境保护基本国策

1970年以前没有“环境保护”的概念，只提出了水土保持、森林保护、劳动保护与环境卫生等相关政策措施。1983年第二次全国环境保护会议上提出了环境保护是现代化建设中的一项战略任务、一项基本国策，由此确立了环境保护在经济和社会发展中的重要地位。

2014年修订的《环境保护法》第四条规定：“保护环境是国家的基本国策。国家采取有利于节约和循环利用资源、保护和改善环境、促进人与自然和谐的经济、技术政策和措施，使经济社会发展与环境保护相协调。”从法律上明确了环境保护是国家的基本国策，也对环境保护与经济社会发展关系作出了规定。

（二）中国环境保护的基本政策

我国环境管理的历史，也就是推行环境政策的历史。环境政策是指国家或地区为实现一定历史时期的路线和任务而规定的环境保护行动准则。1983年我国在第二次全国环境保护会议中，确定了符合国情的三大环境政策，即“预防为主、防治结合、综合治理”“谁污染、谁治理”和“强化环境管理”。

“预防为主”的环境政策是把消除污染、保护环境的措施实施在经济开发和建设过程之前或之中，消除了环境问题产生的根源，大大减轻末端治理和生态保护所要付出的沉重代价。“预防为主”政策的关键，是转变“先污染、后治理”的经济发展模式和环境保护方法。主要措施包括：①把环境保护纳入国家、地方及各行各业的中长期和年度经济社会发展规划；②对开发建设项目实行环境影响评价和“三同时”制度；③对城市进行综合整治。

“谁污染、谁治理”的环境政策是指治理污染、保护环境是生产者不可推卸的责任和义务，由污染产生的损害以及治理污染所需要的费用，必须由污染者承担和补偿，从而使环境保护的外部不经济性内化到企业的生产中去。20世纪70年代初经济合作与发展组织（OECD）将日本环境政策中的“污染者负担”作为一项经济原则提出后，被世界上许多国家采纳。中国的“谁污染、谁治理”政策也是从这一原则引申而来的。主要措施有：①结合技术改造防治工业污染。我国明确规定，在技术改造中要把控制污染作为一项重要目标，并规定防治污染的费用不得低于总费用的 7%。②对历史遗留下来的一批工矿企业的污染，实行限期治理，限期治理费用由企业和地方政府筹措，国家也给予少量资助。③对向水体、大气等排放污染物的企业征收排污费，专门用于污染防治。

“强化环境管理”的环境政策是把政府对环境的管理职能作为环境政策的核心，把法律手段、经济手段和行政手段有机地结合起来，提高管理水平和效能。主要措施有：①建立健全环境保护法律法规体系，加强执法力度；②制定有利于环境保护的金融、财税政策和产业政策，增强对环境保护的宏观调控力度；③从中央到省、市、县、镇（乡）五级政府建立环境管理机构，加强监督管理；④广泛开展环境保护宣传教育，不断提高全民族的环境保护意识。

（三）中国环境保护的单项政策

中国环境保护的单项政策是基本政策在社会经济中各个行业和部门的体现和落实，主要包括产业政策、技术政策、经济政策、能源政策等。

1. 环境保护的产业政策

环境保护的产业政策是有利于产业结构调整和发展的专项环境政策，包括环境保护产业发展政策、产业结构调整的环境政策。环境保护产业是国民经济中以防治环境污染、改善生态环境、保护自然资源为目的进行的技术开发、产品开发、商业流通、资源利用、信息服务、技术咨询、工程承包等活动的总称。环境保护产业是保护环境的物质基础和技术基础，主要包括环境保护机械设备制造、生态工程技术推广、环境工程建设和服务等方面。如 2010 年国家发展和改革委员会和环境保护部联合发布的《当前国家鼓励发展的环保产业设备（产品）目录》(2010 年版)、2012 年环境保护部制定的《环保服务业试点工作方案》等都是有关环保产业发展的政策。

当前世界产业结构的调整正在向着资源利用合理化、废物产生最小化、生产过程无害化、产品对环境友好化方向发展，这是符合可持续发展要求的总趋势。调整产业结构、转变经济增长方式必须要有两个根本性的转变：一是经济体制从传统的计划经济体制向社会主义市场经济体制转变；二是经济增长方式从粗放型向集约型转变。如《外商投资产业指导目录》《产业结构调整指导目录》等都是有关环保产业结构调整的政策。

2. 环境保护的技术政策

环境保护的技术政策是以特定的行业或领域为对象，在行业政策许可的范围内，引导企业采取有利于保护环境的生产和污染防治技术的政策。不同行业和领域有不同的环境保护技术政策，但其总体思想是一样的，均为重点发展高质量、低消耗、高效率的生产技术；重点发展技术含量高、附加值高、满足环保要求的产品；重点发展投入成本低、去除效率较高的污染治理技术。相关技术政策如《矿山生态环境保护与污染防治技术政策》《废弃家用电器与电子产品污染防治技术政策》《畜禽养殖业污染防治技术政策》《电解锰行业污染防治技术政策》《铅锌冶炼工业污染防治技术政策》《石油天然气开采业污染防治技术政策》《制药工业污染防治技术政策》《水泥工业污染防治技术政策》《钢铁工业污染防治技术政策》《挥发性有机物（VOCs）污染防治技术政策》《环境空气细颗粒物污染综合防治技术政策》等。

3. 环境保护的经济政策

环境保护的经济政策是运用税收、信贷、财政补贴、收费等各种有效经济手段，引导和促进环境保护的政策。从环境经济学的角度看，经济政策是通过市场解决环境资源配置中“市场失灵”和“计划失灵”问题的一种经济方法。这种政策可分为三类，包括污染防治与综合利用的经济优惠政策、资源与生态补偿政策、污染税与污染收费政策。

污染防治与综合利用的经济优惠政策主要起引导和刺激作用，如2011年国家发展和改革委员会、农业部、财政部印发的《“十二五”农作物秸秆综合利用实施方案》，2012年环境保护部、国家发展和改革委员会、财政部印发的《重点区域大气污染防治“十二五”规划》，2014年1月1日开始实施的《畜禽规模养殖污染防治条例》中都有相关的经济优惠条款。

资源与生态补偿政策是对生产和消费领域中的资源进行“全成本”定价的政策。自然资源的价格组成包括生产成本、使用成本和环境成本。生态补偿费包括矿产资源补偿、土地损失补偿、水资源补偿和森林资源补偿。1992年，国家环保局发布的《关于确定国家环保局生态环境补偿费试点的通知》（2002 年废止）规定了 14 个省的 18 个市（县、区）为试点单位，这是资源与生态补偿政策的开始。2004 年，财政部和国家林业局出台了《中央森林生态效益补偿基金管理办法》。浙江省是第一个以较系统的方式全面推进生态补偿实践的省份。2005 年 8 月，浙江省政府颁布了《关于进一步完善生态补偿机制的若干意见》，确立了建立生态补偿机制的基本原则，即“受益补偿、损害赔偿”“统筹协调、共同发展”“循序渐进、先易后难”“多方并举、合理推进”原则。

污染税和污染费政策主要依据污染者负担的原则，我国采用的污染费政策就是排污收费政策，排污收费在后续章节中有详细介绍，在此不再赘述。污染税是为保护自然资源和生态环境、减少环境污染、降低环境退化度、实现绿色清洁生产，在资源开发和利用中，对资源、环境的破坏污染行为征收的环境污染税种。目前我国正在酝酿征收污染税，其主要是排污税，是同所导致环境污染的实际数值直接相关的税收支付。

4．环境保护的能源政策

环境保护的能源政策是以提高能源利用效率、开发无污染和少污染的清洁能源为主要内容开展环境保护的能源政策。《中国的能源政策（2012）》白皮书指出：中国的能源政策为坚持“节约优先、立足国内、多元发展、保护环境、科技创新、深化改革、国际合作、改善民生”的能源发展方针，推进能源生产和利用方式变革，构建安全、稳定、经济、清洁的现代能源产业体系，努力以能源的可持续发展支撑经济社会的可持续发展。

目前，我国主要能源政策导向是：加快能源生产和利用方式变革，强化节能优先战略，全面提高能源开发转化和利用效率，合理控制能源消费总量，构建安全、稳定、经济、清洁的现代能源产业体系。重点任务：① 加强国内资源勘探开发。安全高效开发煤炭和常规油气资源，加强页岩气和煤层气勘探开发，积极有序发展水电和风能、太阳能等可再生能源。② 推动能源的高效清洁转化。高效清洁发展煤电，推进煤炭洗选和深加工，集约化发展炼油加工产业，有序发展天然气发电。③ 推动能源供应方式变革。大力发展分布式能源，推进智能电网建设，加强新能源汽车供能设施建设。④ 加快能源储运设施建设，提升储备应急保障能力。⑤ 实施能源民生工程，推进城乡能源基本公共服务均等化。⑥ 合理控制能源消费总量。全面推进节能增效，加强用能管理。⑦ 推进电力、煤炭、石油天然气等重点领域改革，理顺能源价格形成机制，鼓励民间资本进入能源领域。推动技术进步，提高科技装备水平。深化国际合作，维护能源安全。

三、环境保护法律

（一）环境保护法律法规体系

环境保护法律法规体系是指一国现行的有关保护和改善环境、自然资源、防治污染及其他公害的各种法律规范所组成的相互联系、相互补充、协调一致的法律规范的统一整体。中国现行的环境保护法律法规体系在内容上是由现行的与环境保护相关的全部法律规范所组成的有机整体，由下列各部分构成。图 2-1 为我国环境保护法律法规体系示意。

在环保法律执行的过程中，要遵照“上位法优于下位法、新法优于旧法”的原则。

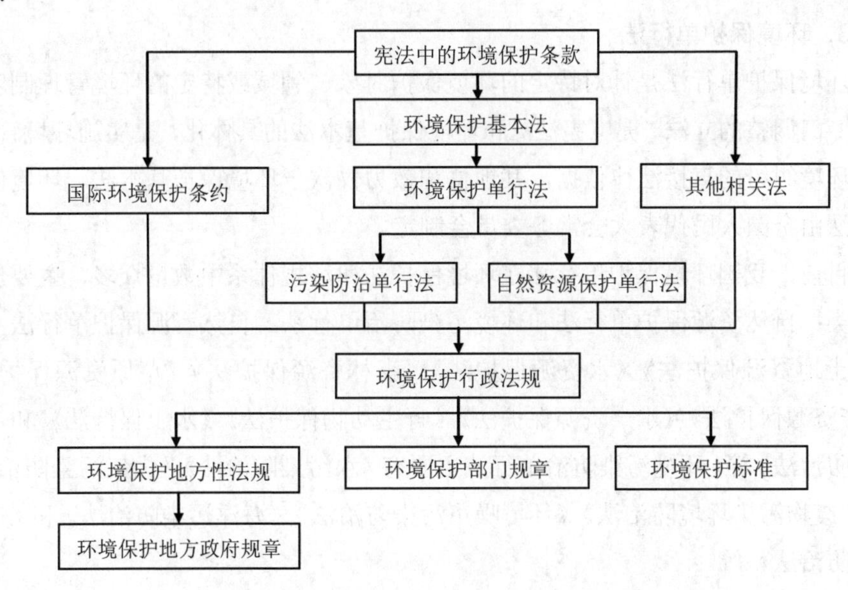

图 2-1　中国环境保护法律法规体系示意图

1.《中华人民共和国宪法》（2018 年修正）（简称《宪法》）中有关环境保护的规定

《宪法》有关环境保护的规定，在我国环境保护法律法规体系中处于最高的地位，是《环境保护法》的基础，是各种环境保护法律、法规、规章制定的依据。《宪法》由全国人民代表大会制定。

《宪法》第九条规定："国家保障自然资源的合理利用，保护珍贵的动物和植物。禁止任何组织或者个人用任何手段侵占或者破坏自然资源。"第十条规定："一切使用土地的组织和个人必须合理地利用土地。"第二十二条规定："国家保护名胜古迹、珍贵文物和其他重要历史文化遗产。"第二十六条规定："国家保护和改善生活环境和生态环境，防治污染和其他公害。"这些规定体现了国家环境保护的总政策。

2．环境保护基本法

2015 年 1 月 1 日实施的《环境保护法》（2014 年 4 月 24 日十二届全国人民代表大会常务委员会第八次会议表决通过）是我国环境保护的基本法。新环境保护法在环境保护法律法规体系中，除宪法外占有核心地位，有中国"史上最严"的环保法之称。

3．环境保护单行法

环境保护单行法是针对特定的环境保护对象、领域或特定的环境管理制度而进行专门调整的立法，是《宪法》和环境保护基本法的具体化，是实施环境管理、处理环境纠纷的直接法律依据，其地位和效力仅次于环境保护基本法。环境保护单行法由全国人民代表大会常务委员会制定。

目前，我国环境保护单行法在环境保护法律法规体系中数量众多，主要包括两大类：自然资源保护单行法和环境污染防治单行法。自然资源保护单行法主要有《土地资源保护法》《水资源保护法》《森林资源保护法》《草原资源保护法》《矿产资源保护法》《水产资源保护法》《野生动物保护法》《水土保持法》和《荒漠化防治法》等。环境污染防治单行法主要有《水污染防治法》《大气污染防治法》《固体废物污染环境防治法》《环境噪声污染防治法》《海洋污染防治法》和《辐射污染防治法》等。

4．环境保护行政法规

环境保护行政法规是国务院依照《宪法》和法律的授权，按照法定程序颁布或通过的关于环境保护方面的行政法规，其效力低于环境保护基本法和环境保护单行法。环境保护行政法规可以起到解释法律、规定环境执法的行政程序等作用，在一定程度上弥补了环境保护基本法和单行法的不足。

目前，国务院出台了一系列环境保护行政法规，几乎覆盖了所有环境保护行政管理领域，如《建设项目环境保护管理条例》《自然保护区条例》和《基本农田保护条例》等。

5. 环境保护部门规章

环境保护部门规章是由生态环境主管部门以及其他有关行政机关（如生态环境部、国家发展和改革委员会等），依照《立法法》授权制定的，其法律效力低于环境保护行政法规。

目前，在我国环境保护领域存在着大量的行政规章，如《建设项目环境影响评价分类管理名录》《促进产业结构调整暂行规定》《环境保护行政处罚办法》《排放污染物申报登记办法》和《环境标准管理办法》等。

6. 环境保护地方性法规及规章

环境保护地方性法规及规章分别由地方立法机关（地方人大或其常委会）或地方政府有关厅局，依据《宪法》和相关法律，根据当地实际情况和特定环境问题制定，在当地范围内实施，具有较强的可操作性。目前我国各地都存在着大量的环境保护地方性法规及规章，如《广东省饮用水源水质保护条例》《广东省实施〈中华人民共和国土壤污染防治法〉办法》《广东省环境保护条例》《广东省建设项目环境影响评价文件分级审批办法》等。

7. 环境标准

环境标准是为了防止环境污染、维护生态平衡、保护人群健康，对环境保护工作中需要统一的各项技术规范和技术要求所做的规定。环境标准为各项环境保护法律法规的实施提供依据。我国的环境标准由“五类三级”组成。“五类”指五种类型的环境标准：环境质量标准、污染物排放标准、环境基础标准、环境监测方法标准及环境标准样品标准。“三级”指环境标准的三个级别：国家环境标准、行业标准及地方环境标准。国家环境标准和行业标准由国务院生态环境行政主管部门即生态环境部负责制定、审批、颁布和废止。地方环境标准只包括两类：环境质量标准和污染物排放标准。凡颁布地方污染物排放标准的地区，执行地方污染物排放标准；地方标准未作出规定的，仍执行国家标准。

8. 环境保护国际公约

环境保护国际公约是指我国缔结和参加的环境保护国际公约、条约及议定书等。目前我国已缔结及参加了大量的环境保护国际公约，如《关于持久性有机污染物的斯德哥尔摩公约》《保护臭氧层维也纳公约》《联合国气候变化框架公约》等。环境保护国际公约与我国环境法有不同规定的，优先适用国际公约的规定，但我国声明保留的条款除外。

（二）常用环保法律介绍

1. 环境保护基本法

《环境保护法》是我国环境保护的基本法。1979 年 9 月 13 日，《环境保护法（试行）》由第五届全国人民代表大会常务委员会通过并施行，实施 10 年。这部环境保护基本法的颁布，标志着我国的环境保护工作进入了法治阶段，也标志着我国的环境与资源保护法体系开始建立。1989 年 12 月 26 日，《环境保护法》由第七届全国人民代表大会常务委员会第十一次会议通过，实施 25 年，共六章四十七条。该法律不仅明确了环境保护的任务和对象，而且对环境保护的基本原则和制度、环境监督管理体制、保护自然环境和防治污染的基本要求以及违反环保法所应负的民事、刑事、行政责任做了相应规定，是环境保护工作和制定其他单行环境法律法规的基本依据。

2014 年 4 月 24 日，新《环境保护法》历经 4 次审议，由十二届全国人大八次会议以 151 票赞成、3 票反对、6 票弃权表决通过，2015 年 1 月 1 日起实施。新环保法共七章七十条，主要内容包括：总则、监督管理、保护和改善环境、防治污染和其他公害、信息公开和公众参与、法律责任、附则。新环保法首次将“保障公众健康”写入总则；首次明确“保护优先”原则，强调“生态文明”；专列“信息公开和公众参与”专章，明确公民依法享有获取环境信息、参与和监督环境保护的权利；加大排污惩治力度，对拒不改正的排污企业可“按日连续处罚”且上不封顶，同时赋予环保部门查封扣押等权利；国家在重点生态功能区、生态环境敏感区和脆弱区等区域划定生态保护红线，实行严格保护；建立“黑名单”制度，将环境违法信息记入社会诚信档案；明确环境监测、环境影响评价、防治污染设施运营等机构相关法律责任。因此，新环保法被称为中国“史上最严”的环保法。

2．环境保护单行法

（1）《大气污染防治法》

《大气污染防治法》于1988年首次颁布，1995年第一次修订，2000年第二次修订，2015年8月29日第十二届全国人民代表大会常务委员会第三次修订，自2016年1月1日起施行。修订后的《大气污染防治法》共八章一百二十九条。主要内容包括总则、大气污染防治标准和限期达标规划、大气污染防治的监督管理、大气污染防治措施、重点区域大气污染联合防治、重污染天气应对、法律责任、附则。这部法律对我国大气污染防治工作起到了重要的指导作用。

（2）《水污染防治法》

《水污染防治法》于1984年首次颁布，1996年第一次修订，2008年第二次重大修订，2017年6月27日第十二届全国人民代表大会常务委员会修订通过，自2018年1月1日起施行。修订后的《水污染防治法》共八章一百零三条。主要内容包括总则、水污染防治的标准和规划、水污染防治的监督管理、水污染防治措施、饮用水水源和其他特殊水体保护、水污染事故处置、法律责任、附则。

修订后的《水污染防治法》较原法做了全面修订和调整，结构更趋完善，内容更加丰富，制度更符合实际，罚则力度更大。主要亮点如：确立了“保障饮用水安全、促进可持续发展”的立法目的；加大了地方政府在水污染防治中的责任，扩大了其权力；强化了重点水污染物排放总量控制制度，在法律位阶上明确了排污许可证制度；分别强化了城镇水污染防治和农业农村水污染防治；在罚责部分，加大了对违法行为的处罚力度，凸显了更多的刚性，被视为一部“重典”。

（3）《固体废物污染环境防治法》

《固体废物污染环境防治法》于1995年首次颁布，2004年第一次修订，并于2013年第一次修正、2015年第二次修正、2016年第三次修正。新修订的《固体废物污染环境防治法》共六章九十一条，主要内容包括总则、固体废物污染环境防治的监督管理、固体废物污染环境的防治、危险废物污染环境防治的特别规定、法律责任、附则。这部法律对我国固体废物污染环境防治工作具有重要的指导意义。

（4）《环境噪声污染防治法》

《环境噪声污染防治法》于1996年10月29日全国人大八届二十二次常委会

通过，2018 年 12 月 29 日第十三届全国人民代表大会常务委员会第七次会议修正，共八章八十四条。主要内容包括总则、环境噪声污染防治的监督管理、工业噪声污染防治、建筑施工噪声污染防治、交通运输噪声污染防治和社会生活噪声污染防治。这部法律对我国环境噪声污染防治工作具有重要的指导意义。

（5）《土壤污染防治法》

《土壤污染防治法》于 2018 年 8 月 31 日第十三届全国人民代表大会常务委员会第五次会议通过，自 2019 年 1 月 1 日施行。《土壤污染防治法》共七章九十九条，主要内容包括总则，规划、标准、普查和监测，预防和保护，风险管控和修复，保障和监督，法律责任，附则。《土壤污染防治法》的出台，填补了我国土地污染防治法律的空白。这是我国首部土壤污染防治的专门法律，对进一步规范我国土壤污染防治工作具有重要意义。

（三）环境法律责任

环境法律责任是指违反环境法律规范的行为者应承担法律所规定的违法行为的法律后果。其形式表现为承担相应的法律责任或某种法律制裁，包括环境行政法律责任、环境民事法律责任和环境刑事法律责任。

1．环境行政法律责任

环境行政法律责任是指违反环境行政法律法规或不履行环境行政法律义务而依法应承担的行政法律责任。承担环境行政责任者既可以是法人单位及其领导人员和直接责任人员，同时也包括环保行政部门管理机关及其所属机构的公务人员。

（1）环境行政责任构成要件

环境行政责任的构成要件是指承担行政责任者所必须具备的法定条件。就是指依法追究行政责任时，违法者所必须具备的主、客观条件。环境行政责任的构成要件主要有以下 4 个方面：

1）行为违法

行为违法指行为人实施了破坏或者污染环境的行为而违反环境保护法。实施违法行为是承担环境行政责任的第一必要条件。《环境保护法》第五十九至六十三条分别规定的“违法排放污染物，受到罚款处罚，被责令改正，拒不改正的”“超过污染物排放标准或者超过重点污染物排放总量控制指标排放污染物”“未依法提交建设项目环境影响评价文件或者环境影响评价文件未经批准，擅自开工建设”“重点排污单位不公开或者不如实公开环境信息”“未取得排污许可证排放污染物”“通过暗管、渗井、渗坑、灌注或者篡改、伪造监测数据，或者不正常运行防治污染设施等逃避监管的方式违法排放污染物”“生产、使用国家明令禁止生产、使用的农药”等，都属于违法行为。

2）行为者有过错

行为者实施破坏或者污染环境违法行为时的心理状态，分为“故意”与“过失”两种：

“故意”是指行为者明知自己的行为会造成破坏或者污染环境的危害后果，并且希望或者放任这种危害后果的发生。故意分直接故意和间接故意两种。如果行为者希望危害后果发生，称直接故意；如果放任其发生，则称间接故意。

“过失”是指行为者应当预见自己的行为可能发生破坏或者污染环境的危害后果，因为疏忽大意而没有预见，或者已经预见而轻信可以避免，以致发生这种危害后果的心理状态。“过失”也分疏忽大意过失与过于自信过失两种。因疏忽大意本应预见而没有预见致使危害后果发生的，称为疏忽大意过失；因轻信可以避免而未能避免致使危害后果发生的，称为过于自信过失。

我国现行环境保护法，对故意实施破坏或者污染环境行为的，一般都规定应当追究其行政责任。对过失行为，在一定条件下规定不予追究。间接故意与过于自信过失两者在希望和预见程度上存在差别，在行为上也不同。间接故意对危害后果的发生表现为有意放任，且不采取任何防止危害后果发生的行为。过于自信过失只是过高地估计了自己的经验、技术能力等认为可以避免危害后果的发生，并在危害后果发生之前一般都采取了避免其发生的措施。

3）行为的危害后果

行为的危害后果指违法行为造成了破坏或者污染环境的后果。一般来说，危害后果越大，承担行政责任的程度就越重。根据《环境保护法》的规定，危害后果不是承担行政责任的必要条件。在此情况下，违法行为如《环境保护法》第五十九至六十三条的行为即使没有造成危害后果，也要承担行政责任。但在另一些场合，必须产生了危害后果才承担行政责任。

4）违法行为与危害后果之间具有因果关系

违法行为与危害后果之间必须存在内在的、必然的联系，而不是表面的、偶然的联系。但现实生活中因果关系往往比较复杂，多因一果、多因多果的情况比较常见。必须从客观事物的内在、必然联系出发，排除非人为因素，正确区分因果关系锁链中的主、次环节，原因与条件的界限。

综上所述，承担环境行政责任必须具备行为违法和有过错两个条件，即行为的违法性和行为人的过错是构成行政责任的必要条件。

（2）环境行政责任的形式

环境行政责任形式可分为行政处分和行政处罚两大类：

① 环境行政处分，指国家机关、企事业单位按行政隶属关系，对轻微违反环境保护法律、法规及其他行政法律、法规或违反内部纪律的所属工作人员的一种制裁，有时也称为纪律处分。根据我国《国务院关于国家机关工作人员的奖惩暂行规定》《企业职工奖惩条例》等法规的规定，行政处分的种类有警告、记过、记大过、降级、降职、撤职、留用察看、开除等，行政处分只能由国家机关、企业事业单位做出，处分对象只能是本部门或本系统内部轻微违法的工作人员，作出处分时必须按照行政隶属关系进行。

② 环境行政处罚，指特定的国家行政机关对违反环境与资源保护法或国家行政法规尚不构成犯罪的公民、法人或其他组织给予的法律制裁。根据《中华人民共和国行政处罚法》及有关环境保护法的规定，我国在环境保护领域适用的行政处罚的种类主要有：警告；罚款；没收违法所得，没收非法财物；责令停产停业；暂扣或者吊销许可证，暂扣或者吊销执照；行政拘留；法律、行政法规规定的其他行政处罚。以上行政处罚可归纳为四种类型：一是人身自由处罚（如行政拘留）；二是行为罚（如责令停产停业、吊销许可证执照）；三是财产处罚（如罚款、没收非法财物和违法所得）；四是声誉罚（如警告）。

值得注意的是，行政处分与行政处罚虽然都属于行政制裁，但两者之间有着明显的区别，主要表现为：

① 实施处罚的机关不同。行政处分是由违法失职行为人从属的机关、企业、组织或其上级主管机关作出的；而行政处罚是由环保行政主管机关或依法对环保负有监督管理职责的其他行政机关作出的。前者是一种内部行政行为，后者是一

种外部行政行为。

② 适用的违法行为不同。行政处分除了适用一般违法行为，还包括违反内部规章的违纪失职行为；行政处罚只适用于违反行政法规的行为。而且从行为的违法程度来看，行政处分适用于较轻微的违法行为，行政处罚适用于稍重的违法行为。

③ 处罚的对象不同。行政处罚可以适用于自然人也可以适用于法人，其中有的处罚形式如责令停业、关闭等只适用于法人，而且行政处罚如果适用于自然人，则不管该自然人是不是属于国家公职人员或企业事业单位职工；但行政处分则只能适用于国家公职人员或企业事业单位职工。

④ 处罚的形式不同。行政处分的形式包括警告、记过、记大过、降级、降职、撤职、留用察看、开除等，行政处罚的形式包括警告、罚款、没收违法所得、没收非法财物、责令停产停业或关闭、责令停止生产或者使用、暂扣或者吊销执照、行政拘留等。

⑤ 救济方式不同。对行政处分不服者，只能寻求行政救济，即向原处分机关或上级提出审查或复议；对行政处罚不服者既可寻求行政救济（提出行政复议），也可寻求司法救济（提出行政诉讼）。

案例 2-1：某擅自建设的村办小型化工厂，因其设备零部件选材不符合安全要求，维修人员在违章检修时，阀门断裂，大量有毒有害气体外泄，导致厂外下风向处15位居民出现中毒症状（其中7人住院治疗3天），120多亩（约80 000 m^2）农作物遭受不同程度损害，直接经济损失达2万多元。问：本案中化工厂是否应当承担行政责任？

分析：该化工厂应当承担行政责任，因为它满足行政责任的4个构成要件：行为违法，违反《环境保护法》；有危害后果；违法行为与危害后果之间存在因果关系；行为者有过错。因此本案中化工厂应该承担行政责任。

2. 环境民事法律责任

环境民事法律责任是指公民或者法人因污染或者破坏环境而侵害公共财产或者他人的人身、财产所应承担的民事方面的法律责任。环境保护的民事责任，是指环境保护法律关系主体，因不履行环境保护义务而侵害他人正当的环境权益所应承担的法律责任。它是民事法律责任的一种。

(1) 环境民事责任构成要件

环境民事责任的构成要件包括以下 3 个:

① 有污染环境的行为。排污者实施的污染危害环境的行为,既包括违法行为,也包括合法行为。即只要行为人实施了污染环境的行为,即使这种行为是合法的,也视为承担环境民事责任的要件。可见,《环境保护法》并未将行为的违法性作为行为人承担环境污染民事责任的必要条件。

② 行为有损害结果。损害环境的事实指的是环境侵权行为对他人环境权益造成不利影响的客观情况。这种损害是多方面的,既包括各种物质环境的损害和损失,也包括人身权利的损害和丧失,这是承担民事责任的前提,如果没有造成侵权和损害,则不能追究民事责任。

③ 侵害行为与损害结果之间有因果关系。在法律中,因果关系是指侵害行为与损害结果之间的逻辑联系。只有在侵害行为与损害结果之间存在因果关系的情况下,行为人才能承担法律责任。环境保护的民事责任也是如此。如果不存在因果关系也不能追究其民事责任。

只有上述 3 个条件同时具备,行为人才能承担环境保护民事责任。3 个条件缺一不可。

案例 2-2:一养殖场位于某河流的河口滩涂处,其上游有一纸厂向该河排放废水。某日,养殖场鱼类成批死亡。经化验,鱼因纸厂废水中毒而死,而纸厂达标排放。环保部门决定对纸厂罚款 6 000 元,养殖场也要求纸厂赔偿损失。问:

①环保部门给予行政处罚是否正确?

②纸厂是否应当赔偿养殖场的损失?

分析:①不正确。因为行政责任有 4 个构成要件:行为违法,违反《环境保护法》;有危害后果;违法行为与危害后果之间存在因果关系;行为者有过错。因为本案中纸厂达标排放,行为合法,因此环保部门给予行政处罚不正确。

②应当赔偿损失。因为构成民事责任的 3 个构成要件为:有污染环境的行为;行为有损害结果;侵害行为与损害结果之间有因果关系。因为纸厂实施排污行为,导致养殖场鱼死亡,养殖场鱼死亡与排污行为有因果关系,满足民事责任的构成要件,因此应当赔偿损失。

值得注意的是，虽然具备环境民事责任的构成条件就应承担环境民事责任，但法律规定了一些免除行为人承担民事责任的例外情况。例如，受到不可抗力的影响，所谓不可抗力就是指在现有科学条件下人力所不能预见、不能避免并且不能克服的客观情况。《民法通则》第一百零七条规定："因不可抗力不能履行合同或者造成他人损害的，不承担民事责任，法律另有规定的除外。"，《侵权责任法》第二十九条规定："因不可抗力造成他人损害的，不承担责任。法律另有规定的，依照其规定。"在实际应用这一规定时，要注意排污者在不可抗力发生时或发生后，是否及时采取了合理措施来防止和减少污染损害的发生，如果排污者没有及时采取措施，或者采取的措施不合理，就不能完全免除其应承担的民事责任。

（2）环境民事责任的形式

《环境保护法》第六十四条规定："因污染环境和破坏生态造成损害的，应当依照《中华人民共和国侵权责任法》的有关规定承担侵权责任。"根据多年的环境纠纷处理实践，实际上承担环境保护民事责任的方式通常有以下几种。

① 停止侵害。停止侵害是要求环境侵权行为结束侵权状态的法律责任形式。它发生在侵权行为正在进行，通过停止侵权活动就可使受害人的权利得以恢复的情况下。环境侵权行为在许多情况下都具有持续性，只有行为人停止环境污染或者其他环境破坏活动，受害人的环境权益才能得到恢复。因此，虽然我国环境保护法律、法规中尚没有停止侵害责任形式的规定，但是可以依照《民法通则》规定，要求侵权行为人承担停止侵害的环境保护民事责任。

② 排除危害。排除危害是要求环境侵权行为人消除因环境侵权行为的发生而对受害人造成的各种有害影响的责任形式。通常发生在环境侵权行为发生时或停止后，对他人的环境权益仍然存在妨碍、损害或者危险的情况下。这是由于环境侵权行为如污染、生态破坏等其影响往往具有持续性，行为人不排除危害，受害人的环境权益将继续受到侵害。所以我国现有的污染防治的法律、法规，基本上都规定了排除危害的环境民事责任，排除危害的费用应当由造成危害的行为人承担。

③ 消除危险。消除危险是要求行为人消除对他人环境权益侵害可能性的一种责任形式，一般发生在行为人的行为尚未对他人的环境权益造成现实的侵害，但已构成危险或确有可能发生环境侵权行为的情况下。我国的环境保护法律、法规

中尚未明确消除危险的责任形式，但可以《民法通则》为依据，要求可能造成环境侵权的行为人承担这种民事责任。实际上，许多污染事故的发生，就是因为行为人未及时消除危险而造成的，甚至有的是环境权益将受到侵害者向环境保护行政管理部门举报，而环境保护行政管理部门未及时采取行政措施，即行政“不作为”而造成的。

④ 恢复原状。恢复原状是要求环境侵权行为人将被侵害的环境权利恢复到侵害前原有状态的责任形式。它发生在环境被污染、破坏后，在现有的经济技术条件下能够恢复到原有状态的情况下。我国的污染防治法律、法规中没有规定恢复原状这一责任形式，而一些资源保护的法律、法规在规定这一责任形式时，采用的是行政处罚的形式。

⑤ 赔偿损失。赔偿损失是要求环境侵权行为人对其造成的环境危害及其损失用其财产加以补救的责任形式。它发生在环境侵权行为造成的环境危害及其损失不能通过恢复原状的方式加以补救或者不能完全补救的情况下。这是环境保护民事责任形式中应用最广泛和最经常的一种责任形式，既适用于环境污染侵权损害，也适用于环境破坏侵权损害；既包括财产损害赔偿，也包括对人身损害引起的财产损失赔偿；既包括直接损失，也包括间接损失。

以上几种环境保护民事责任形式，既可以单独适用，也可以合并适用，应当根据保护受害人环境权益的需要和侵权行为的具体情况加以选择。

根据我国有关法律规定，环境污染的损害赔偿实行“无过错责任”原则。“无过错责任”是指因污染环境给他人造成财产或人身损害的单位或个人，即使主观上没有故意或过失，也要对造成的损害承担赔偿责任。“无过错责任”的免责条件是指因为环境污染造成财产和人身损害时，因有法律规定的免除责任的条件而不承担民事责任。归纳起来有 3 种：

① 不可抗力因素。所谓不可抗力是指人们不可抗拒的客观情况，即在当时、当地的条件下，主观上无法预见、客观上无法避免和克服的情况。不可抗力有两种：一种是不可抗拒的自然灾害，如地震、台风、洪水等；另一种是不可抗拒的社会现象，如战争、恐怖事件等。但要注意，发生不可抗力的情况下，排污单位只有在采取合理措施仍不能避免损害时，才可以免除民事责任。

② 因受害人自身引起的。如天气干旱，农民甲的农作物缺水，甲便将某化肥

厂排放的污水引入自己的农田灌溉，结果造成农作物死亡，这种情况下，损失应当由受害人自己承担。

③ 由第三者故意或过失引起的。如某家具厂将废硝基稀料（俗称香蕉水）装成4罐，预备次日按规定处理。村民刘某偷偷将其中1罐运回，埋于屋后。后容器渗漏，污染水源，并导致村民赵某塘中鱼虾大量死亡。这种情况下，应由刘某承担民事赔偿责任，因为塘中鱼虾死亡系刘某保管香蕉水不当所致，与家具厂处理行为没有关系。

案例 2-3：杨蓉住在二楼，一楼是一家餐厅。该餐厅每天排放大量的油烟，致使杨蓉家在炎热的夏天也无法开窗通风。由于长期被油烟熏，杨蓉安装在二楼外墙的空调散热机已无法正常使用。杨蓉多次找餐厅协商，没有结果，于是向环保局投诉，要求其进行处理。经环保局监测，该餐厅油烟排放未超过国家标准。餐厅认为其达标排放，不存在违法行为，不应承担杨蓉的经济损失。调解不成，环保局作出餐厅赔偿杨蓉3 000元经济损失的处理决定。餐厅不服，认为环保局处理不当，于是以环保局为被告向法院提起行政诉讼，要求撤销环保局的处理决定。请问：餐厅不予赔偿的理由是否成立？为什么？

分析：餐厅不予赔偿的理由不成立。本案中，即使餐厅达标排放污染物，但它实施了排放油烟污染环境的行为，并造成了杨蓉的空调机无法正常使用的损害事实，且在排污行为与损害事实之间存在因果关系，构成了民事责任的条件。因此，餐厅应承担杨蓉的经济损失。

3. 环境刑事法律责任

环境刑事法律责任是指因违反环境法律或有关刑事法律而严重污染或破坏环境，造成财产重大损失或人身伤亡，构成犯罪所应承担的刑事方面的法律责任。承担刑事责任者既可以是法人单位及其领导人员和直接责任人员，也可以是其他公民，同时也包括环保行政管理机关及其所属机构的公务人员。

1997年3月14日修订公布的《中华人民共和国刑法》（以下简称《刑法》）第六章第六节专门列举了“破坏环境资源保护罪”，包括：污染环境罪，非法处置进口的固体废物罪，擅自进口固体废物罪，走私固体废物罪、非法捕捞水产品罪，非法猎捕、杀害珍贵、濒危野生动物罪，非法收购、运输、出售珍贵濒危野生动物、珍贵、濒危野生动物制品罪，非法占用农用地罪，非法采矿罪，破坏性采矿罪、非法采伐、毁坏国家重点保护植物罪，非法收购、运输、加工、出售国家重点保护植物、国家重点保护植物制品罪，盗伐林木罪，滥伐林木罪，非法收购、运输盗伐、滥伐林木罪。

（1）环境刑事责任构成要件

构成环境犯罪是承担环境刑事责任的前提条件，环境犯罪的构成要件有以下4个方面：

①环境犯罪的主体。环境犯罪的主体是指从事污染或者破坏环境的行为，具备承担刑事责任的法定生理和心理条件或资格的单位和个人。这里的“单位”，大多数情况下是法人组织，“个人”既包括直接责任人员，也包括直接负责的领导人员。

②环境犯罪的客体。环境犯罪客体是指为环境犯罪行为所侵害的社会关系。这种社会关系是环境保护的社会关系，其内容既有涉及环境要素的财产关系，也有人身关系。只有犯罪行为污染破坏了环境或可能污染破坏环境，造成或者可能造成人身或财产损害而侵害的社会关系，才是环境犯罪的客体。我国环境犯罪规定见《刑法》第六章“妨害社会管理秩序罪”，具体客体就是国家环境资源保护的管理秩序。

③环境犯罪的主观方面。环境犯罪的主观方面是指环境犯罪主体在实施危害环境行为时对危害结果发生的心理态度，这种心理态度包括故意和过失。在破坏环境的犯罪中，多为故意犯罪，如非法猎捕国家重点保护野生动物。在污染环境的犯罪中，往往存在两个相互联系的危害结果，一个是环境被污染的结果，一个是环境被污染后又导致的结果，多表现为财产损失和人身伤亡。犯罪主体对前一个结果的发生，通常存在着间接故意的心理态度，即明知会发生环境污染的结果而又放任该结果的发生，但却不一定追求该结果的发生；对后一个结果的发生，犯罪主体通常存在着过失的心理态度，即应当预见而没有预见，或者虽然已经预见但轻信能够避免造成人身伤亡或财产重大损失的结果。我国现有的污染防治法律和《刑法》，均把环境污染导致公私财产重大损失或者人身伤亡的严重后果，作为构成环境犯罪的必要条件，因而污染环境的犯罪在我国多为过失犯罪。

④环境犯罪的客观方面。环境犯罪的客观方面是环境犯罪活动外在表现的总

和，包括犯罪人所从事的危害环境的行为、危害结果以及行为与结果之间的因果关系。环境犯罪的行为，就是污染或破坏环境的行为，包括作为和不作为。环境犯罪的结果，是环境犯罪行为给环境法律所保护的客体造成的损害。这种结果，有的表现为物质的损害，如水体污染、人员伤亡、作物减产等，有的表现为非物质性损害，如对环境保护管理秩序的破坏、对环境舒适度的影响等。环境犯罪的因果关系是犯罪行为与其危害结果之间合乎规律的联系。

（2）环境刑事责任的形式

环境刑事责任的形式是由司法机关依照刑事诉讼程序实施追究刑事责任的形式，环境刑事责任的承担方式对于应承担环境刑事责任的个人（包括法人组织的法人代表），《刑法》第六章第六节“破坏环境资源保护罪”具体规定了管制、拘役、有期徒刑、无期徒刑、死刑等人身罚和罚金、没收财产等财产罚。一般情况下人身罚与财产罚并处。对于法人构成环境犯罪的，能够适用的只有罚金。

2011 年，《刑法修正案（八）》把“重大环境污染事故罪”调整为“污染环境罪”。对《刑法》规定的“重大环境污染事故罪”做了修改完善，扩大了污染物的范围，简化了入罪要件。修改之后，罪名也由原来的“重大环境污染事故罪”调整为“污染环境罪”。《刑法》第三百三十八条对“污染环境罪”的规定是：违反国家规定，排放、倾倒或者处置有放射性的废物、含传染病病原体的废物、有毒物质或者其他有害物质，严重污染环境的，处三年以下有期徒刑或者拘役，并处或者单处罚金；后果特别严重的，处三年以上七年以下有期徒刑，并处罚金。

最高人民法院、最高人民检察院于 2016 年 12 月 8 日发布了《最高人民法院　最高人民检察院关于办理环境污染刑事案件适用法律若干问题的解释》（法释〔2016〕29 号）（简称“两高司法解释”）。

虽然罪名修改了，但关于环境污染刑事案件的司法解释仍停留在 2006 年的老规定，为确保法律准确统一适用，最高人民法院、最高人民检察院于 2013 年 6 月 18 日发布《关于办理环境污染刑事案件适用法律若干问题的解释》（以下简称两高司法解释）。与 2013 年的司法解释相比，2016 年发布的新司法解释所规定的很多标准都有所严格，体现了从严打击环境污染犯罪的立法精神，实现了与《刑法修正案（九）》的对接。扩大污染物的范围、降低入罪的门槛和加大处罚力度，是此次“两高司法解释”的三大亮点。

根据《刑法》规定，如果要以“污染环境罪”追究刑责，需要达到“严重污染环境”的程度，但法律一直未明确何为“严重污染环境”。“两高司法解释”明确规定了“严重污染环境”的18项入刑标准：

①在饮用水水源一级保护区、自然保护区核心区排放、倾倒、处置有放射性的废物、含传染病病原体的废物、有毒物质的；

②非法排放、倾倒、处置危险废物三吨以上的；

③排放、倾倒、处置含铅、汞、镉、铬、砷、铊、锑的污染物，超过国家或者地方污染物排放标准三倍以上的；

④排放、倾倒、处置含镍、铜、锌、银、钒、锰、钴的污染物，超过国家或者地方污染物排放标准十倍以上的；

⑤通过暗管、渗井、渗坑、裂隙、溶洞、灌注等逃避监管的方式排放、倾倒、处置有放射性的废物、含传染病病原体的废物、有毒物质的；

⑥二年内曾因违反国家规定，排放、倾倒、处置有放射性的废物、含传染病病原体的废物、有毒物质受过两次以上行政处罚，又实施前列行为的；

⑦重点排污单位篡改、伪造自动监测数据或者干扰自动监测设施，排放化学需氧量、氨氮、二氧化硫、氮氧化物等污染物的；

⑧违法减少防治污染设施运行支出一百万元以上的；

⑨违法所得或者致使公私财产损失三十万元以上的；

⑩造成生态环境严重损害的；

⑪致使乡镇以上集中式饮用水水源取水中断十二小时以上的；

⑫致使基本农田、防护林地、特种用途林地五亩以上，其他农用地十亩以上，其他土地二十亩以上基本功能丧失或者遭受永久性破坏的；

⑬致使森林或者其他林木死亡五十立方米以上，或者幼树死亡二千五百株以上的；

⑭致使疏散、转移群众五千人以上的；

⑮致使三十人以上中毒的；

⑯致使三人以上轻伤、轻度残疾或者器官组织损伤导致一般功能障碍的；

⑰致使一人以上重伤、中度残疾或者器官组织损伤导致严重功能障碍的；

⑱其他严重污染环境的情形。

此外，“两高司法解释”也规定了应当认定为“后果特别严重”的13种情形：

①致使县级以上城区集中式饮用水水源取水中断十二小时以上的；

②非法排放、倾倒、处置危险废物一百吨以上的；

③致使基本农田、防护林地、特种用途林地十五亩以上，其他农用地三十亩以上，其他土地六十亩以上基本功能丧失或者遭受永久性破坏的；

④致使森林或者其他林木死亡一百五十立方米以上，或者幼树死亡七千五百株以上的；

⑤致使公私财产损失一百万元以上的；

⑥造成生态环境特别严重损害的；

⑦致使疏散、转移群众一万五千人以上的；

⑧致使一百人以上中毒的；

⑨致使十人以上轻伤、轻度残疾或者器官组织损伤导致一般功能障碍的；

⑩致使三人以上重伤、中度残疾或者器官组织损伤导致严重功能障碍的；

⑪致使一人以上重伤、中度残疾或者器官组织损伤导致严重功能障碍，并致使五人以上轻伤、轻度残疾或者器官组织损伤导致一般功能障碍的；

⑫致使一人以上死亡或者重度残疾的；

⑬其他后果特别严重的情形。

案例2-4：某金属制品公司偷排酸洗废水，厂长获刑八个月

【案情】：某金属制品实业有限公司酸洗车间的污水直接流到厂区与外界河涌相互连接的排水沟。2016年9月，区环保局就在环保检查中发现该公司存在加入白石灰搅拌后沉淀变清的污水排出厂外的违规行为，勒令其整改。但厂长岳某只吩咐酸洗车间处理废气、污水两员工（伍某、吴某）将净水池周边沟渠用水泥封住，但未对水满溢出的污水采取任何措施处理，任由污水沿沟渠直接排到下水道，导致周边环境产生严重污染。2016年10月30日，区环保局对该金属制品公司厂区排水取样，污水所含总铬、总镍、总铜分别超过国家污染物排放标准203倍、101倍和70.3倍。

【审判依据】：根据2016年"两高司法解释"，认定为"严重污染环境"的情形。

①根据《中华人民共和国刑法》第三百三十八条的规定，构成污染环境罪，如属单位实施该犯罪的，应对直接负责的主管人员和其他直接责任人员定罪处罚，处三年以下有期徒刑或者拘役，并处或者单处罚金，并对单位判处罚金。

②根据《环境保护法》，该公司行为违反新《环境保护法》第四十二条第四款"严禁通过暗管、渗井、渗坑、灌注或者篡改、伪造监测数据，或者不正常运行防治污染设施等逃避监管的方式违法排放污染物"的规定。

【审判结果】：区人民法院审判认为，三被告人的行为均构成污染环境罪，并当庭作出了判决。岳某被判处有期徒刑八个月，并处罚金人民币10 000元；伍某、吴某分别被判处有期徒刑七个月，缓刑一年，并处罚金人民币5 000元。

4．环境行政、民事、刑事法律责任的关系

环境行政、民事、刑事法律责任是法律责任的不同形式，可以单独适用，也可以同时适用。行为人承担了一种责任，并不免除其应承担的其他责任。如山西省运城市天马文化用纸厂重大环境污染事故案，当地环保部门通过调查取证，对该厂罚款12.9万元，这是该厂承担的行政责任，由于该厂已触犯刑法，运城市人民法院以"重大环境污染事故罪"判处该厂厂长有期徒刑两年，这是该厂应承担的刑事责任；由于该厂给北城供水厂造成了经济损失，运城市人民法院同时判令该厂赔偿经济损失88 151元，这是该厂应承担的民事责任。

值得注意的是，环境行政责任有"罚款"，环境刑事责任中有"罚金"，而环境民事责任中有"赔偿金"，它们之间有如下区别：

① 性质不同。罚款是行政制裁的一种形式，罚金是刑罚的一种形式，赔偿金是对受害人的损失的一种补偿方式。

② 罚金和罚款不一定与不法行为造成的损失等额，就是说可以高于损失额，而赔偿金是等额的，不能高于损失额。

③ 处以罚金或罚款可以是犯罪或违法的"未遂"，即只实施了犯罪或违法行为，尚未造成实际危害后果；民事赔偿必须是已经造成了损害结果。

④ 罚金和罚款按照法律规定，一般是上缴国库的，赔偿金则要支付给受害人。

⑤ 在环境与资源保护中，对法人做出的罚金或罚款是不能列入生产成本的，只有在无过错的情况下支付的赔偿金，才可以列入生产成本。

四、环境管理制度

环境管理制度属环境管理对策与措施的范畴，是一类程序性、规范性、可操作性、实践性很强的管理对策与措施，是国家环境保护的法律、法规、方针和政策的具体体现。目前我国的环境管理制度主要有“老三项”和“新五项”。“老三项”主要是指环境影响评价制度、“三同时”制度、排污收费制度，“新五项”是指环境保护目标责任制、城市环境综合整治定量考核、排污许可证制度、污染物集中控制制度、限期治理制度。近几年国家又陆续出台了一些新的环境管理制度，如环境污染与破坏事故的报告与处理制度、现场检查制度等。

（一）环境影响评价制度

环境影响评价制度，是指对规划和建设项目实施后可能造成的环境影响进行分析、预测和评估，提出预防或者减轻不良环境影响的对策和措施，进行跟踪监测的方法与制度。这是环境管理中贯彻预防为主的原则、防止新污染产生的一项制度。

我国的环境影响评价制度，是在借鉴外国的先进经验，并结合我国实际情况的基础上逐步形成和完善的。《环境保护法》第十九条规定：“编制有关开发利用规划，建设对环境有影响的项目，应当依法进行环境影响评价。未依法进行环境影响评价的开发利用规划，不得组织实施；未依法进行环境影响评价的建设项目，不得开工建设。”在环境保护的许多专门法如《水污染防治法》《大气污染防治法》《固体废物污染环境防治法》《噪声污染防治法》等法律中，也都根据各自对象的特点对建设项目的环境影响评价作了相应的规定。1998 年 11 月 29 日，国务院颁布实施了《建设项目环境保护管理条例》，该条例于 2017 年 6 月 21 日修订并自 2017 年 10 月 1 日起施行；2002 年 10 月 28 日，第九届全国人大常委会通过了《环境影响评价法》，该法于 2016 年 7 月 2 日修订，2018 年 12 月 29 日进行了第二次修正。除此之外，国务院及其有关部门还颁发了一系列文件，以保证这一制度的贯彻落实。

按照2018年4月28日生态环境部实施的《建设项目环境影响评价分类管理名录》，根据建设项目对环境的影响程度，对建设项目的环境影响评价实行分类管理：对环境可能造成重大影响的建设项目要编制环境影响报告书进行全面、详细评价；对环境可能造成轻度影响的建设项目要编制环境影响报告表；对环境造成的影响很小，不需要进行环境影响评价的应当填报环境影响登记表。

《环境影响评价法》修订后，取消环评资质要求，将不再对环境影响报告书（表）编制单位设置准入门槛，具备技术能力的建设单位或其委托的技术机构均可编制。为保证资质取消后环评文件质量不下降、环评预防环境污染和生态破坏的作用不降低，生态环境部发布了《建设项目环境影响报告书（表）编制能力建设指南》《建设项目环境影响报告书（表）编制失信行为记分办法》《建设项目环境影响报告书（表）编制监督管理办法》三个征求意见稿，目前尚在制定中。

环境影响报告书编制完成后，由建设单位报建设项目的主管部门预审，主管部门提出预审意见后，转报负责审批的环境保护行政主管部门审批，经批准后方可办理进一步的开工手续。未经批准，计划部门不办理设计任务书的审批手续，土地管理部门不办理征地手续，银行不予贷款。

（二）“三同时”制度

根据《环境保护法》第四十一条规定：“建设项目中防治污染的设施，应当与主体工程同时设计、同时施工、同时投产使用。防治污染的设施应当符合经批准的环境影响评价文件的要求，不得擅自拆除或者闲置。”这一规定在我国环境立法中通称为“三同时”制度。“三同时”制度是我国环境保护工作上的一项创举，它与环境影响评价制度相辅相成，是防止新污染和破坏的两大“法宝”，是我国预防为主方针的具体化、制度化。

按照“三同时”制度的规定，建设项目在建议书中，应对该项目建成后对环境造成的影响加以简要的说明；在可行性报告中应有环境保护的专门论述；在初步设计中，必须有环境保护篇章；在建设项目的施工阶段，环境保护设施必须与主体工程同时施工；建设项目的主体工程完工后，需要进行试生产的，其配套建设的环境保护设施必须与主体工程同时投入试运行；建设项目竣工后，建设单位应当按规定组织开展自主验收，编制竣工环境保护验收监测报告；牵头组织由建设单位、设计单位、施工单位、环境影响报告书（表）编制机构、验收报告编制机构等单位代表和专业技术专家组成的验收工作组，对环境保护设施进行验收；环境保护设施经验收合格后，其主体工程才可以投入生产或者使用。建设单位应当在出具验收合格的意见后 5 个工作日内，通过网站或者其他便于公众知悉的方式，依法向社会公开验收报告和验收意见，公开的期限不得少于 20 个工作日。公开结束后 5 个工作日内，建设单位应当登录全国建设项目竣工环境保护验收信息平台，填报相关信息并对信息的真实性、准确性和完整性负责。另外，在实施“三同时”时，注重对违反者的处罚，尤其在处罚建设单位的同时，加强对主要责任人的处罚，这样才能保证“三同时”制度的贯彻落实。

（三）排污收费（环境保护税）制度

排污收费制度是指凡向环境排污的单位和个人都要按国家规定的标准缴纳一定费用的制度。征收排污费的目的，是促使排污者加强经营管理，节约和综合利用资源，治理污染，改善环境。排污收费制度是“污染者付费”原则的体现，可以使污染防治责任与排污者的经济利益直接挂钩，促进经济效益、社会效益和环境效益的统一。缴纳排污费的排污单位出于自身经济利益的考虑，必须加强经营管理，提高管理水平，以减少排污，并通过技术改造和资源能源综合利用以及开展节约活动，改变落后的生产工艺和技术，淘汰落后设备，大力开展综合利用和节约资源、能源，推动企事业单位的技术进步，提高经济和环境效益。我国自 1982 年征收排污费以来，已取得了明显效果，提高了污染者治理污染的积极性，推动了企事业单位的环境管理，促进了工业“三废”的综合利用，为治理环境污染和环保事业的发展提供了部分资金。通过该制度筹集资金，以经济效益激发环保意识。它与环境影响评价制度和“三同时”制度一起被俗称为环境管理制度的“老三项”。

2002 年 1 月 30 日国务院第 54 次常务会议颁布了《排污费征收使用管理条例》。征收的排污费纳入预算内，作为环境保护补助资金，按专款资金管理，由环境保护部门会同财政部门统筹安排使用，实行专款专用，先收后用，量入为出，不能超支、挪用。环境保护补助资金，应当主要用于补助重点排污单位治理污染源以及环境污染的综合性治理措施。

为了更好地保护和改善环境、做好防污治污、增加执法的刚性及强度，国家在原有的“排污费”基础上出台《环境保护税法》，将“排污费”改为“环境保护税”，并于2016年12月25日经全国人大常委会审议通过，于2018年1月1日起施行。这标志着运行38年的排污费制度将成为历史，环境保护正式纳入国家税法体制。

（四）环境保护目标责任制

环境保护目标责任制是以签订责任书的形式，具体规定地方各级人民政府在任期内对本辖区环境质量负责，实行环境质量行政领导负责制。地方各级人民政府及其主要领导人要依法履行环境保护的职责，坚决执行环境保护法律、法规和政策，要将辖区环境质量作为考核政府主要领导人工作的主要内容。

环境保护目标责任制是各项环境管理制度的“龙头”，它确定了一个区域、一个部门或单位环境保护的主要责任者和责任范围。各地可根据本地区实际情况，确定责任制的考核指标和方法。环境保护目标责任制的实施程序通常为4个阶段，即制定阶段、责任书下达阶段、实施阶段、考核阶段。考核完毕后，要根据考核结果给予奖励或处罚。实施环境保护目标责任制可以加强各级政府和单位对环境保护的重视和领导，使环境保护真正纳入各级政府的议事日程，把环境保护纳入国民经济和社会发展计划，疏通环境资金渠道；有利于把环保工作从过去的软任务变成硬指标，把过去单项分散治理转向区域综合防治，有利于调动各部门和各行业的力量，共同实现保护环境的目标。

（五）城市环境综合整治定量考核制度

城市环境综合整治，就是把城市环境作为一个系统，运用系统工程的理论和方法，通过采取多目标、多层次的综合手段和措施，对城市环境进行综合管理控制，以最小投入换取城市环境质量最优。而定量考核是实行城市环境综合整治的有效措施，也是实现城市环境目标管理的重要手段。它以规划为依据，以改善和提高环境质量为目的，通过科学地定量考核的指标体系，调动城市各部门、各单位的积极性，推动城市环境综合整治深入开展。根据各阶段城市环境综合整治定量考核指标，生态环境部对北京、上海、天津、重庆等 113 个国家环境保护重点城市进行考核，各省、直辖市、自治区对所辖的市、区进行考核。

（六）排污许可证制度

排污许可证制度是以改善环境质量为目标，以污染物总量控制为基础，规定排污单位许可排放污染物种类、数量、去向等，是一项具有法律效力的行政管理制度。

2018 年 1 月 10 日，《排污许可管理办法（试行）》正式颁布实施。根据《排污许可管理办法（试行）》《控制污染物排放许可制实施方案》等文件政策精神，排污许可证将实施综合许可、一证式管理，形成以排污许可为核心、精简高效的固定源环境管理体制，并建成全国排污许可证管理信息平台统一管理。其中，《排污许可管理办法（试行）》规定了排污许可证核发程序等内容，细化了环保部门、排污单位和第三方机构的法律责任，为改革完善排污许可制迈出了坚实的一步。

（七）污染集中控制制度

污染集中控制制度是在一个特定的范围内，为保护环境所建立的集中治理设施和采取集中治理的制度，是强化环境管理的一种重要手段。污染集中控制制度是我国在环境管理的实践中总结出来的。多年的实践证明，我国的污染治理必须以改善环境质量为目的、以提高经济效益为原则，也就是说，治理污染的根本目的不是去追求单个污染源的处理率和达标率，而应当谋求整个环境质量的改善，同时讲求经济效益，以尽可能小的投入获取尽可能大的效益。污染集中控制、进行社会化污染治理，有利于集中资金，避免重复和浪费，推行科技进步，提高污染治理的经济效益、社会效益和环境效益。如广东省开展“重污染统一定点统一规划”，对印染、电镀等重污染工业实施工业园区污染集中控制，取得了显著的环境效益。但对于一些危害严重、不易集中处理的污染源，排放重金属和难以生物降解的有害物质的污染源，还要采取分散治理。少数大型企业或远离城镇的个别企业，或是需处理的量过大，或是无集中的条件，暂时仍采取单独处理的方式。

因此需要从实际出发，集中处理与分散处理相结合。

（八）限期治理制度

污染限期治理是在污染源调查、评价的基础上，突出重点，分期分批地对污染危害严重、群众反映强烈的污染源、污染物、污染区域采取限定治理时间、治理内容及治理效果的强制性措施，是人民政府为保护人民群众利益对排污单位或个人采取的法律手段。它以污染源调查为基础，坚持强制与自觉相结合，从实际情况出发考虑实施的可能性，坚持“谁污染、谁治理”的原则，国家只对一些投资很大的限期治理项目承担一部分费用。限期治理制度是强化环境管理的一项重要措施。

限期治理重点包括以下 4 个方面：① 污染危害严重、群众反映强烈的污染物、污染源；② 居民稠密区、水源保护区、风景游览区、自然保护区、城市上风向等环境敏感区的污染源；③ 区域或水域环境质量十分恶劣，有碍观瞻、损害景观的区域或水域的环境综合整治项目；④ 污染范围较广、污染危害较大的行业污染项目。

限期治理程序可分 3 个阶段：① 准备阶段，包括污染调查评价、确立限期治理项目、落实技术方案和资金来源、项目可行性分析和初步设计等；② 实施阶段，包括签订责任状、组织实施、遇特殊情况可调整项目；③ 验收阶段，包括项目完成及竣工验收、奖惩兑现。

（九）环境污染与破坏事故的报告与处理制度

环境污染与破坏事故，是指由于违反环境保护法律法规的经济、社会活动与行为，以及意外因素的影响或者不可抗拒的自然灾害等，致使环境受到污染，国家重点保护的野生动植物、自然保护区受到破坏，人体健康受到危害，社会经济与人民财产受到损失，造成不良社会影响的突发性事件。环境污染与破坏事故，根据类型可以分为水污染、大气污染、噪声与振动危害、固体废物污染、农药与有毒化学品污染、放射性污染事故和国家重点保护的野生动植物及自然保护区破坏事故等。根据事故危害程度，又可以分为一般、较大、重大和特大环境污染与破坏事故。

环境污染与破坏事故的报告及处理制度，是指因发生事故或者其他突然性事件，造成或者可能造成环境污染与破坏事故的单位，必须立即采取处理措施，及时通报可能受到污染与破坏危害的单位和居民，并向当地生态环境行政主管部门和有关部门报告，接受调查处理的规定的总称。环境污染与破坏事故的报告及处理制度可以使环境保护监督管理部门和人民政府及时掌握污染与破坏事故情况，便于采取有效措施，防止事故的蔓延和扩大，又可以使受到污染、破坏威胁的单位和居民提前采取防范措施，避免或减少对人体健康、生命安全的危害和经济损失。

突发环境事件的报告分为初报、续报和处理结果报告 3 类。初报从发现事件后起 1 小时内上报；续报在查清有关基本情况后随时上报；处理结果报告在事件处理完毕后立即上报。

环境污染与破坏事故的处理是指生态环境行政主管部门在收到事故(或事件)报告，并经调查弄清其性质和危害之后，可对违法者依法给予行政处罚。在环境受到严重污染与破坏，威胁居民生命安全时，县级以上生态环境部门必须立即向本级人民政府报告，由人民政府采取有效措施，解除或者减轻危害。

（十）环境信用管理制度

根据《环境保护法》第五十四条第三款“县级以上地方人民政府环境保护主管部门和其他负有环境保护监督管理职责的部门，应当将企业事业单位和其他生产经营者的环境违法信息记入社会诚信档案，及时向社会公布违法者名单”。2013 年 12 月 18 日，环境保护部、国家发展和改革委员会、中国人民银行、中国银行业监督管理委员会联合印发《企业环境信用评价办法（试行)》（环发〔2013〕150 号），第二十二条“环保部门应当于每年 2 月底前，根据规定的评价指标及评分方法，对企业环境行为进行信用评价，就企业的环境信用等级，提出初评意见。初评意见应当及时反馈参评企业，并通过政府网站进行公示，公示期不得少于 15 天。”第三十五条“建立健全环境保护失信惩戒机制。对环保不良企业，应当采取以下惩戒性措施：……（三）加大执法监察频次；……（七）建议银行业金融机构对其审慎授信，在其环境信用等级提升之前，不予新增贷款，并视情况逐步压缩贷款，直至退出贷款”。环境保护部、国家发展和改革委员会于 2015 年 11 月

27日联合印发《关于加强企业环境信用体系建设的指导意见》（环发〔2015〕161号），明确企业环境信用记录的信息范围，要求建立和完善企业环境信用记录；加强企业环境信用信息公示；加强企业环境信用信息系统建设，完善信息化基础设施；建立环境保护“守信激励、失信惩戒”机制；开展环境服务机构及从业人员环境信用建设。国务院办公厅2014年11月12日印发《关于加强环境监管执法的通知》（国办发〔2014〕56号）要求：“建立环境信用评价制度，将环境违法企业列入‘黑名单’并向社会公开，将其环境违法行为纳入社会信用体系，让失信企业一次违法、处处受限”。

实践中，各省环保部门每年对重点监控企业评比“不良企业”（红牌企业）、“环保警示企业”（黄牌企业）、“环保良好企业”（蓝牌企业）、“环保诚信企业”（绿牌企业），这对推动企业的环保工作起到了很好的促进作用。

五、环境标准

（一）我国环境标准体系

1. 环境标准定义

环境标准是国家为了保护人民健康，促进生态良性循环，实现社会经济发展目标，根据国家的环境政策和法规，在综合考虑本国自然环境特征、社会经济条件和科学技术水平基础上规定环境中污染物的允许含量和污染源排放污染物的数量、浓度、时间和速度以及监测方法和其他有关技术规范。而各种不同环境标准依其性质功能及其之间客观的内在联系，相互依存、相互衔接、相互补充、相互制约所构成的一个有机整体，即构成了环境标准体系。

2. 环境标准体系

我国环境标准的种类、数量繁多，根据环保工作的需要有不同的分类方法。按其适用范围分，可分为国家标准、行业标准和地方标准；按其内容和性质分，可分为环境质量标准、污染物排放标准、方法标准、标准样品标准和基础标准等。按其执行强度分，可分为强制性标准和推荐性标准，如环境质量标准、污染物排放标准以及法律、法规规定必须执行的其他标准属于强制性标准，强制性标准必须执行。

强制性标准以外的环境标准属于推荐性标准。国家鼓励采用推荐性环境标准，推荐性环境标准被强制标准引用，也必须强制执行。图 2-2 为我国环境标准体系框架。

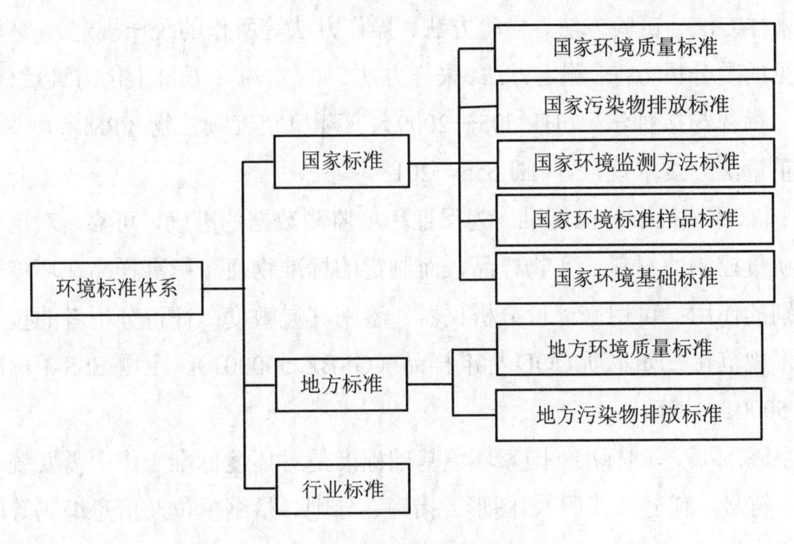

图 2-2 环境标准体系框架

（1）国家环境保护标准

全国统一执行的环境保护标准，包括国家环境质量标准、国家污染物排放标准、国家环境监测方法标准、国家环境标准样品标准、国家环境基础标准。

① 国家环境质量标准。国家环境质量标准是为了保障人群健康、维护生态环境和保障社会物质财富，并考虑技术、经济条件，对环境中有害物质和因素所作的限制性规定。国家环境质量标准是在一定的时空范围内，对各种环境介质（水、气、土）中的有害物质和因素所规定的容许含量和要求，是衡量环境是否被污染的尺度，是开展环境保护及制定污染物排放标准的依据。如《地表水环境质量标准》（GB 3838—2002）、《环境空气质量标准》（GB 3095—2012）、《声环境质量标准（GB 3096—2008）等。

② 国家污染物排放（控制）标准。国家污染物排放标准是根据国家环境质量标准以及适用的污染控制技术，并考虑经济承受能力，对排入环境的有害物质和产生污染的各种因素所作的限制性规定，是对污染源控制的标准。如《污水综合排放标准》（GB 8978—1996）、《大气污染物综合排放标准》（GB 16297—1996）等。

③ 国家环境监测方法标准。国家环境监测方法标准是为监测环境质量和污染物排放，规范采样、分析、测试数据处理等所作的统一规定（指分析方法、测定方法、采样方法、试验方法、检验方法、操作方法等所作的统一规定）。环境监测中最常见的是分析方法、测定方法、采样方法。如《水质　五日生化需氧量（BOD_5）的测定　稀释与接种法》（HJ 505—2009）、《环境空气颗粒物（$PM_{2.5}$）手工监测方法（重量法）技术规范》（HJ 656—2013）等。

④ 国家环境标准样品标准。为保证环境监测数据的准确、可靠，对用于量值传递或质量控制的材料、实物样品，而制定的标准物质。标准样品在环境管理中起着特别的作用：可用来评价分析仪器、鉴别其灵敏度；评价分析者的技术，使操作技术规范化。如水质 COD 标准样品（GSBZ 500001）、土壤 ESS-1 标准样品（GSBZ 500011）等。

⑤ 国家环境基础标准。国家环境基础标准是对环境标准工作中需要统一的技术术语、符号、代号（代码）、图形、指南、导则、量纲单位及信息编码等所作的统一规定。如《环境噪声监测点位编码规则》（HJ 661—2013）、《环境监测　分析方法标准制修订技术导则》（HJ 168—2010）等。

（2）地方环境保护标准

地方环境标准是由省、自治区、直辖市人民政府根据地方环境管理的需要，对国家环境标准的补充、完善或进行更严格的规定。地方环境标准一般包括环境质量标准和污染物排放（控制）标准两类。

① 地方环境质量标准。根据地方环境管理需要，结合地方环境背景和环境问题，对国家环境质量标准中未作出规定的项目，可以制定地方环境质量标准，并报国务院行政主管部门备案。

② 地方污染物排放（控制）标准。国家污染物排放标准中未作规定的项目可以制定地方污染物排放标准；国家污染物排放标准已规定的项目，可以制定严于国家污染物排放标准的地方污染物排放标准；省、自治区、直辖市人民政府制定机动车船大气污染物地方排放标准严于国家排放标准的，须报经国务院批准。如广东省《水污染物排放限值》（DB 44/26—2001）、广东省《大气污染物排放限值》（DB 44/27—2001）等。

（3）环境保护行业标准

环境保护行业标准是在行业范围内统一执行的环境标准，也称国家环境保护标准，是国家标准的补充。例如，化工行业、造纸行业、电镀行业、酿造行业、建材行业、电力行业、印染行业等环境标准。

3．环境标准之间的关系

（1）国家环境标准与地方环境标准的关系

国家环境标准与地方环境标准的关系执行上，地方环境标准优先于国家环境标准执行。但是新国家标准若严于旧地方标准，执行新国家标准，即以严格的为准。

（2）污染物排放标准之间的关系

污染物排放标准分为跨行业综合性排放标准和行业性排放标准。跨行业综合性排放标准如《污水综合排放标准》（GB 8978—1996）、《大气污染物综合排放标准》（GB 16297—1996）等。行业性排放标准如《电镀污染物排放标准》（GB 21900—2008）、《火电厂大气污染物排放标准》（GB 13223—2011）、《电池工业污染物排放标准》（GB 30484—2013）、《水泥工业大气污染物排放标准》（GB 4915—2013）、合成氨工业水污染物排放标准（GB 13458—2013）、《制革及毛皮加工工业水污染物排放标准》（GB 30486—2013）等。综合性排放标准与行业性排放标准不交叉执行。即有行业性排放标准的优先执行行业排放标准，没有行业排放标准的执行综合排放标准。

（二）常用环境标准简介

1．环境质量标准

（1）《地表水环境质量标准》（GB 3838—2002）简介

1）适用范围

本标准适用于中华人民共和国领域内江河、湖泊、运河、渠道、水库等具有使用功能的地表水水域。具有特定功能的水域，执行相应的专业用水水质标准。

2）水域功能和标准分类

依据地表水水域环境功能和保护目标，按功能高低依次划分为五类：

Ⅰ类　主要适用于源头水、国家自然保护区；

Ⅱ类　主要适用于集中式生活饮用水地表水源地一级保护区、珍稀水生生物栖息地、鱼虾类产卵场、仔稚幼鱼的索饵场等；

Ⅲ类 主要适用于集中式生活饮用水地表水源地二级保护区、鱼虾类越冬场、洄游通道、水产养殖区等渔业水域及游泳区；

Ⅳ类 主要适用于一般工业用水区及人体非直接接触的娱乐用水区；

Ⅴ类 主要适用于农业用水区及一般景观要求水域。

对应地表水上述五类水域功能，将地表水环境质量标准基本项目标准值分为五类，不同功能类别分别执行相应类别的标准值。水域功能类别高的标准值严于水域功能类别低的标准值。同一水域兼有多类使用功能的，执行最高功能类别对应的标准值。实现水域功能与标准功能类别标准为同一含义。

3）标准值

本标准项目共计 109 项，其中地表水环境质量标准基本项目 24 项，集中式生活饮用水地表水源地补充项目 5 项，集中式生活饮用水地表水源地特定项目 80 项。地表水环境质量标准基本项目标准限值见表 2-1。

表 2-1 地表水环境质量标准基本项目标准限值 单位：mg/L

序号	项目		类别				
			Ⅰ类	Ⅱ类	Ⅲ类	Ⅳ类	Ⅴ类
1	水温/℃		人为造成的环境水温变化应限制在： 周平均最大温升≤1； 周平均最大温降≤2				
2	pH（量纲一）		6～9				
3	溶解氧	≥	饱和率 90%（或 7.5）	6	5	3	2
4	高锰酸盐指数	≤	2	4	6	10	15
5	化学需氧量（COD）	≤	15	15	20	30	40
6	五日生化需氧量（BOD_5）	≤	3	3	4	6	10
7	氨氮	≤	0.15	0.5	1.0	1.5	2.0
8	总磷（以 P 计）	≤	0.02（湖、库 0.01）	0.1（湖、库 0.025）	0.2（湖、库 0.05）	0.3（湖、库 0.1）	0.4（湖、库 0.2）
9	总氮（湖、库，以 N 计）	≤	0.2	0.5	1.0	1.5	2.0
10	铜	≤	0.01	1.0	1.0	1.0	1.0

序号	项目		类别				
			Ⅰ类	Ⅱ类	Ⅲ类	Ⅳ类	Ⅴ类
11	锌	≤	0.05	1.0	1.0	2.0	2.0
12	氟化物（以 F^- 计）	≤	1.0	1.0	1.0	1.5	1.5
13	硒	≤	0.01	0.01	0.01	0.02	0.02
14	砷	≤	0.05	0.05	0.05	0.1	0.1
15	汞	≤	0.000 05	0.000 05	0.000 1	0.001	0.001
16	镉	≤	0.001	0.005	0.005	0.005	0.01
17	铬（六价）	≤	0.01	0.05	0.05	0.05	0.1
18	铅	≤	0.01	0.01	0.05	0.05	0.1
19	氰化物	≤	0.005	0.05	0.2	0.2	0.2
20	挥发酚	≤	0.002	0.002	0.005	0.01	0.1
21	石油类	≤	0.05	0.05	0.05	0.5	1.0
22	阴离子表面活性剂	≤	0.2	0.2	0.2	0.3	0.3
23	硫化物	≤	0.05	0.1	0.05	0.5	1.0
24	粪大肠菌群/（个/L）	≤	200	2 000	10 000	20 000	40 000

4）水质评价

地表水环境质量评价应根据应实现的水域功能类别，选取相应类别标准，进行单因子评价，评价结果应说明水质达标情况，超标的应说明超标项目和超标倍数。对于丰水期、平水期、枯水期特征明显的水域，应分水期进行水质评价。

（2）地下水质量标准（GB/T 14848—2017）简介

1）适用范围

本标准规定了地下水质量分类、指标及限值，地下水质量调查与监测，地下水质量评价等内容。

本标准适用于地下水质量调查、监测、评价与管理。

2）地下水质量分类

依据我国地下水质量状况和人体健康风险，参照生活饮用水、工业、农业等用水质量要求，依据各组分含量高低（pH 除外），分为五类。

Ⅰ类：地下水化学组分含量低，适用于各种用途。

Ⅱ类：地下水化学组分含量较低，适用于各种用途。

Ⅲ类：地下水化学组分含量中等，以 GB 5749—2006 为依据，主要适用于集中式生活饮用水水源及工农业用水。

Ⅳ类：地下水化学组分含量较高，以农业和工业用水质量要求以一定水平的人体健康风险为依据，适用于农业和部分工业用水，适当处理后可作为生活饮用水。

Ⅴ类：地下水化学组分含量高，不宜作为生活饮用水水源，其他用水可根据使用目的选用。

3）地下水质量分类指标

地下水质量指标分为常规指标和非常规指标，其分类及限值分别见表 2-2 和表 2-3。

表 2-2 地下水质量常规指标及限值

编号	指标	Ⅰ类	Ⅱ类	Ⅲ类	Ⅳ类	Ⅴ类
	感官性状及一般化学指标					
1	色（铂钴色度单位）	≤5	≤5	≤15	≤25	＞25
2	嗅和味	无	无	无	无	有
3	浑浊度/NTU[a]	≤3	≤3	≤3	≤10	＞10
4	肉眼可见物	无	无	无	无	有
5	pH	6.5≤pH≤8.5			5.5≤pH＜6.5 8.5＜pH≤9.0	pH＜5.5 或 pH＞9.0
6	总硬度（以 $CaCO_3$ 计）/（mg/L）	≤150	≤300	≤450	≤650	＞650
7	溶解性总固体/（mg/L）	≤300	≤500	≤1 000	≤2 000	＞2 000
8	硫酸盐/（mg/L）	≤50	≤50	≤250	≤350	＞350
9	氯化物/（mg/L）	≤50	≤150	≤250	≤350	＞350
10	铁/（mg/L）	≤0.01	≤0.2	≤0.3	≤2.0	＞2.0
11	锰/（mg/L）	≤0.05	≤0.05	≤0.10	≤1.50	＞1.50
12	铜/（mg/L）	≤0.01	≤0.05	≤1.00	≤1.50	＞1.50
13	锌/（mg/L）	≤0.05	≤0.5	≤1.00	≤5.00	＞5.00
14	铝/（mg/L）	≤0.01	≤0.05	≤0.20	≤0.50	＞0.50
15	挥发性酚类（以苯酚计）/（mg/L）	≤0.001	≤0.001	≤0.002	≤0.01	＞0.01
16	阴离子表面活性剂/（mg/L）	不得检出	≤0.1	≤0.3	≤0.3	＞0.3
17	耗氧量（COD_{Mn} 法，以 O_2 计）/（mg/L）	≤1.0	≤2.0	≤3.0	≤10.0	＞10.0

编号	指标	Ⅰ类	Ⅱ类	Ⅲ类	Ⅳ类	Ⅴ类
18	氨氮（以 N 计）/（mg/L）	≤0.02	≤0.10	≤0.50	≤1.50	＞1.50
19	硫化物/（mg/L）	≤0.005	≤0.01	≤0.02	≤0.10	＞0.10
20	钠/（mg/L）	≤100	≤150	≤200	≤400	＞400
微生物指标						
21	总大肠菌群/（MPN[b]/100 mL 或 CFU[c]/100 mL）	≤3.0	≤3.0	≤3.0	≤100	＞100
22	菌落总数/（CFU/mL）	≤100	≤100	≤100	≤1 000	＞1 000
毒理学指标						
23	亚硝酸盐（以 N 计）/（mg/L）	≤0.01	≤0.10	≤1.00	≤4.80	＞4.80
24	硝酸盐（以 N 计）/（mg/L）	≤2.0	≤5.0	≤20.0	≤30.0	＞30.0
25	氰化物/（mg/L）	≤0.001	≤0.001	≤0.05	≤0.1	＞0.1
26	氟化物/（mg/L）	≤1.0	≤1.0	≤1.0	≤2.0	＞2.0
27	碘化物/（mg/L）	≤0.04	≤0.04	≤0.08	≤0.50	＞0.50
28	汞/（mg/L）	≤0.000 1	≤0.000 1	≤0.001	≤0.002	＞0.002
29	砷/（mg/L）	≤0.001	≤0.001	≤0.01	≤0.05	＞0.05
30	硒/（mg/L）	≤0.01	≤0.01	≤0.01	≤0.1	＞0.1
31	镉/（mg/L）	≤0.000 1	≤0.001	≤0.005	≤0.01	＞0.01
32	铬（六价）/（mg/L）	≤0.005	≤0.01	≤0.05	≤0.10	＞0.10
33	铅/（mg/L）	≤0.005	≤0.005	≤0.01	≤0.10	＞0.10
34	三氯甲烷/（μg/L）	≤0.5	≤6	≤60	≤300	＞300
35	四氯化碳/（μg/L）	≤0.5	≤0.5	≤2.0	≤50.0	＞50.0
36	苯/（μg/L）	≤0.5	≤1.0	≤10.0	≤120	＞120
37	甲苯/（μg/L）	≤0.5	≤140	≤700	≤1 400	＞1 400
放射性指标[d]						
38	总α放射性/（Bq/L）	≤0.1	≤0.1	≤0.5	＞0.5	＞0.5
39	总β放射性/（Bq/L）	≤0.1	≤1.0	≤1.0	＞1.0	＞1.0

注：[a] NTU 为散浊度单位。

[b] MPN 表示可能数。

[c] CFU 表示菌落形成单位。

[d] 放射性指标超过指导指，应进行核素分析和评价。

表 2-3 地下水质量非常规指标及限值

序号	指标	Ⅰ类	Ⅱ类	Ⅲ类	Ⅳ类	Ⅴ类
毒理学指标						
1	铍/（mg/L）	≤0.000 1	≤0.001	≤0.002	≤0.06	>0.06
2	硼/（mg/L）	≤0.02	≤0.10	≤0.50	≤2.00	>2.00
3	锑/（mg/L）	≤0.000 1	≤0.000 5	≤0.005	≤0.01	>0.01
4	钡/（mg/L）	≤0.01	≤0.10	≤0.70	≤4.00	>4.00
5	镍/（mg/L）	≤0.002	≤0.002	≤0.02	≤0.10	>0.10
6	钴/（mg/L）	≤0.005	≤0.005	≤0.05	≤0.10	>0.10
7	钼/（mg/L）	≤0.001	≤0.01	≤0.07	≤0.15	>0.15
8	银/（mg/L）	≤0.01	≤0.01	≤0.05	≤0.10	>0.10
9	铊/（mg/L）	≤0.000 1	≤0.000 1	≤0.000 1	≤0.000 1	>0.001
10	二氯甲烷/（μg/L）	≤1	≤2	≤20	≤500	>500
11	1,2-二氯乙烷/（μg/L）	≤0.5	≤3.0	≤30.0	≤40.0	>40.0
12	1,1,1-三氯乙烷/（μg/L）	≤0.5	≤400	≤2 000	≤4 000	>4 000
13	1,1,2-三氯乙烷/（μg/L）	≤0.5	≤0.5	≤5.0	≤50.0	>60.0
14	1,2-二氯丙烷/（μg/L）	≤0.5	≤0.5	≤5.0	≤60.0	>60.0
15	三溴甲烷/（μg/L）	≤0.5	≤10.0	≤100	≤800	>800
16	氯乙烯/（μg/L）	≤0.5	≤0.5	≤5.0	≤90.0	>90.0
17	1,1-二氯乙烯/（μg/L）	≤0.5	≤3.0	≤30.0	≤50.0	>60.0
18	1,2-二氯乙烯/（μg/L）	≤0.5	≤5.0	≤50.0	≤60.0	>60.0
19	三氯乙烯/（μg/L）	≤0.5	≤7.0	≤70.0	≤210	>210
20	四氯乙烯/（μg/L）	≤0.5	≤4.0	40.0	≤300	>300
21	氯苯/（μg/L）	≤0.5	≤60.0	≤300	≤600	>600
22	邻二氯苯/（μg/L）	≤0.5	≤200	≤1 000	≤2 000	>2 000
23	对二氯苯/（μg/L）	≤0.5	≤30.0	≤300	≤500	>600
24	三氯苯（总量）/（μg/L）[a]	≤0.5	≤4.0	≤20.0	≤180	>180
25	乙苯/（μg/L）	≤0.5	≤30.0	≤300	≤600	>600
26	二甲苯（总量）/（μg/L）[b]	≤0.5	≤100	≤500	≤1 000	>1 000
27	苯乙烯/（μg/L）	≤0.5	≤2.0	≤20.0	≤40.0	>40.0
28	2,4-二硝基甲苯/（μg/L）	≤0.1	≤0.5	≤5.0	≤60.0	>60.0
29	2,6-二硝基甲苯/（μg/L）	≤0.1	≤0.5	≤5.0	≤30.0	>30.0
30	萘/（μg/L）	≤1	≤10	≤100	≤600	>600
31	蒽/（μg/L）	≤1	≤360	≤1 800	≤3 600	>3 600
32	荧蒽/（μg/L）	≤1	≤50	≤240	≤480	>480
33	苯并[*b*]荧蒽/（μg/L）	≤0.1	≤0.4	≤4.0	≤8.0	>8.0

序号	指标	Ⅰ类	Ⅱ类	Ⅲ类	Ⅳ类	Ⅴ类
34	苯并[*a*]芘/（μg/L）	≤0.002	≤0.002	≤0.01	≤0.50	>0.50
35	多氯联苯（总量）/（μg/L）[c]	≤0.05	≤0.05	≤0.50	≤10.0	>10.0
36	邻苯二甲酸二（2-乙基己基）酯/（μg/L）	≤3	≤3	≤8.0	≤300	>300
37	2,4,6-三氯酚/（μg/L）	≤0.05	≤20.0	≤200	≤300	>300
38	五氯酚/（μg/L）	≤0.05	≤0.90	≤9.0	≤18.1	>18.0
39	六六六（总量）/（μg/L）[d]	≤0.01	≤0.50	≤5.00	≤300	>300
40	*R*-六六六（林丹）/（μg/L）	≤0.01	≤0.20	≤2.00	≤150	>150
41	滴滴涕（总量）/（μg/L）[e]	≤0.01	≤0.10	≤1.00	≤2.00	>2.00
42	六氯苯/（μg/L）	≤0.01	≤0.10	≤1.00	≤2.00	>2.00
43	七氯/（μg/L）	≤0.01	≤0.04	≤0.40	≤0.80	>0.80
44	2,4-滴/（μg/L）	≤0.1	≤5.0	≤30.0	≤150	>150
45	克百威/（μg/L）	≤0.05	≤1.40	≤7.00	≤14.0	>14.0
46	涕灭威/（μg/L）	≤0.05	≤0.50	≤3.00	≤30.0	>30.0
47	敌敌畏/（μg/L）	≤0.05	≤0.10	≤1.00	≤2.00	>2.00
48	甲基对硫磷/（μg/L）	≤0.05	≤4.00	≤20.0	≤40.0	>40.0
49	马拉硫磷/（μg/L）	≤0.05	≤25.0	≤250	≤500	>500
50	乐果/（μg/L）	≤0.05	≤16.0	≤80.0	≤160	>160
51	毒死蜱/（μg/L）	≤0.05	≤6.00	≤30.0	≤60.0	>60.0
52	百菌清/（μg/L）	≤0.05	≤1.00	≤10.0	≤150	>150
53	莠去清/（μg/L）	≤0.05	≤0.40	≤2.00	≤600	>600
54	草甘膦/（μg/L）	≤0.1	≤140	≤100	≤1 400	>1 400

注：[a] 二氯苯（总量）为1,2,3-三氯苯、1,2,4-三氯苯、1,3,5-三氯苯3种异构体加和。

[b] 二甲苯（总量）为邻二甲苯、间二甲苯、对二甲苯3种异构体加和。

[c] 多氯联苯（总量）为PCB28、PCB52、PCB101、PCB118、PCB138、PCB153、PCB180、PCB194、PCB206 9种多氯联苯单体加和。

[d] 六六六（总量）为*α*-六六六、*β*-六六六、*p*-六六六、*β*-六六六4种异构体加和。

[e] 滴滴涕（总量）为*a,p'*-滴滴涕、*p,p'*-滴滴伊、*p,p'*-滴滴滴、*p,p'*-滴滴涕4种异构体加和。

（3）《环境空气质量标准》（GB 3095—2012）简介

1）实施新标准的时间要求

①2012年，京津冀、长三角、珠三角等重点区域以及直辖市和省会城市；

②2013年，113个环境保护重点城市和国家环保模范城市；

③2015年，所有地级以上城市；

④2016年1月1日，全国实施新标准。

2）修订的主要内容

《环境空气质量标准》（GB 3095—2012）主要有 3 个方面突破：①调整了环境空气质量功能区分类方案，将原标准中的三类区并入二类区；②完善了污染物项目和监测规范，包括在基本监控项目中增设 $PM_{2.5}$ 年均、日均浓度限值和臭氧 8 小时浓度限值，收紧 PM_{10}、NO_2、铅和苯并[*a*]芘等的浓度限值；③提高了数据统计的有效性要求。这是我国首次制定 $PM_{2.5}$ 的国家环境质量标准。

3）适用范围

本标准适用于环境空气质量评价与管理。

4）环境空气功能区分类

环境空气功能区分为两类：一类区为自然保护区、风景名胜区和其他需要特殊保护的地区；二类区为居住区、商业交通居民混合区、文化区、工业区和农村地区。

5）环境空气功能区质量要求

一类区适用一级浓度限值，二类区适用二级浓度限值。一、二类环境空气功能区质量要求见表 2-4 和表 2-5。

表 2-4 环境空气污染物基本项目浓度限值

序号	污染物项目	平均时间	浓度限值		单位
			一级	二级	
1	二氧化硫（SO_2）	年平均	20	60	μg/m³
		24 h 平均	50	150	
		1 h 平均	150	500	
2	二氧化氮（NO_2）	年平均	40	40	
		24 h 平均	80	80	
		1 h 平均	200	200	
3	一氧化碳（CO）	24 h 平均	4	4	mg/m³
		1 h 平均	10	10	
4	臭氧（O_3）	日最大 8 h 平均	100	160	μg/m³
		1 h 平均	160	200	
5	颗粒物（粒径小于等于 10μm）	年平均	40	70	
		24 h 平均	50	150	
6	颗粒物（粒径小于等于 2.5μm）	年平均	15	35	
		24 h 平均	35	75	

表 2-5　环境空气污染物其他项目浓度限值

序号	污染物项目	平均时间	浓度限值		单位
			一级	二级	
1	总悬浮颗粒物（TSP）	年平均	80	200	$\mu g/m^3$
		24 h 平均	120	300	
2	氮氧化物（NO_x）	年平均	50	50	
		24 h 平均	100	100	
		1 h 平均	250	250	
3	铅（Pb）	年平均	0.5	0.5	
		季平均	1	1	
4	苯并[a]芘（BaP）	年平均	0.001	0.001	
		24 h 平均	1	1	

6）数据统计的有效性规定

任何情况下，有效的污染物浓度数据应该符合表 2-6 的规定，否则应视为无效数据。

表 2-6　污染物浓度数据有效性的最低要求

污染物项目	平均时间	数据有效性规定
SO_2、NO_2、PM_{10}、$PM_{2.5}$、NO_x	年平均	每年至少有 324 个平均浓度值，每月至少有 27 个日平均浓度值(2 月至少有 25 个日平均浓度值)
SO_2、NO_2、CO、PM_{10}、$PM_{2.5}$、NO_x	24 h 平均	每日至少有 20 个小时平均浓度值或采样时间
O_3	8 h 平均	每 8 h 至少有 6 h 平均浓度值
SO_2、NO_2、CO、O_3、NO_x	1 h 平均	每小时至少有 45 min 的采样时间
TSP、苯并[a]芘（BaP）、Pb	年平均	每年至少有分布均匀的 60 个日平均浓度值 每月至少有分布均匀的 5 个日平均浓度值
Pb	季平均	每季至少有分布均匀的 15 个日平均浓度值 每月至少有分布均匀的 5 个日平均浓度值
TSP、苯并[a]芘（BaP）、Pb	24 h 平均	每日应有 24 h 的采样时间

（4）《声环境质量标准》（GB 3096—2008）简介

1）适用范围

本标准适用于声环境质量评价与管理。

机场周围区域受飞机通过（起飞、降落、低空飞越）噪声的影响，不适用于本标准。

2）声环境功能区分类

按区域的使用功能特点和环境质量要求，声环境功能区分为以下 5 种类型：

0 类声环境功能区：指康复疗养区等特别需要安静的区域。

1 类声环境功能区：指以居民住宅、医疗卫生、文化体育、科研设计、行政办公为主要功能，需要保持安静的区域。

2 类声环境功能区：指以商业金融、集市贸易为主要功能，或者居住、商业、工业混杂，需要维护住宅安静的区域。

3 类声环境功能区：指以工业生产、仓储物流为主要功能，需要防止工业噪声对周围环境产生严重影响的区域。

4 类声环境功能区：指交通干线两侧一定区域之内，需要防止交通噪声对周围环境产生严重影响的区域，包括 4 a 类和 4 b 类两种类型。4 a 类为高速公路、一级公路、二级公路、城市快速路、城市主干路、城市次干路、城市轨道交通（地面段）、内河航道两侧区域；4 b 类为铁路干线两侧区域。

3）环境噪声限值

各类声环境功能区适用于表 2-7 规定的环境噪声等效声级限值。

表 2-7 环境噪声限值 单位：dB（A）

声环境功能区类别		时段	
		昼间	夜间
0 类		50	40
1 类		55	45
2 类		60	50
3 类		65	55
4 类	4a 类	70	55
	4b 类	70	60

表 2-7 中 4b 类声环境功能区类别环境噪声限值，适用于 2011 年 1 月 1 日起环境影响评价文件通过审批的新建铁路（含新开廊道的增建铁路）干线建设项目两侧区域。

在下列情况下，铁路干线两侧区域不通过列车时的环境背景噪声限值，按昼间 70 dB（A）、夜间 55 dB（A）执行：①穿越城区的既有铁路干线；②对穿越城区的既有铁路干线进行改建、扩建的铁路建设项目。既有铁路是指 2010 年 12 月 31 日前已建成运营的铁路或环境影响评价文件已通过审批的铁路建设项目。

各类声环境功能区夜间突发噪声，其最大声级超过环境噪声限值的幅度不得高于 15 dB（A）。

（5）土壤环境质量标准

1）《土壤环境质量　农用地土壤污染风险管控标准（试行）》（GB 15618—2018）简介

A．适用范围

本标准规定了农用地土壤污染风险筛选值和管制值，以及监测、实施和监督要求。本标准适用于耕地土壤污染风险筛查和分类。园地和牧草地可参照执行。

B．农用地土壤污染风险筛选值

①基本项目：农用地土壤污染风险筛选值的基本项目为必测项目，包括镉、汞、砷、铅、铬、铜、镍、锌，风险筛选值见表 2-8。

表 2-8　农用地土壤污染风险筛选值（基本项目）　　单位：mg/kg

序号	污染物项目[①②]		风险筛选值			
			pH≤5.5	5.5＜pH≤6.5	6.5＜pH≤7.5	pH＞7.5
1	镉	水田	0.3	0.4	0.6	0.8
		其他	0.3	0.3	0.3	0.6
2	汞	水田	0.5	0.5	0.6	1.0
		其他	1.3	1.8	2.4	3.4
3	砷	水田	30	30	25	20
		其他	40	40	30	25
4	铅	水田	80	100	140	240
		其他	70	90	120	170
5	铬	水田	250	250	300	350
		其他	150	150	200	250
6	铜	果园	150	150	200	200
		其他	50	50	100	100
7	镍		60	70	100	190
8	锌		200	200	250	300

注：①重金属和类金属砷均按元素总量计。

②对于水旱轮作地，采用其中较严格的风险筛选值。

②其他项目：农用地土壤污染风险筛选值的其他项目为选测项目，包括六六六、滴滴涕和苯并[*a*]芘，风险筛选值见表 2-9。其他项目由地方环境保护主管部门根据本地区土壤污染特点和环境管理需求进行选择。

表 2-9 农用地土壤污染风险筛选值（基本项目） 单位：mg/kg

序号	污染物项目	风险筛选值
1	六六六总量	0.10
2	滴滴涕总量	0.10
3	苯并[*a*]芘	0.55

注：①六六六总量为α-六六六、β-六六六、γ-六六六、δ-六六六四种异构体的含量总和。
②滴滴涕总量为 *p,p'*-滴滴伊、*p,p'*-滴滴滴、*o,p'*-滴滴涕、*p,p'*-滴滴涕四种衍生物的含量总和。

C．农用地土壤污染风险管制值

农用地土壤污染风险管制项目包括镉、汞、砷、铅、铬，风险管制值见表 2-10。

表 2-10 农用地土壤污染风险管制值 单位：mg/kg

序号	污染物项目	风险管制值			
		pH≤5.5	5.5<pH≤6.5	6.5<pH≤7.5	pH>7.5
1	镉	1.5	2.0	3.0	4.0
2	汞	2.0	2.5	4.0	6.0
3	砷	200	150	120	100
4	铅	400	500	700	1 000
5	铬	800	850	1 000	1 300

2）《土壤环境质量 建设用地土壤污染风险管控标准（试行）》（GB 36600—2018）简介

A．适用范围

本标准规定了保护人体健康的建设用地土壤污染风险筛选值和管制值，以及监测、实施与监督要求。本标准适用于建设用地土壤污染风险筛查和风险管制。

B．建设用地分类

建设用地中，城市建设用地根据保护对象暴露情况的不同，可划分为以下两类。

第一类用地：包括 GB 50137 规定的城市建设用地中的居住用地（R），公共管理与公共服务用地中的中小学用地（A33）、医疗卫生用地（A5）和社会福利设施用地（A6），以及公园绿地（G1）中的社区公园或儿童公园用地等。

第二类用地：包括 GB 50137 规定的城市建设用地中的工业用地（M），物流仓储用地（W），商业服务业设施用地（B），道路与交通设施用地（S），公用设施用地（U），公共管理与公共服务用地（A）（A33、A5、A6 除外），以及绿地与广场用地（G）（G1 中的社区公园或儿童公园用地除外）等。

C．建设用地土壤污染风险筛选值和管制值

保护人体健康的建设用地土方污染风险筛选值和管制值见表 2-11 和表 2-12，其中表 2-11 为基本项目，表 2-12 为其他项目。

表 2-11　建设用地土壤污染风险筛选值和管制值（基本项目）　　单位：mg/kg

序号	污染物项目	CAS 编号	筛选值		管制值	
			第一类用地	第二类用地	第一类用地	第二类用地
重金属和无机物						
1	砷	7440-38-2	20[①]	60[①]	120	140
2	镉	7440-43-9	20	65	47	172
3	铬（六价）	18540-29-9	3.0	5.7	30	78
4	铜	7440-50-8	2 000	18 000	8 000	36 000
5	铅	7439-92-1	400	800	800	2 500
6	汞	7439-97-6	8	38	33	82
7	镍	7440-02-0	150	900	600	2 000
挥发性有机物						
8	四氯化碳	56-23-5	0.9	2.8	9	36
9	氯仿	67-66-3	0.3	0.9	5	10
10	氯甲烷	74-87-3	12	37	21	120
11	1,1-二氧乙烷	75-34-3	3	9	20	100
12	1,2-二氧乙烷	107-06-2	0.52	5	6	21
13	1,1-二氧乙烯	75-35-4	12	66	40	200
14	顺-1,2-二氧乙烯	156-59-2	66	596	200	2 000
15	反-1,2-二氧乙烯	156-60-5	10	54	31	163
16	二氯甲烷	75-09-2	94	616	300	2 000
17	1,2-二氧丙烷	78-87-5	1	5	5	47

序号	污染物项目	CAS 编号	筛选值		管制值	
			第一类用地	第二类用地	第一类用地	第二类用地
18	1,1,1,2-四氯乙烷	630-20-6	2.6	10	26	100
19	1,1,2,2-四氯乙烷	79-34-5	1.6	6.8	14	50
20	四氯乙烯	127-18-4	11	53	34	183
21	1,1,1-三氯乙烷	71-55-6	701	840	840	840
22	1,1,2-三氯乙烷	79-00-5	0.6	2.8	5	15
23	三氯乙烷	79-01-6	0.7	2.8	7	20
24	1,2,3-三氯丙烷	96-18-4	0.05	0.5	0.5	5
25	氯乙烯	75-01-4	0.12	0.43	1.2	4.3
26	苯	71-43-2	1	4	10	40
27	氯苯	108-90-7	68	270	200	1 000
28	1,2-二氯苯	95-50-1	560	560	560	560
29	1,4-二氯苯	106-46-7	5.6	20	56	200
30	乙苯	100-41-4	7.2	28	72	280
31	苯乙烯	100-42-5	1 290	1 290	1 290	1 290
32	甲苯	108-88-3	1 200	1 200	1 200	1 200
33	间二甲苯+对二甲苯	108-38-3，106-42-3	163	570	500	570
34	邻二甲苯	95-47-6	222	640	640	640
半挥发性有机物						
35	硝基苯	98-95-3	34	76	190	760
36	苯胺	62-53-3	92	260	211	663
37	2-氯酚	95-57-8	250	2 256	500	4 500
38	苯并[*a*]蒽	56-55-3	5.5	15	55	151
39	苯并[*a*]芘	50-32-8	0.55	1.5	5.5	15
40	苯并[*b*]荧蒽	205-99-2	5.5	15	55	151
41	苯并[*k*]荧蒽	207-08-9	55	151	550	1 500
42	䓛	218-01-9	490	1 293	4 900	12 900
43	二苯并[*a,h*]蒽	53-70-3	0.55	1.5	5.5	15
44	茚并[1,2,3-*cd*]芘	193-39-5	5.5	15	55	151
45	萘	91-20-3	25	70	255	700

注：①具体地块土壤中污染物检测含量超过筛选值，但等于或者低于土壤环境背景值水平的，不纳入污染地块管理。土壤环境背景值可参见 GB 36600—2018 附录 A。

表 2-12　建设用地土壤污染风险筛选值和管制值（基本项目）　单位：mg/kg

序号	污染物项目	CAS 编号	筛选值		管制值	
			第一类用地	第二类用地	第一类用地	第二类用地
重金属和无机物						
1	锑	7440-36-0	20	180	40	360
2	铍	7440-41-7	15	29	98	290
3	钴	7440-48-4	20①	70①	190	350
4	甲基苯	22967-92-6	5.0	45	10	120
5	钒	7440-62-2	165①	752	330	1 550
6	氯化物	57-12-5	22	135	44	270
挥发性有机物						
7	一溴二氯甲烷	75-27-4	0.29	1.2	2.9	12
8	溴仿	75-25-2	32	103	320	1 030
9	二溴氯甲烷	124-48-1	9.3	33	93	330
10	1,2-二溴乙烷	106-93-4	0.07	0.24	0.7	2.4
半挥发性有机物						
11	六氯环戊二烯	77-47-4	1.1	5.2	2.3	10
12	2,4-二硝基甲苯	121-14-2	1.8	5.2	18	52
13	2,4-二氯酚	120-83-2	117	843	234	1 690
14	2,4,6-三氯酚	88-06-2	39	137	78	560
15	2,4-二硝基酚	51-28-5	78	562	156	1 130
16	五氯酚	87-86-5	1.1	2.7	12	27
17	邻苯二甲酸（2-乙基己基）酯	117-81-7	42	121	420	1210
18	邻苯二甲酸丁基苄酯	85-68-7	312	900	3 120	9 000
19	邻苯二甲酸二正辛酯	117-84-0	390	2 812	800	5 700
20	3,3′-二氯联苯胺	91-94-1	1.3	3.6	13	36
有机农药类						
21	阿特拉津	1912-24-9	2.6	7.4	26	74
22	氯丹②	12789-03-6	2.0	6.2	20	62
23	*p,p*′-滴滴滴	72-54-8	2.5	7.1	25	71
24	*p,p*′-滴滴伊	72-55-9	2.0	7.0	20	70
25	滴滴涕③	50-29-3	2.0	6.7	21	67
26	敌敌畏	62-73-7	1.8	5.0	18	50
27	乐果	60-51-5	86	619	170	1 240

序号	污染物项目	CAS 编号	筛选值		管制值	
			第一类用地	第二类用地	第一类用地	第二类用地
28	硫丹[④]	115-29-7	234	1 687	470	3 400
29	七氯	76-44-8	0.13	0.37	1.3	3.7
30	α-六六六	319-84-6	0.09	0.3	0.9	3
31	β-六六六	319-85-7	0.32	0.92	3.2	9.2
32	γ-六六六	58-89-9	0.62	1.9	6.2	19
33	六氯苯	118-74-1	0.33	1	3.3	10
34	灭蚁灵	2385-85-5	0.03	0.09	0.3	0.9
多氯联苯、多溴联苯和二噁英类						
35	多氯联苯（总量）[⑤]	—	0.14		1.4	3.8
36	3,3,4,4,5-五氯联苯（PCB126）	57465-28-8	4×10^{-5}	1×10^{-4}	4×10^{-4}	1×10^{-3}
37	3,3,4,4,5,5-六氯联苯（PCB169）	32774-16-6	1×10^{-4}	4×10^{-4}	1×10^{-3}	4×10^{-3}
38	二噁英类（总毒性当量）	—	1×10^{-5}	4×10^{-5}	1×10^{-5}	4×10^{-5}
39	多溴联苯（总量）	—	0.02	0.06	0.2	0.6
石油烃类						
40	石油烃（C10～C40）	—	826	4 500	5 000	9 000

注：①具体地块土壤中污染物检测含量超过筛选值，但等于或者低于土壤环境背景值水平的，不纳入污染地块管理。土壤环境背景值可参见 GB 36600—2018 附录 A。

②氯丹为α-氯丹、γ-氯丹两种物质含量总和。

③滴滴涕为 o,p'-滴滴涕、p,p'-滴滴涕两种物质含量总和。

④硫丹为α-硫丹、β-硫丹两种物质含量总和。

⑤多氯联苯（总量）为 PCB77、PCB81、PCB105、PCB114、PCB118、PCB123、PCB126、PCB156、PCB157、PCB167、PCB169、PCB189 十二种物质含量总和。

2. 污染物排放标准

（1）水污染排放标准

1）《污水综合排放标准》（GB 8978—1996）简介

A. 主题内容与适用范围

该标准的主题内容为：本标准按照污水排放去向，分年限规定了 69 种水污染物最高允许排放浓度及部分行业最高允许排水量。

本标准适用于现有单位水污染物的排放管理，以及建设项目的环境影响评价、建设项目环境保护设施设计、竣工验收及其投产后的排放管理。

B. 标准分级

①排入 GB 3838 Ⅲ类水域（划定的保护区和游泳区除外）和排入 GB 3097 中二类海域的污水，执行一级标准。

②排入 GB 3838 中Ⅳ类、Ⅴ类水域和排入 GB 3097 中三类海域的污水，执行二级标准。

③排入设置二级污水处理厂的城镇排水系统的污水，执行三级标准。

④排入未设置二级污水处理厂的城镇排水系统的污水，必须根据排水系统出水受纳水域的功能要求，分别执行①和②的规定。

⑤GB 3838 中Ⅰ类、Ⅱ类水域和Ⅲ类水域中划定的保护区，GB 3097 中一类海域，禁止新建排污口，现有排污口应按水体功能要求，实行污染物总量控制，以保证受纳水体水质符合规定用途的水质标准。

C. 标准值

本标准将排放的污染物按其性质及控制方式分为两类。

第一类污染物是指能在环境或动植物体内蓄积，对人体健康产生长远不良影响者。第一类污染物不分行业和污水排放方式，也不分受纳水体的功能类别，一律在车间或车间处理设施排放口采样，其最高允许排放浓度必须达到本标准要求（采矿行业的尾矿坝出水口不得视为车间排放口），见表 2-13。

表 2-13　第一类污染物最高允许排放浓度　　单位：mg/L

序号	污染物	最高允许排放浓度
1	总汞	0.05
2	烷基汞	不得检出
3	总镉	0.1
4	总铬	1.5
5	六价铬	0.5
6	总砷	0.5
7	总铅	1.0
8	总镍	1.0
9	苯并[*a*]芘	0.000 03

序号	污染物	最高允许排放浓度
10	总铍	0.005
11	总银	0.5
12	总α放射性	1 Bq/L
13	总β放射性	10 Bq/L

第二类污染物是指其长远影响小于第一类的污染物质，在排污单位排放口采样。第二类污染物最高允许排放浓度按年限分别执行表 2-14［1997 年 12 月 31 日之前建设（包括改、扩建）的单位］和表 2-15［1998 年 1 月 1 日起建设（包括改、扩建）的单位］的要求。建设（包括改建、扩建）单位的建设时间，以环境影响评价报告书（表）批准日期为准划分。

表 2-14　第二类污染物最高允许排放浓度

（1997 年 12 月 31 日之前建设的单位）　　单位：mg/L

序号	污染物	适用范围	一级标准	二级标准	三级标准
1	pH	一切排污单位	6～9	6～9	6～9
2	色度（稀释倍数）	染料工业	50	180	—
		其他排污单位	50	80	—
3	悬浮物（SS）	采矿、选矿、选煤工业	100	300	—
		脉金选矿	100	500	—
		边远地区沙金选矿	100	800	—
		城镇二级污水处理厂	20	30	—
		其他排污单位	70	200	400
4	五日生化需氧量（BOD_5）	甘蔗制糖、苎麻脱胶、湿法纤维板工业	30	100	600
		甜菜制糖、酒精、味精、皮革、化纤浆粕工业	30	150	600
		城镇二级污水处理厂	20	30	—
		其他排污单位	30	60	300
5	化学需氧量（COD）	甜菜制糖、焦化、合成脂肪酸、湿法纤维板、染料、洗毛、有机磷农药工业	100	200	1 000
		味精、酒精、医药原料药、生物制药、苎麻脱胶、皮革、化纤浆粕工业	100	300	1 000
		石油化工工业（包括石油炼制）	100	150	500
		城镇二级污水处理厂	60	120	—
		其他排污单位	100	150	500

序号	污染物	适用范围	一级标准	二级标准	三级标准
6	石油类	一切排污单位	10	10	30
7	动植物油	一切排污单位	20	20	100
8	挥发酚	一切排污单位	0.5	0.5	2.0
9	总氰化合物	电影洗片（铁氰化合物）	0.5	5.0	5.0
		其他排污单位	0.5	0.5	1.0
10	硫化物	一切排污单位	1.0	1.0	2.0
11	氨氮	医药原料药、染料、石油化工工业	15	50	—
		其他排污单位	15	25	—
12	氟化物	黄磷工业	10	20	20
		低氟地区（水体含氟量＜0.5 mg/L）	10	20	30
		其他排污单位	10	10	20
13	磷酸盐（以P计）	一切排污单位	0.5	1.0	—
14	甲醛	一切排污单位	1.0	2.0	5.0
15	苯胺类	一切排污单位	1.0	2.0	5.0
16	硝基苯类	一切排污单位	2.0	3.0	5.0
17	阴离子表面活性剂（LAS）	合成洗涤剂工业	5.0	15	20
		其他排污单位	5.0	10	20
18	总铜	一切排污单位	0.5	1.0	2.0
19	总锌	一切排污单位	2.0	5.0	5.0
20	总锰	合成脂肪酸工业	2.0	5.0	5.0
		其他排污单位	2.0	2.0	5.0
21	彩色显影剂	电影洗片	2.0	3.0	5.0
22	显影剂及氧化物总量	电影洗片	3.0	6.0	6.0
23	元素磷	一切排污单位	0.1	0.3	0.3
24	有机磷农药（以P计）	一切排污单位	不得检出	0.5	0.5
25	粪大肠菌群数	医院*、兽医院及医疗机构含病原体污水	500个/L	1 000个/L	5 000个/L
		传染病、结核病医院污水	100个/L	500个/L	1 000个/L
26	总余氯（采用氯化消毒的医院污水）	医院*、兽医院及医疗机构含病原体污水	＜0.5**	＞3（接触时间≥1 h）	＞2（接触时间≥1 h）
		传染病、结核病医院污水	＜0.5**	＞6.5（接触时间≥1.5 h	＞5（接触时间≥1.5 h）

注：其他排污单位，指除在该控制项目中所列行业以外的一切排污单位。

* 指50个床位以上的医院。

** 加氯消毒后须进行脱氯处理，达到本标准。

表 2-15 第二类污染物最高允许排放浓度

（1998 年 1 月 1 日之后建设的单位） 单位：mg/L

序号	污染物	适用范围	一级标准	二级标准	三级标准
1	pH	一切排污单位	6～9	6～9	6～9
2	色度（稀释倍数）	一切排污单位	50	80	—
3	悬浮物（SS）	采矿、选矿、选煤工业	70	300	—
		脉金选矿	70	400	—
		边远地区沙金选矿	70	800	—
		城镇二级污水处理厂	20	30	—
		其他排污单位	70	150	400
4	五日生化需氧量（BOD_5）	甘蔗制糖、苎麻脱胶、湿法纤维板、染料、洗毛工业	20	60	600
		甜菜制糖、酒精、味精、皮革、化纤浆粕工业	20	100	600
		城镇二级污水处理厂	20	30	—
		其他排污单位	20	30	300
5	化学需氧量（COD）	甜菜制糖、合成脂肪酸、湿法纤维板、染料、洗毛、有机磷农药工业	100	200	1 000
		味精、酒精、医药原料药、生物制药、苎麻脱胶、皮革、化纤浆粕工业	100	300	1 000
		石油化工工业（包括石油炼制）	60	120	—
		城镇二级污水处理厂	60	120	500
		其他排污单位	100	150	500
6	石油类	一切排污单位	5	10	20
7	动植物油	一切排污单位	10	15	100
8	挥发酚	一切排污单位	0.5	0.5	2.0
9	总氰化合物	一切排污单位	0.5	0.5	1.0
10	硫化物	一切排污单位	1.0	1.0	1.0
11	氨氮	医药原料药、染料、石油化工工业	15	50	—
		其他排污单位	15	25	—
12	氟化物	黄磷工业	10	15	20
		低氟地区（水体含氟量＜0.5 mg/L）	10	20	30
		其他排污单位	10	10	20

序号	污染物	适用范围	一级标准	二级标准	三级标准
13	磷酸盐（以P计）	一切排污单位	0.5	1.0	—
14	甲醛	一切排污单位	1.0	2.0	5.0
15	苯胺类	一切排污单位	1.0	2.0	5.0
16	硝基苯类	一切排污单位	2.0	3.0	5.0
17	阴离子表面活性剂（LAS）	一切排污单位	5.0	10	20
18	总铜	一切排污单位	0.5	1.0	2.0
19	总锌	一切排污单位	2.0	5.0	5.0
20	总锰	合成脂肪酸工业	2.0	5.0	5.0
		其他排污单位	2.0	2.0	5.0
21	彩色显影剂	电影洗片	1.0	2.0	3.0
22	显影剂及氧化物总量	电影洗片	3.0	3.0	6.0
23	元素磷	一切排污单位	0.1	0.1	0.3
24	有机磷农药（以P计）	一切排污单位	不得检出	0.5	0.5
25	乐果	一切排污单位	不得检出	1.0	2.0
26	对硫磷	一切排污单位	不得检出	1.0	2.0
27	甲基对硫磷	一切排污单位	不得检出	1.0	2.0
28	马拉硫磷	一切排污单位	不得检出	5.0	10
29	五氯酚及五氯酚钠（以五氯酚计）	一切排污单位	5.0	8.0	10
30	可吸附有机卤化物（AOX）（以Cl计）	一切排污单位	1.0	5.0	8.0
31	三氯甲烷	一切排污单位	0.3	0.6	1.0
32	四氯化碳	一切排污单位	0.03	0.06	0.5
33	三氯乙烯	一切排污单位	0.3	0.6	1.0
34	四氯乙烯	一切排污单位	0.1	0.2	0.5
35	苯	一切排污单位	0.1	0.2	0.5
36	甲苯	一切排污单位	0.1	0.2	0.5
37	乙苯	一切排污单位	0.4	0.6	1.0
38	邻二甲苯	一切排污单位	0.4	0.6	1.0
39	对二甲苯	一切排污单位	0.4	0.6	1.0
40	间二甲苯	一切排污单位	0.4	0.6	1.0
41	氯苯	一切排污单位	0.2	0.4	1.0
42	邻二氯苯	一切排污单位	0.4	0.6	1.0

序号	污染物	适用范围	一级标准	二级标准	三级标准
43	对二氯苯	一切排污单位	0.4	0.6	1.0
44	对硝基氯苯	一切排污单位	0.5	1.0	5.0
45	2,4-二硝基氯苯	一切排污单位	0.5	1.0	5.0
46	苯酚	一切排污单位	0.3	0.4	1.0
47	间甲酚	一切排污单位	0.1	0.2	0.5
48	2,4-二氯酚	一切排污单位	0.6	0.8	1.0
49	2,4,6-三氯酚	一切排污单位	0.6	0.8	1.0
50	邻苯二甲酸二丁酯	一切排污单位	0.2	0.4	2.0
51	邻苯二甲酸二辛酯	一切排污单位	0.3	0.6	2.0
52	丙烯腈	一切排污单位	2.0	5.0	5.0
53	总硒	一切排污单位	0.1	0.2	0.5
54	粪大肠菌群数	医院*、兽医院及医疗机构含病原体污水	500 个/L	1 000 个/L	5 000 个/L
		传染病、结核病医院污水	100 个/L	500 个/L	1 000 个/L
55	总余氯（采用氯化消毒的医院污水）	医院*、兽医院及医疗机构含病原体污水	＜0.5**	＞3（接触时间≥1 h）	＞2（接触时间≥1 h）
		传染病、结核病医院污水	＜0.5**	＞6.5（接触时间≥1.5 h）	＞5（接触时间≥1.5 h）
56	总有机碳（TOC）	合成脂肪酸工业	20	40	—
		苎麻脱胶工业	20	60	—
		其他排污单位	20	30	—

注：其他排污单位，指除在该控制项目中所列行业以外的一切排污单位。

* 指 50 个床位以上的医院。

** 加氯消毒后须进行脱氯处理，达到本标准。

2）广东省《水污染物排放限值》（DB 44/26—2001）简介

A. 范围

本标准分年限规定 74 种水污染物排放限值，同时规定执行标准中的各种要求。

本标准适用于广东省境内除船舶、船舶工业、海洋石油开发工业、航天推进剂使用、兵器工业、污水海洋处置工程等行业外的现有单位水污染物的排放管理、建设项目的环境影响评价、建设项目环境保护设施设计、竣工验收及其投产后的排放管理。

B. 控制区划分

根据 GHZB 1 和 GB 3097，将广东省水域、海域划分为下列三类控制区；

• 特殊控制区，指根据 GHZB 1 划分为Ⅰ类、Ⅱ类的水域和Ⅲ类水域中划定的保护区、游泳区及 GB 3097 划分为一类的海域；

• 一类控制区，指根据 GHZB 1 划分为Ⅲ类的水域（划定的保护区、游泳区除外）以及 GB 3097 划分为二类的海域；

• 二类控制区，指根据 GHZB 1 划分为Ⅳ类、Ⅴ类的水域和 GB 3097 划分为三类、四类的海域。

C. 标准分级

①特殊控制区内禁止新建排污口，现有排污口执行一级标准且不得增加污染物排放总量。

②排入一类控制区的污水执行一级标准。

③排入二类控制区的污水执行二级标准。

④各控制区执行相应级别标准，受纳水体不符合功能水质要求时，应对排污口实行水污染物排放总量控制，以满足功能水质标准。

⑤排入建成运行的城镇二级污水处理厂的污水执行三级标准。

⑥排入未设置或未运行的二级污水处理厂的城镇排水系统的污水，应根据排水系统出水受纳水域、海域的功能要求，分别执行①、②、③和④的规定。

D. 污染物分类

本标准将污染物分为两类。含第一类污染物的污水，不分行业和污水排放方式，也不分受纳水体的功能类别，一律在车间或车间处理设施排放口采样。含第二类污染物的污水，在排污单位排放口采样。

E. 标准值

建设项目根据其建设时间，其水污染物排放和部分行业最高允许排水量分别执行下列规定：

2002 年 1 月 1 日前（第一时段）建设的项目，水污染物的排放执行第一时段标准值，即同时执行表 2-16、表 2-17 规定的限值。

2002 年 1 月 1 日起（第二时段）建设的项目，水污染物的排放执行第二时段标准值，即同时执行表 2-16、表 2-18 规定的限值。

建设项目的建设时间，以环境影响报告书、报告表、登记表的批准日期为准划分。

表 2-16 第一类污染物最高允许排放浓度

单位：mg/L（总α放射性、总β放射性除外）

序号	污染物	适用范围	最高允许排放浓度
1	总汞	烧碱、聚氯乙烯工业	0.005
		其他排污单位	0.05
2	烷基汞	一切排污单位	不得检出
3	总镉	一切排污单位	0.1
4	总铬	一切排污单位	1.5
5	六价铬	一切排污单位	0.5
6	总砷	一切排污单位	0.5
7	总铅	一切排污单位	1.0
8	总镍	一切排污单位	1.0
9	苯并[*a*]芘	一切排污单位	0.000 03
10	总铍	一切排污单位	0.005
11	总银	一切排污单位	0.5
12	总α放射性	一切排污单位	1.0 Bq/L
13	总β放射性	一切排污单位	10 Bq/L
14	活性氯	烧碱行业水银电解法	5.0
		烧碱行业隔膜电解法	20
		烧碱行业离子交换膜电解法	2.0
15	石棉	烧碱行业隔膜电解法	50
16	氯乙烯	聚氯乙烯工业	2.0

表 2-17 第二类污染物最高允许排放浓度（第一时段）

单位：mg/L（pH、粪大肠菌群、大肠菌群除外）

序号	污染物	适用范围	一级标准	二级标准	三级标准
1	pH	一切排污单位	6～9	6～9	6～9
2	色度	一切排污单位	50	80	—

序号	污染物	适用范围		一级标准	二级标准	三级标准
3	悬浮物	采矿、选矿、选煤工业		70	250	—
		制浆、制浆造纸[a]、造纸[b]		100	100	400
		合成氨工业[c]	大型企业	70	70	400
			中型企业	100	100	400
			小型企业	150	150	400
		肉类加工业		60	100	400
		磷铵、重过磷酸钙、硝酸磷肥工业		30	50	200
		城镇二级污水处理厂		20	30	—
		其他排污单位		70	100	400
4	五日生化需氧量（BOD_5）	制浆、制浆造纸[a]	木浆	70	70	600
			非木浆	70	100	600
		天然橡胶乳加工、酒精、味精、皮革、化纤浆粕工业		30	100	600
		甘蔗制糖、苎麻脱胶、湿法纤维板、染料、洗毛、聚氯乙烯、造纸[b]		30	60	600
		纺织染整、养殖、屠宰、肉制品加工		30	50	300
		城镇二级污水处理厂		20	30	—
		其他排污单位		20	30	300
5	化学需氧量（COD）	制浆、制浆造纸[a]		250	350	1 000
		酒精、味精、医药原料药		100	300	1 000
		生物制药、皮革、苎麻脱胶、化纤浆粕、天然橡胶乳加工工业		100	250	1 000
		合成脂肪酸、湿法纤维板、染料、洗毛、有机磷农药、焦化工业		100	200	1 000
		纺织染整工业		100	150	500
		造纸[b]		100	130	1 000
		养殖、屠宰、肉制品加工		80	100	500
		城镇二级污水处理厂		40	60	—
		其他排污单位		100	130	500
6	石油类	一切排污单位		5.0	10	30
7	动植物油	一切排污单位		10	15	100
8	挥发酚	合成氨工业		0.2	0.2	2.0
		其他排污单位		0.3	0.5	2.0
9	总氰化物	合成氨工业（大型企业）		0.3	0.3	1.0
		其他排污单位		0.3	0.5	1.0

序号	污染物	适用范围	一级标准	二级标准	三级标准
10	硫化物	一切排污单位	0.5	1.0	2.0
11	氨氮	合成氨工业	40	50	—
		医药原料药、染料、石油化工工业	10	50	—
		其他排污单位	10	20	—
12	氟化物	低氟地区（水体含氟量小于 0.5 mg/L）	10	15	30
		其他排污单位	10	10	20
13	磷酸盐（以 P 计）	磷铵、重过磷酸钙、硝酸磷肥工业	20	35	50
		其他排污单位	0.5	1.0	—
14	甲醛	一切排污单位	1.0	2.0	5.0
15	苯胺类	一切排污单位	1.0	1.5	5.0
16	硝基苯类	一切排污单位	2.0	2.5	5.0
17	阴离子表面活性剂	一切排污单位	5.0	10	20
18	总铜	一切排污单位	0.5	1.0	2.0
19	总锌	一切排污单位	2.0	3.0	5.0
20	总锰	一切排污单位	2.0	2.0	5.0
21	彩色显影剂	电影洗片、相片冲洗业	1.0	2.0	3.0
22	显影剂及氧化物总量	电影洗片、相片冲洗业	3.0	3.0	6.0
23	元素磷	一切排污单位	0.1	0.1	0.3
24	有机磷农药(以 P 计)	一切排污单位	不得检出	0.5	0.5
25	粪大肠菌群数	医院[d]、兽医院及医疗机构含病原体污水	500 个/L	1 000 个/L	5 000 个/L
		传染病、结核病医院污水	100 个/L	500 个/L	1 000 个/L
26	总余氯（采用氯化消毒的医院污水）	医院[d]、兽医院及医疗机构含病原体污水	＜0.5[e]	＞3（接触时间≥1 h）	＞2（接触时间≥1 h）
		传染病、结核病医院污水	＜0.5[e]	＞6.5（接触时间≥1.5 h）	＞5（接触时间≥1.5 h）
27	二氧化氯	纺织染整工业	0.5	0.5	0.5
28	大肠菌群数	养殖、屠宰、肉制品加工	3 000 个/L	5 000 个/L	—

注：[a] 制浆、制浆造纸：单纯制浆或纸浆产量平衡的生产，表 2-18 同。

[b] 造纸：单纯造纸或纸产量大于浆产量的造纸生产，表 2-18 同。

[c] 合成氨企业氨单套装置工程能力分为：大型企业，年产量≥30 万 t 氨；中型企业：6 万 t≤年产量＜30 t 氨；小型企业：年产量＜6 万 t 氨，表 2-18 同。

[d] 指 50 个床位以上的医院，表 2-18 同。

[e] 加氯消毒后须进行脱氯处理，达到本标准。

表 2-18 第二类污染物最高允许排放浓度（第二时段）

单位：mg/L（pH、粪大肠菌群、大肠菌群除外）

序号	污染物	适用范围		一级标准	二级标准	三级标准
1	pH	一切排污单位		6～9	6～9	6～9
2	色度	一切排污单位		40	60	—
3	悬浮物	采矿、选矿、选煤工业		70	200	—
		制浆、制浆造纸、造纸		100	100	400
		合成氨工业	大型企业	60	60	400
			中型企业	100	100	400
		磷铵、重过磷酸钙、硝酸磷肥工业		30	50	200
		城镇二级污水处理厂		20	30	—
		其他排污单位		60	100	400
4	五日生化需氧量（BOD_5）	制浆、制浆造纸	木浆	50	70	600
			非木浆	50	100	600
		天然橡胶乳加工、酒精、味精、皮革、化纤浆粕工业		20	70	600
		甘蔗制糖、苎麻脱胶、湿法纤维板、染料、洗毛、聚氯乙烯、造纸		20	60	600
		纺织染整、养殖、屠宰、肉制品加工		20	40	300
		城镇二级污水处理厂		20	30	—
		其他排污单位		20	30	300
5	化学需氧量（COD）	制浆、制浆造纸		200	350	1 000
		酒精、味精、医药原料药工业		100	250	1 000
		生物制药、皮革、苎麻脱胶、化纤浆粕工业、天然橡胶乳加工、合成脂肪酸、湿法纤维板、染料、洗毛、有机磷农药工业		100	200	1 000
		纺织染整工业		100	130	500
		造纸		100	130	1 000
		聚氯乙烯工业		80	100	500
		养殖、屠宰、肉制品加工		70	100	500
		石油化工工业（包括石油炼制）		60	120	500
		城镇二级污水处理厂		40	60	—
		其他排污单位		90	110	500
6	石油类	合成氨工业		5.0	5.0	20
		其他排污单位		5.0	8.0	20

序号	污染物	适用范围	一级标准	二级标准	三级标准
7	动植物油	一切排污单位	10	15	100
8	挥发酚	合成氨工业	0.1	0.1	2.0
		其他排污单位	0.3	0.5	2.0
9	总氰化物	合成氨工业（大型企业）	0.2	0.2	1.0
		其他排污单位	0.3	0.4	1.0
10`	硫化物	合成氨工业	0.5	0.5	1.0
		其他排污单位	0.5	1.0	1.0
11	氨氮	合成氨工业	40	40	—
		医药原料药、染料、石油化工工业	10	40	—
		其他排污单位	10	15	—
12	氟化物	低氟地区（水体含氟量小于 0.5 mg/L）	10	15	30
		其他排污单位	10	10	20
13	磷酸盐（以 P 计）	磷铵、重过磷酸钙、硝酸磷肥工业	20	35	50
		其他排污单位	0.5	1.0	—
14	甲醛	一切排污单位	1.0	1.5	5.0
15	苯胺类	一切排污单位	1.0	1.5	5.0
16	硝基苯类	一切排污单位	2.0	2.5	5.0
17	阴离子表面活性剂	一切排污单位	5.0	10	20
18	总铜	一切排污单位	0.5	1.0	2.0
19	总锌	一切排污单位	2.0	3.0	5.0
20	总锰	一切排污单位	2.0	2.0	5.0
21	彩色显影剂	电影洗片、相片冲洗业	1.0	2.0	3.0
22	显影剂及氧化物总量	电影洗片、相片冲洗业	3.0	3.0	6.0
23	元素磷	一切排污单位	0.1	0.1	0.3
24	有机磷农药（以 P 计）	一切排污单位	不得检出	0.5	0.5
25	乐果	一切排污单位	不得检出	1.0	2.0
26	对硫磷	一切排污单位	不得检出	1.0	2.0
27	甲基对硫磷	一切排污单位	不得检出	1.0	2.0
28	马拉硫磷	一切排污单位	不得检出	5.0	10
29	五氯酚及五氯酚钠（以五氯酚计）	一切排污单位	5.0	8.0	10

序号	污染物	适用范围		一级标准	二级标准	三级标准
30	可吸附有机卤化物（以 Cl 计）	制浆、制浆造纸	木浆漂白	12	12	12
			非木浆漂白	9.0	9.0	9.0
		其他排污单位		1.0	5.0	8.0
31	三氯甲烯	一切排污单位		0.3	0.6	1.0
32	四氯化碳	一切排污单位		0.03	0.06	0.5
33	三氯乙烯	一切排污单位		0.3	0.6	1.0
34	四氯乙烯	一切排污单位		0.1	0.2	0.5
35	苯	一切排污单位		0.1	0.2	0.5
36	甲苯	一切排污单位		0.1	0.2	0.5
37	乙苯	一切排污单位		0.4	0.6	1.0
38	邻二甲苯	一切排污单位		0.4	0.6	1.0
39	对二甲苯	一切排污单位		0.4	0.6	1.0
40	间二甲苯	一切排污单位		0.4	0.6	1.0
41	氯苯	一切排污单位		0.2	0.4	1.0
42	邻二氯苯	一切排污单位		0.4	0.6	1.0
43	对二氯苯	一切排污单位		0.4	0.6	1.0
44	对硝基氯苯	一切排污单位		0.5	1.0	5.0
45	2,4-二硝基氯苯	一切排污单位		0.5	1.0	5.0
46	苯酚	一切排污单位		0.3	0.4	1.0
47	间甲酚	一切排污单位		0.1	0.2	0.5
48	2,4-二氯酚	一切排污单位		0.6	0.8	1.0
49	2,4,6-三氯酚	一切排污单位		0.6	0.8	1.0
50	邻苯二甲酸二丁酯	一切排污单位		0.2	0.4	2.0
51	邻苯二甲酸二辛酯	一切排污单位		0.3	0.6	2.0
52	丙烯腈	一切排污单位		2.0	5.0	5.0
53	总硒	一切排污单位		0.1	0.2	0.5
54	粪大肠菌群数	医院、兽医院及医疗机构含病原体污水		500 个/L	1 000 个/L	5 000 个/L
		传染病、结核病医院污水		100 个/L	500 个/L	100 个/L
55	总余氯（采用氯化消毒的医院污水）	医院、兽医院及医疗机构含病原体污水		＜0.5	＞3（接触时间≥1 h）	＞2（接触时间≥1 h）
		传染病、结核病医院污水		＜0.5	＞6.5（接触时间≥1.5 h）	＞5（接触时间≥1.5 h）

序号	污染物	适用范围	一级标准	二级标准	三级标准
56	总有机碳	合面脂肪酸工业	20	40	—
		苎麻脱胶工业	20	60	—
		其他排污单位	20	30	—
57	二氧化氯	纺织染整工业	0.5	0.5	0.5
58	大肠菌群数	养殖、屠宰、肉制品工业	3 000 个/L	5 000 个/L	—

（2）大气污染排放标准

1）《大气污染物综合排放标准》（GB 16297—1996）简介

A. 主题内容与适用范围

本标准规定了 33 种大气污染物的排放限值，同时规定了标准执行中的各种要求。

本标准适用于现有污染源大气污染物排放管理，以及建设项目的环境影响评价、设计、环境保护设施竣工验收及其投产后的大气污染物排放管理。

B. 指标体系

本标准设置下列 3 项指标：

①通过排气筒排放的污染物最高允许排放浓度。

②通过排气筒排放的污染物，按排气筒高度规定的最高允许排放速率。任何一个排气筒必须同时遵守上述两项指标，超过其中任何一项均为超标排放。

③以无组织方式排放的污染物，规定无组织排放的监控点及相应的监控浓度限值。

C. 排放速率标准分级

本标准规定的最高允许排放速率，现有污染源分为一级、二级、三级，新污染源分为二级、三级。按污染源所在的环境空气质量功能区类别，执行相应级别的排放速率标准，即

①位于一类区的污染源执行一级标准（一类区禁止新、扩建污染源，一类区现有污染源改建时执行现有污染源的一级标准）；

②位于二类区的污染源执行二级标准；

③位于三类区的污染源执行三级标准。

D. 标准值

1997 年 1 月 1 日前设立的污染源（以下简称现有污染源）执行表 2-19 所列标准值。

1997 年 1 月 1 日起设立（包括新建、扩建、改建）的污染源（以下简称新污染源）执行表 2-20 所列标准值。

按下列规定判断污染源的设立日期：一般情况下应以建设项目环境影响报告书（表）批准日期作为其设立日期。未经环境保护行政主管部门审批设立的污染源，应按补做的环境影响报告书（表）批准日期作为其设立日期。

表 2-19 现有污染源大气污染物排放限值

序号	污染物	最高允许排放浓度/（mg/m^3）	最高允许排放速率/（kg/h）				无组织排放监控浓度限值	
			排气筒/m	一级	二级	三级	监控点	浓度/（mg/m^3）
1	二氧化硫	1 200（硫、二氧化硫、硫酸和其他含硫化合物生产）	15	1.6	3.0	4.1	无组织排放源上风向设参照点，下风向设监控点[①]	0.50（监控点与参照点浓度差值）
			20	2.6	5.1	7.7		
			30	8.8	17	26		
			40	15	30	45		
			50	23	45	69		
		700（硫、二氧化硫、硫酸和其他含硫化合物使用）	60	33	64	98		
			70	47	91	140		
			80	63	120	190		
			90	82	160	240		
			100	100	200	310		
2	氮氧化物	1 700（硝酸、氮肥和火炸药生产）	15	0.47	0.91	1.4	无组织排放源上风向设参照点，下风向设监控点	0.15（监控点与参照点浓度差值）
			20	0.77	1.5	2.3		
			30	2.6	5.1	7.7		
			40	4.6	8.9	14		
		420（硝酸使用和其他）	50	7.0	14	21		
			60	9.9	19	29		
			70	14	27	41		
			80	19	37	56		
			90	24	47	72		
			100	31	61	92		

序号	污染物	最高允许排放浓度/（mg/m³）	最高允许排放速率/（kg/h）				无组织排放监控浓度限值	
			排气筒/m	一级	二级	三级	监控点	浓度/（mg/m³）
3	颗粒物	22（炭黑尘、染料尘）	15	禁排	0.60	0.87	周界外浓度最高点②	肉眼不可见
			20		1.0	1.5		
			30		4.0	5.9		
			40		6.8	10		
		80③（玻璃棉尘、石英粉尘、矿渣棉尘）	15	禁排	2.2	3.1	无组织排放源上风向设参照点，下风向设监控点	2.0（监控点与参照点浓度差值）
			20		3.7	5.3		
			30		14	21		
			40		25	37		
		150（其他）	15	2.1	4.1	5.9	无组织排放源上风向设参照点，下风向设监控点	5.0（监控点与参照点浓度差值）
			20	3.5	6.9	10		
			30	14	27	40		
			40	24	46	69		
			50	36	70	110		
			60	51	100	150		
4	氟化氢	150	15	禁排	0.30	0.46	周界外浓度最高点	0.25
			20		0.51	0.77		
			30		1.7	2.6		
			40		3.0	4.5		
			50		4.5	6.9		
			60		6.4	9.8		
			70		9.1	14		
			80		12	19		
5	铬酸雾	0.080	15	禁排	0.009	0.014	周界外浓度最高点	0.007 5
			20		0.015	0.023		
			30		0.051	0.078		
			40		0.089	0.13		
			50		0.14	0.21		
			60		0.19	0.29		
6	硫酸雾	1 000（火炸药厂）	15	禁排	1.8	2.8	周界外浓度最高点	1.5
			20		3.1	4.6		
			30		10	16		
		70（其他）	40		18	27		
			50		27	41		
			60		39	59		
			70		55	83		
			80		74	110		

序号	污染物	最高允许排放浓度/（mg/m³）	最高允许排放速率/（kg/h）				无组织排放监控浓度限值	
			排气筒/m	一级	二级	三级	监控点	浓度/（mg/m³）
7	氟化物	100（普钙工业）	15	禁排	0.12	0.18	无组织排放源上风向设参照点，下风向设监控点	20 μg/m³（监控点与参照点浓度差值）
			20		0.20	0.31		
			30		0.69	1.0		
			40		1.2	1.8		
		11（其他）	50		1.8	2.7		
			60		2.6	3.9		
			70		3.6	5.5		
			80		4.9	7.5		
8	氯气[④]	85	25	禁排	0.60	0.90	周界外浓度最高点	0.50
			30		1.0	1.5		
			40		3.4	5.2		
			50		5.9	9.0		
			60		9.1	14		
			70		13	20		
			80		18	28		
9	铅及其化合物	0.90	15	禁排	0.005	0.007	周界外浓度最高点	0.007 5
			20		0.007	0.011		
			30		0.031	0.048		
			40		0.055	0.083		
			50		0.085	0.13		
			60		0.12	0.18		
			70		0.17	0.26		
			80		0.23	0.35		
			90		0.31	0.47		
			100		0.39	0.60		
10	汞及其化合物	0.015	15	禁排	1.8×10^{-3}	2.8×10^{-3}	周界外浓度最高点	0.001 5
			20		3.1×10^{-3}	4.6×10^{-3}		
			30		10×10^{-3}	16×10^{-3}		
			40		18×10^{-3}	27×10^{-3}		
			50		27×10^{-3}	41×10^{-3}		
			60		39×10^{-3}	59×10^{-3}		

序号	污染物	最高允许排放浓度/（mg/m³）	最高允许排放速率/（kg/h）				无组织排放监控浓度限值	
			排气筒/m	一级	二级	三级	监控点	浓度/（mg/m³）
11	镉及其化合物	1.0	15	禁排	0.060	0.090	周界外浓度最高点	0.050
			20		0.10	0.15		
			30		0.34	0.52		
			40		0.59	0.90		
			50		0.91	1.4		
			60		1.3	2.0		
			70		1.8	2.8		
			80		2.5	3.7		
12	铍及其化合物	0.015	15	禁排	1.3×10^{-3}	2.0×10^{-3}	周界外浓度最高点	0.001 0
			20		2.2×10^{-3}	3.3×10^{-3}		
			30		7.3×10^{-3}	11×10^{-3}		
			40		13×10^{-3}	19×10^{-3}		
			50		19×10^{-3}	29×10^{-3}		
			60		27×10^{-3}	41×10^{-3}		
			70		39×10^{-3}	58×10^{-3}		
			80		52×10^{-3}	79×10^{-3}		
13	镍及其化合物	5.0	15	禁排	0.18	0.28	周界外浓度最高点	0.050
			20		0.31	0.46		
			30		1.0	1.6		
			40		1.8	2.7		
			50		2.7	4.1		
			60		3.9	5.9		
			70		5.5	8.2		
			80		7.4	11		
14	锡及其化合物	10	15	禁排	0.36	0.55	周界外浓度最高点	0.30
			20		0.61	0.93		
			30		2.1	3.1		
			40		3.5	5.4		
			50		5.4	8.2		
			60		7.7	12		
			70		11	17		
			80		15	22		

序号	污染物	最高允许排放浓度/（mg/m^3）	最高允许排放速率/（kg/h）				无组织排放监控浓度限值	
			排气筒/m	一级	二级	三级	监控点	浓度/（mg/m^3）
15	苯	17	15	禁排	0.60	0.90	周界外浓度最高点	0.50
			20		1.0	1.5		
			30		3.3	5.2		
			40		6.0	9.0		
16	甲苯	60	15	禁排	3.6	5.5	周界外浓度最高点	0.30
			20		6.1	9.3		
			30		21	31		
			40		36	54		
17	二甲苯	90	15	禁排	1.2	1.8	周界外浓度最高点	1.5
			20		2.0	3.1		
			30		6.9	10		
			40		12	18		
18	酚类	115	15	禁排	0.12	0.18	周界外浓度最高点	0.10
			20		0.20	0.31		
			30		0.68	1.0		
			40		1.2	1.8		
			50		1.8	2.7		
			60		2.6	3.9		
19	甲醛	30	15	禁排	0.30	0.46	周界外浓度最高点	0.25
			20		0.51	0.77		
			30		1.7	2.6		
			40		3.0	4.5		
			50		4.5	6.9		
			60		6.4	9.8		
20	乙醛	150	15	禁排	0.060	0.090	周界外浓度最高点	0.050
			20		0.10	0.15		
			30		0.34	0.52		
			40		0.59	0.90		
			50		0.91	1.4		
			60		1.3	2.0		

序号	污染物	最高允许排放浓度/（mg/m^3）	最高允许排放速率/（kg/h）				无组织排放监控浓度限值	
			排气筒/m	一级	二级	三级	监控点	浓度/（mg/m^3）
21	丙烯腈	26	15	禁排	0.91	1.4	周界外浓度最高点	0.75
			20		1.5	2.3		
			30		5.1	7.8		
			40		8.9	13		
			50		14	21		
			60		19	29		
22	丙烯醛	20	15	禁排	0.61	0.92	周界外浓度最高点	0.50
			20		1.0	1.5		
			30		3.4	5.2		
			40		5.9	9.0		
			50		9.1	14		
			60		13	20		
23	氰化氢⑤	2.3	25	禁排	0.18	0.28	周界外浓度最高点	0.030
			30		0.31	0.46		
			40		1.0	1.6		
			50		1.8	2.7		
			60		2.7	4.1		
			70		3.9	5.9		
			80		5.5	8.3		
24	甲醇	220	15	禁排	6.1	9.2	周界外浓度最高点	15
			20		10	15		
			30		34	52		
			40		59	90		
			50		91	140		
			60		130	200		
25	苯胺类	25	15	禁排	0.61	0.92	周界外浓度最高点	0.50
			20		1.0	1.5		
			30		3.4	5.2		
			40		5.9	9.0		
			50		9.1	14		
			60		13	20		

序号	污染物	最高允许排放浓度/（mg/m³）	最高允许排放速率/（kg/h）				无组织排放监控浓度限值	
			排气筒/m	一级	二级	三级	监控点	浓度/（mg/m³）
26	氯苯类	85	15	禁排	0.67	0.92	周界外浓度最高点	0.50
			20		1.0	1.5		
			30		2.9	4.4		
			40		5.0	7.6		
			50		7.7	12		
			60		11	17		
			70		15	23		
			80		21	32		
			90		27	41		
			100		34	52		
27	硝基苯类	20	15	禁排	0.060	0.090	周界外浓度最高点	0.050
			20		0.10	0.15		
			30		0.34	0.52		
			40		0.59	0.90		
			50		0.91	1.4		
			60		1.3	2.0		
28	氯乙烯	65	15	禁排	0.91	1.4	周界外浓度最高点	0.75
			20		1.5	2.3		
			30		5.0	7.8		
			40		8.9	13		
			50		14	21		
			60		19	29		
29	苯并[*a*]芘	0.50×10^{-3}（沥青、碳素制品生产和加工）	15	禁排	0.06×10^{-3}	0.09×10^{-3}	周界外浓度最高点	0.01 μg/m³
			20		0.10×10^{-3}	0.15×10^{-3}		
			30		0.34×10^{-3}	0.51×10^{-3}		
			40		0.59×10^{-3}	0.89×10^{-3}		
			50		0.90×10^{-3}	1.4×10^{-3}		
			60		1.3×10^{-3}	2.0×10^{-3}		
30	光气[⑥]	5.0	25	禁排	0.12	0.18	周界外浓度最高点	0.10
			30		0.20	0.31		
			40		0.69	1.0		
			50		1.2	1.8		

序号	污染物	最高允许排放浓度/（mg/m³）	最高允许排放速率/（kg/h）				无组织排放监控浓度限值	
			排气筒/m	一级	二级	三级	监控点	浓度/（mg/m³）
31	沥青烟	280（吹制沥青）	15	0.11	0.22	0.34	生产设备不得有明显的无组织排放存在	
			20	0.19	0.36	0.55		
			30	0.82	1.6	2.4		
		80（熔炼、浸涂）	40	1.4	2.8	4.2		
			50	2.2	4.3	6.6		
		150（建筑搅拌）	60	3.0	5.9	9.0		
			70	4.5	8.7	13		
			80	6.2	12	18		
32	石棉尘	2 根纤维/cm³ 或 20 mg/m³	15	禁排	0.65	0.98	生产设备不得有明显的无组织排放存在	
			20		1.1	1.7		
			30		4.2	6.4		
			40		7.2	11		
			50		11	17		
33	非甲烷总烃	150（使用溶剂汽油或其他混合烃类物质）	15	6.3	12	18	周界外浓度最高点	5.0
			20	10	20	30		
			30	35	63	100		
			40	61	120	170		

注：① 一般应于无组织排放源上风向 2～50 m 范围内设参照点，排放源下风向 2～50 m 范围内设监控点。

② 周界外浓度最高点一般应设于排放源下风向的单位周界外 10 m 范围内。如预计无组织排放的最大落地浓度点越出 10 m 范围，可将监控点移至该预计浓度最高点。

③ 均指含游离二氧化硅 10%以上的各种尘。

④ 排放氯气的排气筒不得低于 25 m。

⑤ 排放氯化氢的排气筒不得低于 25 m。

⑥ 排放光气的排气筒不得低于 25 m。

表 2-20　新污染源大气污染物排放限值

序号	污染物	最高允许排放浓度/（mg/m^3）	最高允许排放速率/（kg/h）			无组织排放监控浓度限值	
			排气筒/m	二级	三级	监控点	浓度/（mg/m^3）
1	二氧化硫	960（硫、二氧化硫、硫酸和其他含硫化合物生产）	15	2.6	3.5	周界外浓度最高点[②]	0.40
			20	4.3	6.6		
			30	15	22		
			40	25	38		
		550（硫、二氧化硫、硫酸和其他含硫化合物使用）	50	39	58		
			60	55	83		
			70	77	120		
			80	110	160		
			90	130	200		
			100	170	270		
2	氮氧化物	1 400（硝酸、氮肥和火炸药生产）	15	0.77	1.2	周界外浓度最高点	0.12
			20	1.3	2.0		
			30	4.4	6.6		
		240（硝酸使用和其他）	40	7.5	11		
			50	12	18		
			60	16	25		
			70	23	35		
			80	31	47		
			90	40	61		
			100	52	78		
3	颗粒物	18（炭黑尘、染料尘）	15	0.15	0.74	周界外浓度最高点	肉眼不可见
			20	0.85	1.3		
			30	3.4	5.0		
			40	5.8	8.5		
		60[②]（玻璃棉尘、石英粉尘、矿渣棉尘）	15	1.9	2.6	周界外浓度最高点	1.0
			20	3.1	4.5		
			30	12	18		
			40	21	31		
		120（其他）	15	3.5	5.0	周界外浓度最高点	1.0
			20	5.9	8.5		
			30	23	34		
			40	39	59		
			50	60	94		
			60	85	130		

序号	污染物	最高允许排放浓度/（mg/m^3）	最高允许排放速率/（kg/h）			无组织排放监控浓度限值	
			排气筒/m	二级	三级	监控点	浓度/（mg/m^3）
4	氟化氢	100	15	0.26	0.39	周界外浓度最高点	0.20
			20	0.43	0.65		
			30	1.4	2.2		
			40	2.6	3.8		
			50	3.8	5.9		
			60	5.4	8.3		
			70	7.7	12		
			80	10	16		
5	铬酸雾	0.070	15	0.008	0.012	周界外浓度最高点	0.006 0
			20	0.013	0.020		
			30	0.043	0.066		
			40	0.076	0.12		
			50	0.12	0.18		
			60	0.16	0.25		
6	硫酸雾	430（火炸药厂）	15	1.5	2.4	周界外浓度最高点	1.2
			20	2.6	3.9		
			30	8.8	13		
		45（其他）	40	15	23		
			50	23	35		
			60	33	50		
			70	46	70		
			80	63	95		
7	氟化物	90（普钙工业）	15	0.10	0.15	周界外浓度最高点	20 μg/m^3
			20	0.17	0.26		
			30	0.59	0.88		
		9.0（其他）	40	1.0	1.5		
			50	1.5	2.3		
			60	2.2	3.3		
			70	3.1	4.7		
			80	4.2	6.3		

序号	污染物	最高允许排放浓度/（mg/m³）	最高允许排放速率/（kg/h）			无组织排放监控浓度限值	
			排气筒/m	二级	三级	监控点	浓度/（mg/m³）
8	氯气[③]	65	25	0.52	0.78	周界外浓度最高点	0.40
			30	0.87	1.3		
			40	2.9	4.4		
			50	5.0	7.6		
			60	7.7	12		
			70	11	17		
			80	15	23		
9	铅及其化合物	0.70	15	0.004	0.006	周界外浓度最高点	0.006 0
			20	0.006	0.009		
			30	0.027	0.041		
			40	0.047	0.071		
			50	0.072	0.11		
			60	0.10	0.15		
			70	0.15	0.22		
			80	0.20	0.30		
			90	0.26	0.40		
			100	0.33	0.51		
10	汞及其化合物	0.012	15	1.5×10^{-3}	2.4×10^{-3}	周界外浓度最高点	0.001 2
			20	2.6×10^{-3}	3.9×10^{-3}		
			30	7.8×10^{-3}	13×10^{-3}		
			40	15×10^{-3}	23×10^{-3}		
			50	23×10^{-3}	35×10^{-3}		
			60	33×10^{-3}	50×10^{-3}		
11	镉及其化合物	0.85	15	0.050	0.080	周界外浓度最高点	0.040
			20	0.090	0.13		
			30	0.29	0.44		
			40	0.50	0.77		
			50	0.77	1.2		
			60	1.1	1.7		
			70	1.5	2.3		
			80	2.1	3.2		
12	铍及其化合物	0.012	15	1.1×10^{-3}	1.7×10^{-3}	周界外浓度最高点	0.000 8
			20	1.8×10^{-3}	2.8×10^{-3}		
			30	6.2×10^{-3}	9.4×10^{-3}		
			40	11×10^{-3}	16×10^{-3}		
			50	16×10^{-3}	25×10^{-3}		
			60	23×10^{-3}	35×10^{-3}		
			70	33×10^{-3}	50×10^{-3}		
			80	44×10^{-3}	67×10^{-3}		

序号	污染物	最高允许排放浓度/（mg/m³）	最高允许排放速率/（kg/h）			无组织排放监控浓度限值	
			排气筒/m	二级	三级	监控点	浓度/（mg/m³）
13	镍及其化合物	4.3	15	0.15	0.24	周界外浓度最高点	0.040
			20	0.26	0.34		
			30	0.88	1.3		
			40	1.5	2.3		
			50	2.3	3.5		
			60	3.3	5.0		
			70	4.6	7.0		
			80	6.3	10		
14	锡及其化合物	8.5	15	0.31	0.47	周界外浓度最高点	0.24
			20	0.52	0.79		
			30	1.8	2.7		
			40	3.0	4.6		
			50	4.6	7.0		
			60	6.6	10		
			70	9.3	14		
			80	13	19		
15	苯	12	15	0.50	0.80	周界外浓度最高点	0.40
			20	0.90	1.3		
			30	2.9	4.4		
			40	5.6	7.6		
16	甲苯	40	15	3.1	4.7	周界外浓度最高点	2.4
			20	5.2	7.9		
			30	18	27		
			40	30	46		
17	二甲苯	70	15	1.0	1.5	周界外浓度最高点	1.2
			20	1.7	2.6		
			30	5.9	8.8		
			40	10	15		
18	酚类	100	15	0.10	0.15	周界外浓度最高点	0.080
			20	0.17	0.26		
			30	0.58	0.88		
			40	1.0	1.5		
			50	1.5	2.3		
			60	2.2	3.3		

序号	污染物	最高允许排放浓度/（mg/m³）	最高允许排放速率/（kg/h）			无组织排放监控浓度限值	
			排气筒/m	二级	三级	监控点	浓度/（mg/m³）
19	甲醛	25	15	0.26	0.39	周界外浓度最高点	0.20
			20	0.43	0.65		
			30	1.4	2.2		
			40	2.6	3.8		
			50	3.8	5.9		
			60	5.4	8.3		
20	乙醛	125	15	0.050	0.080	周界外浓度最高点	0.040
			20	0.090	0.13		
			30	0.29	0.44		
			40	0.50	0.77		
			50	0.77	1.2		
			60	1.1	1.6		
21	丙烯醛	22	15	0.77	1.2	周界外浓度最高点	0.60
			20	1.3	2.0		
			30	4.4	6.6		
			40	7.5	11		
			50	12	18		
			60	16	25		
22	丙烯醛	16	15	0.52	0.78	周界外浓度最高点	0.40
			20	0.87	1.3		
			30	2.9	4.4		
			40	5.0	7.6		
			50	7.7	12		
			60	11	17		
23	氰化氢[④]	1.9	25	0.15	0.24	周界外浓度最高点	0.024
			30	0.26	0.39		
			40	0.88	1.3		
			50	1.5	2.3		
			60	2.3	3.5		
			70	3.3	5.0		
			80	4.6	7.0		
24	甲醇	190	15	5.1	7.8	周界外浓度最高点	12
			20	8.6	13		
			30	29	44		
			40	50	70		
			50	77	120		
			60	100	170		

序号	污染物	最高允许排放浓度/（mg/m^3）	最高允许排放速率/（kg/h）			无组织排放监控浓度限值	
			排气筒/m	二级	三级	监控点	浓度/（mg/m^3）
25	苯胺类	20	15	0.52	0.78	周界外浓度最高点	0.40
			20	0.87	1.3		
			30	2.9	4.4		
			40	5.0	7.6		
			50	7.7	12		
			60	11	17		
26	氯苯类	60	15	0.52	0.78	周界外浓度最高点	0.40
			20	0.87	1.3		
			30	2.5	3.8		
			40	4.3	6.5		
			50	6.6	9.9		
			60	9.3	14		
			70	13	20		
			80	18	27		
			90	23	35		
			100	29	44		
27	硝基苯类	16	15	0.050	0.080	周界外浓度最高点	0.040
			20	0.090	0.13		
			30	0.29	0.44		
			40	0.50	0.77		
			50	0.77	1.2		
			60	1.1	1.7		
28	氯乙烯	36	15	0.77	1.2	周界外浓度最高点	0.60
			20	1.3	2.0		
			30	4.4	6.6		
			40	7.5	11		
			50	12	18		
			60	16	25		
29	苯并[*a*]芘	0.30×10^{-3}（沥青及碳素制品生产和加工）	15	0.050×10^{-3}	0.080×10^{-3}	周界外浓度最高点	0.008 μg/m^3
			20	0.085×10^{-3}	0.13×10^{-3}		
			30	0.29×10^{-3}	0.43×10^{-3}		
			40	0.50×10^{-3}	0.76×10^{-3}		
			50	0.77×10^{-3}	1.2×10^{-3}		
			60	1.1×10^{-3}	1.7×10^{-3}		

序号	污染物	最高允许排放浓度/（mg/m^3）	最高允许排放速率/（kg/h）			无组织排放监控浓度限值	
			排气筒/m	二级	三级	监控点	浓度/（mg/m^3）
30	光气⑤	3.0	25	0.10	0.15	周界外浓度最高点	0.080
			30	0.17	0.26		
			40	0.59	0.88		
			50	1.0	1.5		
31	沥青烟	140（吹制沥青）	15	0.18	0.27	生产设备不得有明显的无组织排放存在	
			20	0.30	0.45		
		40（熔炼、浸涂）	30	1.3	2.0		
			40	2.3	3.5		
		75（建筑搅拌）	50	3.6	5.4		
			60	5.6	7.5		
			70	7.4	11		
			80	10	15		
32	石棉尘	1 根纤维/cm^3 或 10 mg/m^3	15	0.55	0.83	生产设备不得有明显的无组织排放存在	
			20	0.93	1.4		
			30	3.6	5.4		
			40	6.2	9.3		
			50	9.4	14		
33	非甲烷总烃	120（使用溶剂汽油或其他混合烃类物质）	15	10	16	周界外浓度最高点	4.0
			20	17	27		
			30	53	83		
			40	100	150		

注：① 周界外浓度最高点一般应设于无组织排放源下风向的单位周界外 10 m 范围内，若预计无组织排放的最大落地浓度点越出 10 m 范围，可将监控点移至该预计浓度最高点，详见该标准附录 C。下同。

② 均指含游离二氧化硅 10%以上的各种尘。

③ 排放氯气的排气筒不得低于 25 m。

④ 排放氯化氢的排气筒不得低于 25 m。

⑤ 排放光气的排气筒不得低于 25 m。

E. 其他规定

排气筒高度除须遵守表列排放速率标准值外，还应高出周围 200 m 半径范围的建筑 5 m 以上，不能达到该要求的排气筒，应按其高度对应的表列排放速率标准值严格 50%执行。

两个排放相同污染物（不论其是否由同一生产工艺过程产生）的排气筒，若其距离小于其几何高度之和，应合并视为一根等效排气筒。若有 3 根以上的近距排气筒，且排放同一种污染物时，应以前两根的等效排气筒，依次与第 3 根、第 4 根排气筒取等效值。新污染源的排气筒一般不应低于 15 m。若某新污染源的排气筒必须低于 15 m 时，其排放速率标准值按标准中 7.3 的外推计算结果再严格 50%执行。

新污染源的无组织排放应从严控制，一般情况下不应有无组织排放存在，无法避免的无组织排放应达到标准中表 2-20 规定的标准值。

工业生产尾气确需燃烧排放的，其烟气黑度不得超过林格曼 1 级。

2）广东省《大气污染物排放限值》（DB 44/T 27—2001）简介

A. 范围

本标准分年限规定固定污染源的 37 种大气污染物排放限值，同时规定执行标准中的各种要求。本标准适用于广东省境内除恶臭物质、汽车、摩托车、工业炉窑、炼焦炉、危险废物焚烧、生活垃圾焚烧、饮食业等行业现有污染源大气污染物的排放管理、建设项目环境影响评价、建设项目环境保护设施设计、竣工验收及其投产后的排放管理。

B. 指标体系

本标准设置下列 3 项指标：

①通过排气筒排放污染物的最高允许排放浓度；

②通过排气筒排放的污染物，按排气筒高度规定的最高允许排放速率；

③以无组织方式排放的污染物，规定无组织排放的监控点及相应的监控浓度值。

任何一个排气筒应同时遵守上述的①项、②项。超过其中任何一项均为超标排放。

C. 控制区划分

根据 GB 3095 将全省环境空气质量功能区划分为下列三类：

①一类控制区，指根据 GB 3095 划分的一类区；

②二类控制区，指根据 GB 3095 划分的二类区；

③三类控制区，指根据 GB 3095 划分的三类区。

D. 排放速率标准分级

位于一类控制区的污染源执行一级标准，除非营业性生活炉灶外，一类控制区禁止新、扩建污染源，现有源改建时执行第一时段一级标准且不得增加污染排放总量。

位于二类控制区的污染源执行二级标准。

位于三类控制区的污染源执行三级标准。

E. 时间段划分

2002 年 1 月 1 日前建设（锅炉按建成使用）项目为第一时间段限值。

2002 年 1 月 1 日起建设（锅炉按建成使用）项目为第二时间段限值。

建设项目的建设时间，以环境影响报告书、报告表、登记表批准日期为准划分；锅炉的建成使用时间，以项目验收日期为准划分。

F. 工艺废气

第一时间段建设项目的工艺废气执行表 2-21 规定的限值。

第二时间段建设项目的工艺废气执行表 2-22 规定的限值。

排气筒高度除应遵守表列排放速率限值外，还应高出周围 200 m 半径范围的建筑 5 m 以上，不能达到该要求的排气筒，应按其高度对应的排放速率限值的 50% 执行。

本标准颁布后新建项目的无组织排放应从严控制，一般情况下不应有无组织排放存在，无法避免的无组织排放应达到表 2-22 规定的限值。

工业生产尾气确需要燃烧排放的，其烟气黑度不得超过林格曼 1 级。

G. 标准值

本标准表 2-21、表 2-22 适用于工艺废气。

本标准中有关于火电厂、锅炉、水泥厂废气排放的标准值，但由于新颁布了《火电厂大气污染物排放标准》（GB 13223—2011）、《锅炉大气污染物排放标准》（DB 44/765—2010）、《水泥工业大气污染物排放标准》（GB 4915—2013），则火电厂、锅炉、水泥厂排放的废气污染物优先执行以上新排放标准。

表 2-21 工艺废气大气污染物排放限值（第一时段）

序号	污染物	最高允许排放浓度/（mg/m^3）	最高允许排放速率/（kg/h）				无组织排放监控浓度限值	
			排气筒高度/m	一级	二级	三级	监控点	浓度/（mg/m^3）
1	二氧化硫	960（硫、二氧化硫、硫酸和其他含硫化合物生产）	15	1.4	2.6	3.5	无组织排放源上风向设参照点，下风向设监控点	0.50（监控与参照点浓度差值）
			20	2.2	4.3	6.6		
			30	7.5	15	22		
			40	13	25	38		
			50	20	39	58		
		550（其他）	60	28	55	83		
			70	40	77	120		
			80	54	110	160		
			90	70	130	200		
			100	85	170	270		
2	氮氧化物	650（硝酸、氮肥和火炸药生产）	15	0.04	0.77	1.2	无组织排放源上风向设参照点，下风向设监控点	0.15（监控与参照点浓度差值）
			20	0.65	1.3	2.0		
			30	2.2	4.4	6.6		
			40	3.9	7.5	11		
			50	6.0	12	18		
		240（其他）	60	8.4	16	25		
			70	12	23	35		
			80	16	31	47		
			90	20	40	61		
			100	26	52	78		
3	颗粒物	18（炭黑尘、染料尘）	15	禁排	0.51	0.74	周界外浓度最高点	肉眼不可见
			20		0.85	1.3		
			30		3.4	5.0		
			40		5.8	8.5		
		60（玻璃棉尘、石英粉尘、矿渣棉尘）	15	禁排	1.9	2.6	无组织排放源上风向设参照点，下风向设监控点	2.0（监控与参照点浓度差值）
			20		3.1	4.5		
			30		12	18		
			40		21	31		
		120（其他）	15	1.8	3.5	5.0	无组织排放源上风向设参照点，下风向设监控点	5.0（监控与参照点浓度差值）
			20	3.0	5.9	8.5		
			30	12	23	34		
			40	20	39	59		
			50	31	60	97		
			60	43	85	130		

序号	污染物	最高允许排放浓度/（mg/m³）	最高允许排放速率/（kg/h）				无组织排放监控浓度限值	
			排气筒高度/m	一级	二级	三级	监控点	浓度/（mg/m³）
4	氯化氢	100	15	禁排	0.26	0.39	周界外浓度最高点	0.25
			20		0.43	0.65		
			30		1.4	2.2		
			40		2.6	3.8		
			50		3.8	5.9		
			60		5.4	8.3		
			70		7.7	12		
			80		10	16		
5	铬酸雾	0.005	15	禁排	0.008	0.012	周界外浓度最高点	0.007 5
			20		0.013	0.020		
			30		0.043	0.066		
			40		0.076	0.12		
			50		0.12	0.18		
			60		0.16	0.25		
6	硫酸雾	430（火炸药厂）	15	禁排	1.5	2.4	周界外浓度最高点	15
			20		2.6	3.9		
			30		8.8	13		
			40		15	23		
		40（其他）	50		23	35		
			60		33	50		
			70		46	70		
			80		6.	95		
7	氟化物	90（普钙工业）	15	禁排	0.10	0.15	无组织排放源上风向设参照点，下风向设监控点	20 μg/m³（监控点与参照点浓度差值）
			20		0.17	0.26		
			30		0.59	0.88		
			40		1.0	1.5		
		9.0（其他）	50		1.5	2.3		
			60		2.2	3.3		
			70		3.1	4.7		
			80		4.2	6.3		
8	氯气[a]	65	25	禁排	0.52	0.78	周界外浓度最高点	0.50
			30		0.87	1.3		
			40		2.9	4.4		
			50		5.0	7.6		
			60		7.7	12		
			70		11	17		
			80		15	23		

序号	污染物	最高允许排放浓度/（mg/m³）	最高允许排放速率/（kg/h）				无组织排放监控浓度限值	
			排气筒高度/m	一级	二级	三级	监控点	浓度/（mg/m³）
9	铅及其化合物	0.70	15	禁排	0.004	0.006	周界外浓度最高点	0.007 5
			20		0.006	0.009		
			30		0.027	0.041		
			40		0.047	0.71		
			50		0.073	0.11		
			60		0.10	0.15		
			70		0.15	0.22		
			80		0.20	0.30		
			90		0.26	0.40		
			100		0.33	0.51		
10	汞及其化合物	0.010	15	禁排	0.001 5	0.002 4	周界外浓度最高点	0.001 5
			20		0.002 6	0.003 9		
			30		0.007 8	0.013		
			40		0.015	0.023		
			50		0.023	0.035		
			60		0.033	0.050		
11	镉及其化合物	0.85	15	禁排	0.050	0.080	周界外浓度最高点	0.050
			20		0.090	0.13		
			30		0.29	0.44		
			40		0.50	0.77		
			50		0.77	1.2		
			60		1.1	1.7		
			70		1.5	2.3		
			80		2.1	3.2		
12	铍及其化合物	0.005	15	禁排	0.001 1	0.001 7	周界外浓度最高点	0.001 0
			20		0.001 8	0.002 8		
			30		0.006 2	0.009 4		
			40		0.011	0.016		
			50		0.016	0.025		
			60		0.023	0.035		
			70		0.033	0.050		
			80		0.044	0.067		

序号	污染物	最高允许排放浓度/（mg/m³）	最高允许排放速率/（kg/h）				无组织排放监控浓度限值	
			排气筒高度/m	一级	二级	三级	监控点	浓度/（mg/m³）
13	镍及其化合物	4.3	15	禁排	0.15	0.24	周界外浓度最高点	0.050
			20		0.26	0.34		
			30		0.88	1.3		
			40		1.5	2.3		
			50		2.3	3.5		
			60		3.3	5.0		
			70		4.6	7.0		
			80		6.3	10		
14	锡及其化合物	8.5	15	禁排	0.31	0.47	周界外浓度最高点	0.30
			20		0.52	0.79		
			30		1.8	2.7		
			40		3.0	4.6		
			50		4.6	7.0		
			60		6.6	10		
			70		9.3	14		
			80		13	19		
15	苯	12	15	禁排	0.50	0.80	周界外浓度最高点	0.50
			20		0.90	1.3		
			30		2.9	4.4		
			40		5.6	7.6		
16	甲苯	40	15	禁排	3.1	4.7	周界外浓度最高点	3.0
			20		5.2	7.9		
			30		18	46		
			40		30	11		
17	二甲苯	70	15	禁排	1.0	1.5	周界外浓度最高点	1.5
			20		1.7	2.6		
			30		5.9	8.8		
			40		10	15		
18	酚类	100	15	禁排	0.10	0.15	周界外浓度最高点	0.10
			20		0.17	0.26		
			30		0.58	0.88		
			40		1.0	1.5		
			50		1.5	2.3		
			60		2.2	3.3		

序号	污染物	最高允许排放浓度/（mg/m³）	最高允许排放速率/（kg/h）				无组织排放监控浓度限值	
			排气筒高度/m	一级	二级	三级	监控点	浓度/（mg/m³）
19	甲醛	25	15	禁排	0.26	0.39	周界外浓度最高点	0.25
			20		0.43	0.65		
			30		1.4	2.2		
			40		2.6	3.8		
			50		3.8	5.9		
			60		5.4	8.3		
20	乙醛	125	15	禁排	0.050	0.080	周界外浓度最高点	0.050
			20		0.090	0.13		
			30		0.29	0.44		
			40		0.50	0.77		
			50		0.77	1.2		
			60		1.1	1.6		
21	丙烯腈	22	15	禁排	0.77	1.2	无组织排放源上风向设参照点，下风向设监控点	0.75
			20		1.3	2.0		
			30		4.4	6.6		
			40		7.5	11		
			50		12	18		
			60		16	25		
22	丙烯醛	16	15	禁排	0.52	0.78	周界外浓度最高点	0.50
			20		0.87	1.3		
			30		2.9	4.4		
			40		5.0	7.6		
			50		7.7	12		
			60		11	17		
23	氰化氢[a]	1.9	25	禁排	0.15	0.24	周界外浓度最高点	0.030
			30		0.26	0.39		
			40		0.88	1.3		
			50		1.5	2.3		
			60		2.3	3.5		
			70		3.3	5.0		
			80		4.6	7.0		
24	甲醇	190	15	禁排	5.1	7.8	周界外浓度最高点	15
			20		8.6	13		
			30		29	44		
			40		50	70		
			50		77	120		
			60		100	170		

序号	污染物	最高允许排放浓度/（mg/m^3）	最高允许排放速率/（kg/h）				无组织排放监控浓度限值	
			排气筒高度/m	一级	二级	三级	监控点	浓度/（mg/m^3）
25	苯胺类	20	15	禁排	0.52	0.78	周界外浓度最高点	0.50
			20		0.87	1.3		
			30		2.96	4.4		
			40		5.0	7.6		
			50		7.7	12		
			60		11	17		
26	氯苯类	60	15	禁排	0.52	0.78	周界外浓度最高点	0.50
			20		0.87	1.3		
			30		2.5	3.8		
			40		4.3	6.5		
			50		6.6	9.9		
			60		9.3	14		
			70		13	20		
			80		18	27		
			90		23	35		
			100		29	44		
27	硝基苯类	16	15	禁排	0.050	0.080	周界外浓度最高点	0.050
			20		0.090	0.13		
			30		0.29	0.44		
			40		0.50	0.77		
			50		0.77	1.2		
			60		1.1	1.7		
28	氯乙烯	36	15	禁排	0.77	1.2	周界外浓度最高点	0.75
			20		1.3	2.0		
			30		4.4	6.6		
			40		7.5	11		
			50		12	18		
			60		16	25		
29	苯并[*a*]芘	0.30×10^{-3}（沥青及碳素制品生产和加工）	15	禁排	0.050×10^{-3}	0.080×10^{-3}	周界外浓度最高点	0.01 μg/m^3
			20		0.085×10^{-3}	0.13×10^{-3}		
			30		0.29×10^{-3}	0.43×10^{-3}		
			40		0.50×10^{-3}	0.76×10^{-3}		
			50		0.77×10^{-3}	1.2×10^{-3}		
			60		1.1×10^{-3}	1.7×10^{-3}		
30	光气[a]	3.0	25	禁排	0.10	0.15	周界外浓度最高点	0.10
			30		0.17	0.26		
			40		0.59	0.88		
			50		10	1.5		

序号	污染物	最高允许排放浓度/（mg/m^3）	最高允许排放速率/（kg/h）				无组织排放监控浓度限值	
			排气筒高度/m	一级	二级	三级	监控点	浓度/（mg/m^3）
31	沥青烟	40	15	0.09	0.18	0.27	生产设备不得有明显无组织排放存在	
			20	0.16	0.30	0.45		
			30	0.70	1.3	2.0		
			40	1.2	2.3	3.5		
			50	1.9	3.6	5.4		
			60	2.6	5.6	7.5		
			70	3.8	7.4	11		
			80	5.3	10	12		
32	石棉尘	1根纤维/cm^3或10 mg/m^3	15	禁排	0.55	0.83	生产设备不得有明显无组织排放存在	
			20		0.93	1.4		
			30		3.6	5.4		
			40		6.2	9.3		
			50		9.4	14		
33	非甲烷总烃	120（使用溶剂汽油或其他混合物烃类物质）	15	5.4	10	16	周界外浓度最高点	5.0
			20	8.5	17	27		
			30	30	53	83		
			40	52	100	150		
34	砷及其化合物	20	15	禁排	0.015	0.023	周界外浓度最高点	0.015
			20		0.026	0.039		
			30		0.087	0.13		
			40		0.15	0.23		
			50		0.23	0.35		
			60		0.33	0.50		
			70		0.46	0.70		
			80		0.63	0.95		
35	锰及其化合物	20	15	禁排	0.052	0.078	周界外浓度最高点	0.050
			20		0.087	0.13		
			30		0.29	0.44		
			40		0.50	0.76		
			50		0.77	1.2		
			60		1.1	1.7		
			70		1.5	2.3		
			80		2.1	3.2		

序号	污染物	最高允许排放浓度/（mg/m³）	最高允许排放速率/（kg/h）				无组织排放监控浓度限值	
			排气筒高度/m	一级	二级	三级	监控点	浓度/（mg/m³）
36	一氧化碳	2 500	15	27	52	78	无组织排放源上风向设参照点，下风向设监控点	10（监控点与参照点浓度差）
			20	45	87	130		
			30	150	290	440		
			40	260	500	760		
			50	400	770	1 200		
			60	500	1 100	1 700		

注：[a] 排放氯气、氰化氢、光气的排气筒不得低于 25 m，表 2-22 同。

表 2-22　工艺废气大气污染物排放限值（第二时段）

序号	污染物	最高允许排放浓度/（mg/m³）	最高允许排放速率/（kg/h）			无组织排放监控浓度限值	
			排气筒高度/m	二级	三级	监控点	浓度/（mg/m³）
1	二氧化硫	850（硫、二氧化硫、硫酸和其他含硫化合物生产）	15	2.1	2.9	无组织排放源上风向设参照点，下风向设监控点	0.40
			20	3.6	5.4		
			30	12	18		
			40	21	32		
			50	22	48		
		550（其他）	60	45	69		
			70	64	98		
			80	84	130		
			90	110	170		
			100	140	220		
2	氮氧化物	650（硝酸、氮肥和火炸药生产）	15	0.64	0.98	周界外浓度最高点	0.12
			20	1.0	1.6		
			30	3.6	5.4		
			40	6.2	9.8		
			50	9.8	15		
		120（其他）	60	13	20		
			70	19	29		
			80	26	39		
			90	33	50		
			100	43	64		

序号	污染物	最高允许排放浓度/（mg/m³）	最高允许排放速率/（kg/h）			无组织排放监控浓度限值	
			排气筒高度/m	二级	三级	监控点	浓度/（mg/m³）
3	颗粒物	18（炭黑尘、染料尘）	15	0.42	0.61	周界外浓度最高点	肉眼不可见
			20	0.70	1.0		
			30	2.8	4.1		
			40	4.8	7.0		
		60（玻璃棉尘、石英粉尘、矿渣棉尘）	15	1.5	2.2	周界外浓度最高点	1.0
			20	2.6	3.7		
			30	9.8	15		
			40	18	26		
		120（其他）	15	2.9	4.1	周界外浓度最高点	1.0
			20	4.8	7.0		
			30	19	28		
			40	32	48		
			50	49	77		
			60	70	100		
4	氯化氢	100	10	0.21	0.32	周界外浓度最高点	0.20
			20	0.36	0.54		
			30	1.2	1.8		
			40	2.1	3.2		
			50	3.2	4.8		
			60	4.5	6.9		
			70	6.4	9.8		
			80	8.4	13		
5	铬酸雾	0.005	15	0.006	0.010	周界外浓度最高点	0.006 0
			20	0.010	0.016		
			30	0.036	0.055		
			40	0.062	0.091		
			50	0.098	0.15		
			60	0.13	0.20		
6	硫酸雾	430（火炸药厂）	15	1.3	2.0	周界外浓度最高点	1.2
			20	2.2	3.2		
			30	7.0	11		
			40	13	19		
		35（其他）	50	19	29		
			60	27	41		
			70	38	58		
			80	52	77		

序号	污染物	最高允许排放浓度/（mg/m^3）	最高允许排放速率/（kg/h）			无组织排放监控浓度限值	
			排气筒高度/m	二级	三级	监控点	浓度/（mg/m^3）
7	氟化物	90（普钙工业）	15	0.084	0.13	周界外浓度最高点	20 μg/m^3
			20	0.14	0.22		
			30	0.48	0.70		
			40	0.84	1.3		
		9.0（其他）	50	1.3	1.9		
			60	1.8	2.7		
			70	2.5	3.8		
			80	3.4	5.2		
8	氯气	65	25	0.42	0.63	周界外浓度最高点	0.40
			30	0.70	1.0		
			40	2.4	3.6		
			50	4.1	6.3		
			60	6.4	9.8		
			70	9.1	14		
			80	13	20		
9	铅及其化合物	0.70	15	0.004	0.005	周界外浓度最高点	0.006 0
			20	0.005	0.008		
			30	0.022	0.034		
			40	0.038	0.058		
			50	0.060	0.091		
			60	0.084	0.13		
			70	0.12	0.18		
			80	0.16	0.24		
			90	0.22	0.33		
			100	0.27	0.42		
10	汞及其化合物	0.010	15	1.3×10^{-3}	2.0×10^{-3}	周界外浓度最高点	0.001 2
			20	2.2×10^{-3}	3.2×10^{-3}		
			30	7.0×10^{-3}	11×10^{-3}		
			40	13×10^{-3}	19×10^{-3}		
			50	19×10^{-3}	29×10^{-3}		
			60	27×10^{-3}	41×10^{-3}		
11	镉及其化合物	0.85	15	0.042	0.063	周界外浓度最高点	0.040
			20	0.070	0.10		
			30	0.24	0.36		
			40	0.41	0.63		
			50	0.64	0.98		
			60	0.91	1.4		
			70	1.3	2.0		
			80	1.8	2.6		

序号	污染物	最高允许排放浓度/（mg/m³）	最高允许排放速率/（kg/h）			无组织排放监控浓度限值	
			排气筒高度/m	二级	三级	监控点	浓度/（mg/m³）
12	铍及其化合物	0.005	15	0.9×10^{-3}	1.4×10^{-3}	周界外浓度最高点	0.000 8
			20	1.5×10^{-3}	2.3×10^{-3}		
			30	5.1×10^{-3}	7.7×10^{-3}		
			40	9.1×10^{-3}	13×10^{-3}		
			50	13×10^{-3}	20×10^{-3}		
			60	19×10^{-3}	29×10^{-3}		
			70	27×10^{-3}	41×10^{-3}		
			80	36×10^{-3}	55×10^{-3}		
13	镍及其化合物	4.3	15	0.13	0.20	周界外浓度最高点	0.040
			20	0.22	0.32		
			30	0.70	1.1		
			40	1.3	1.9		
			50	1.9	2.9		
			60	2.7	4.1		
			70	3.8	5.7		
			80	5.2	7.7		
14	锡及其化合物	8.5	15	0.25	0.38	周界外浓度最高点	0.24
			20	0.43	0.65		
			30	1.5	2.2		
			40	2.4	3.8		
			50	3.8	5.7		
			60	5.4	8.4		
			70	7.7	12		
			80	10	15		
15	苯	12	15	0.42	0.63	周界外浓度最高点	0.40
			20	0.70	1.0		
			30	2.3	3.6		
			40	4.2	6.3		
16	甲苯	40	15	2.5	3.8	周界外浓度最高点	2.4
			20	4.3	6.5		
			30	15	22		
			40	25	38		
17	二甲苯	70	15	0.84	1.3	周界外浓度最高点	1.2
			20	1.4	2.2		
			30	4.8	7.7		
			40	8.4	13		

序号	污染物	最高允许排放浓度/（mg/m^3）	最高允许排放速率/（kg/h）			无组织排放监控浓度限值	
			排气筒高度/m	二级	三级	监控点	浓度/（mg/m^3）
18	酚类	100	15	0.084	0.13	无组织排放源上风向设参照点，下风向设监控点	0.080
			20	0.14	0.22		
			30	0.48	0.70		
			40	0.84	1.3		
			50	1.3	1.9		
			60	1.8	2.8		
19	甲醛	25	15	0.21	0.32	周界外浓度最高点	0.20
			20	0.36	0.54		
			30	1.2	1.8		
			40	2.1	3.2		
			50	3.2	4.8		
			60	4.5	6.9		
20	乙醛	125	15	0.042	0.063	周界外浓度最高点	0.040
			20	0.070	0.10		
			30	0.24	0.36		
			40	0.41	0.63		
			50	0.64	0.98		
			60	0.91	14		
21	丙烯腈	22	10	0.64	0.98	周界外浓度最高点	0.60
			20	1.0	1.6		
			30	3.6	5.5		
			40	6.2	9.1		
			50	9.8	15		
			60	13	20		
22	丙烯醛	16	15	0.43	0.64	周界外浓度最高点	0.40
			20	0.70	1.0		
			30	2.4	3.6		
			40	4.1	6.3		
			50	6.4	9.8		
			60	9.7	14		
23	氰化氢	1.9	25	0.13	0.20	周界外浓度最高点	0.024
			30	0.22	0.32		
			40	0.70	1.1		
			50	1.3	1.9		
			60	1.9	2.9		
			70	2.7	4.1		
			80	3.8	5.8		

序号	污染物	最高允许排放浓度/（mg/m³）	最高允许排放速率/（kg/h）			无组织排放监控浓度限值	
			排气筒高度/m	二级	三级	监控点	浓度/（mg/m³）
24	甲醇	190	15	4.3	6.4	周界外浓度最高点	12
			20	7.0	10		
			30	24	36		
			40	41	63		
			50	64	98		
			60	91	100		
25	苯胺类	20	15	0.43	0.63	周界外浓度最高点	0.40
			20	0.70	1.0		
			30	2.4	3.6		
			40	4.1	6.3		
			50	6.4	9.8		
			60	9.1	14		
26	氯苯类	60	15	0.47	0.64	周界外浓度最高点	0.40
			20	0.70	1.0		
			30	2.0	3.1		
			40	3.5	5.3		
			50	5.4	8.4		
			60	7.7	12		
			70	10	16		
			80	15	22		
			90	19	29		
			100	24	36		
27	硝基苯类	16	15	0.042	0.063	周界外浓度最高点	0.040
			20	0.070	0.10		
			30	0.24	0.36		
			40	0.41	0.63		
			50	0.64	0.98		
			60	0.91	1.4		
28	氯乙烯	36	15	0.64	1.98	周界外浓度最高点	0.60
			20	1.0	1.6		
			30	3.5	5.5		
			40	6.2	9.1		
			50	9.8	15		
			60	13	20		

序号	污染物	最高允许排放浓度/（mg/m^3）	最高允许排放速率/（kg/h）			无组织排放监控浓度限值	
			排气筒高度/m	二级	三级	监控点	浓度/（mg/m^3）
29	苯并[a]芘	0.30×10^{-3}（沥青及碳素制品生产和加工）	15	0.04×10^{-3}	0.06×10^{-3}	周界外浓度最高点	0.008 μg/m^3
			20	0.07×10^{-3}	0.10×10^{-3}		
			30	0.24×10^{-3}	0.36×10^{-3}		
			40	0.41×10^{-3}	0.62×10^{-3}		
			50	0.63×10^{-3}	0.98×10^{-3}		
			60	0.91×10^{-3}	1.4×10^{-3}		
30	光气	3.0	25	0.08	0.13	周界外浓度最高点	0.080
			30	0.14	0.22		
			40	0.48	0.70		
			50	0.84	1.3		
31	沥青烟	30	15	0.15	0.24	生产设备不得有明显无组织排放存在	
			20	0.25	0.38		
			30	1.1	1.7		
			40	2.0	2.9		
			50	3.0	4.6		
			60	4.1	6.3		
			70	6.1	9.1		
			80	8.4	13		
32	石棉尘	1 根纤维/cm^3 或 10 mg/m^3	15	0.46	0.69	生产设备不得有明显无组织排放存在	
			20	0.77	1.2		
			30	2.9	4.5		
			40	5.0	7.7		
			50	7.7	12		
33	非甲烷总烃	120（使用溶剂汽油或其他混合物烃类物质）	15	8.4	13	周界外浓度最高点	4.0
			20	14	21		
			30	44	70		
			40	84	120		
34	砷及其化合物	1.5	15	0.013	0.019	周界外浓度最高点	0.010
			20	0.021	0.032		
			30	0.072	0.11		
			40	0.12	0.19		
			50	0.19	0.29		
			60	0.27	0.41		
			70	0.38	0.58		
			80	0.52	0.78		

序号	污染物	最高允许排放浓度/（mg/m³）	最高允许排放速率/（kg/h）			无组织排放监控浓度限值	
			排气筒高度/m	二级	三级	监控点	浓度/（mg/m³）
35	锰及其化合物	15	15	0.042	0.064	周界外浓度最高点	0.040
			20	0.071	0.11		
			30	0.24	0.36		
			40	0.41	0.63		
			50	0.63	0.96		
			60	0.90	1.4		
			70	1.3	1.9		
			80	1.7	2.6		
36	一氧化碳	1 000	15	42	64	周界外浓度最高点	8
			20	71	110		
			30	240	360		
			40	410	630		
			50	630	960		
			60	900	1 400		

（3）噪声污染物排放标准

1）《工业企业厂界环境噪声排放标准》（GB 12348—2008）简介

A. 适用范围

本标准规定了工业企业和固定设备厂界环境噪声排放限值及其测量方法。

本标准适用于工业企业噪声排放的管理、评价及控制。机关、事业单位、团体等对外环境排放噪声的单位也按本标准执行。

B. 厂界环境噪声排放限值

工业企业厂界环境噪声不得超过表 2-23 规定的排放限值。

表 2-23 工业企业厂界环境噪声排放限值 单位：dB（A）

厂界外声环境功能区类别	时段	
	昼间	夜间
0	50	40
1	55	45
2	60	50
3	65	55
4	70	55

夜间频发噪声的最大声级超过限值的幅度不得高于 10 dB（A）。

夜间偶发噪声的最大声级超过限值的幅度不得高于 15 dB（A）。

工业企业若位于未划分声环境功能区的区域，当厂界外有噪声敏感建筑物时，由当地县级以上人民政府参照 GB 3096 和 GB/T 15190 的规定确定厂界外区域的声环境质量要求，并执行相应的厂界环境噪声排放限值。

当厂界与噪声敏感建筑物距离小于 1 m 时，厂界环境噪声应在噪声敏感建筑物的室内测量，并将表 2-23 中相应的限值减 10 dB（A）作为评价依据。

C. 结构传播固定设备室内噪声排放限值

当固定设备排放的噪声通过建筑物结构传播至噪声敏感建筑物室内时，噪声敏感建筑物室内等效声级不得超过表 2-24 和表 2-25 规定的限值。

表 2-24　结构传播固定设备室内噪声排放限值（等效声级）　单位：dB（A）

噪声敏感建筑物环境所处功能区类别 \ 时段 \ 房间类型	A 类房间		B 类房间	
	昼间	夜间	昼间	夜间
0	40	30	40	30
1	40	30	45	35
2、3、4	45	35	50	40

注：A 类房间是指以睡眠为主要目的，需要保证夜间安静的房间。包括住宅卧室、医院病房、宾馆客房等；

B 类房间是指主要在昼间使用，需要保证思考与精神集中、正常讲话不被干扰的房间。包括学校教室、办公室、住宅中卧室以外的其他房间等。

表 2-25　结构传播固定设备室内噪声排放限值（倍频带声压级）　单位：dB（A）

噪声敏感建筑所处声环境功能区类别	时段	房间类别 \ 倍频程中心频率/Hz	室内噪声倍频带声压级限值				
			31.5	63	125	250	500
0	昼间	A、B 类房间	76	59	48	39	34
	夜间	A、B 类房间	69	51	39	30	24
1	昼间	A 类房间	76	59	48	39	34
		B 类房间	79	63	52	44	38
	夜间	A 类房间	69	51	39	30	24
		B 类房间	72	55	43	35	29

噪声敏感建筑所处声环境功能区类别	时段	倍频程中心频率/Hz 房间类别	室内噪声倍频带声压级限值				
			31.5	63	125	250	500
2、3、4	昼间	A 类房间	79	63	52	44	38
		B 类房间	82	67	56	49	34
	夜间	A 类房间	72	55	43	35	29
		B 类房间	76	59	48	39	34

2）《社会生活环境噪声排放标准》（GB 22337—2008）简介

A. 适用范围

本标准适用于对营业性文化娱乐场所、商业经营活动中使用的向环境排放噪声的设备、设施的管理、评价与控制。

B. 边界噪声排放限值

社会生活噪声排放源边界噪声不得超过表 2-26 规定的排放限值。

表 2-26 社会生活噪声排放源边界噪声排放限值 单位：dB（A）

边界处声环境功能区类型	时段	
	昼间	夜间
0	50	40
1	55	45
2	60	50
3	65	55
4	70	55

在社会生活噪声排放源边界处无法进行噪声测量或测量的结果不能如实反映其对噪声敏感建筑物的影响程度的情况下，噪声测量应在可能受影响的敏感建筑物窗外 1 m 处进行。

当社会生活噪声排放源边界与噪声敏感建筑物距离小于 1 m 时，应在噪声敏感建筑物的室内测量，并将表 2-26 中相应的限值减 10 dB（A）作为评价依据。

C. 结构传播固定设备室内噪声排放限值

在社会生活噪声排放源位于噪声敏感建筑物内情况下，噪声通过建筑物结构传播至噪声敏感建筑物室内时，噪声敏感建筑物室内等效声级不得超过表 2-27 和

表 2-28 规定的限值。

表 2-27 结构传播固定设备室内噪声排放限值（等效声级） 单位：dB（A）

噪声敏感建筑物环境所处功能区类别 \ 时段 \ 房间类型	A 类房间		B 类房间	
	昼间	夜间	昼间	夜间
0	40	30	40	30
1	40	30	45	35
2、3、4	45	35	50	40

注：A 类房间是指以睡眠为主要目的，需要保证夜间安静的房间，包括住宅卧室、医院病房、宾馆客房等。
B 类房间是指主要在昼间使用，需要保证思考与精神集中、正常讲话不被干扰的房间，包括学校教室、会议室、办公室、住宅中卧室以外的其他房间等。

表 2-28 结构传播固定设备室内噪声排放限值（倍频带声压级） 单位：dB（A）

噪声敏感建筑所处声环境功能区类别	时段	倍频程中心频率/Hz \ 房间类别	室内噪声倍频带声压级限值				
			31.5	63	125	250	500
0	昼间	A、B 类房间	76	59	48	39	34
	夜间	A、B 类房间	69	51	39	30	24
1	昼间	A 类房间	76	59	48	39	34
		B 类房间	79	63	52	44	38
	夜间	A 类房间	69	51	39	30	24
		B 类房间	72	55	43	35	29
2、3、4	昼间	A 类房间	79	63	52	44	38
		B 类房间	82	67	56	49	34
	夜间	A 类房间	72	55	43	35	29
		B 类房间	76	59	48	39	34

此外，对于在噪声测量期间发生非稳态噪声（如电梯噪声等）的情况，最大声级超过限值的幅度不得高于 10 dB（A）。

3）《建筑施工场界环境噪声排放标准》（GB 12523—2011）简介

A. 适用范围

适用于周围有噪声敏感建筑物的建筑施工噪声排放的管理、评价及控制。市政、通信、交通、水利等其他类型的施工噪声排放可参照本标准执行。

本标准不适用于抢修、抢险施工过程中产生噪声的排放监督。

B. 环境噪声排放限值

建筑施工过程中场界环境噪声不得超过表 2-29 规定的排放限值。

表 2-29 建筑施工场界环境噪声排放限值 单位：dB（A）

昼间	夜间
70	55

夜间噪声最大声级超过限值的幅度不得高于 15 dB（A）。

当场界距噪声敏感建筑物较近，其室外不满足测量条件时，可在噪声敏感建筑物室内测量，并将表 2-29 中相应的限值减 10 dB（A）作为评价依据。

【阅读材料】创建环保模范城市

国家环境保护模范城市是国家环保局根据《国家环境保护“九五”计划和2010 年远景目标》提出的，在已具备全国卫生城市、城市环境综合整治定量考核和环保投资达到一定标准的基础上才能有条件创建。国家环境保护模范城市是全国城市科学发展的杰出代表，是国际社会可持续发展城市的优秀典范，是全国在强化城市环境保护工作、推动经济发展方式转变、构建和谐社会等方面发挥了积极示范作用的模范。

一、创模工作整体情况

1997 年，国家环保局启动了创建国家环境保护模范城市（以下简称“创模”）活动，得到了各级政府的积极响应和支持。通过“创模”，树立了一批社会文明昌盛、经济持续发展、环境质量良好、资源合理利用、生态良性循环、城市优美洁净、基础设施健全、生活舒适便捷的模范城市和城区，取得了良好的经济、社会和环境效益。截至2013年年底，已有94个城市（区）被授予国家环境保护模范城市（城区）的称号，还有多个城市正在积极开展“创模”活动。

经过10多年的努力，“创模”已经成为各级城市政府落实科学发展观和践行绿色政绩观的重要载体和抓手，开创了具有中国特色的城市环境保护道路。通过“创模”，城市环境保护工作全面提升，城市环境质量明显改善，“蓝天、碧水、绿地、宁静、洁净”已成为模范城市的重要标志。

二、“创模”指标制定与工作规则

“创模”工作与时俱进，不断发展。10多年中，模范城市考核指标经过5次修订，从2011年1月18日开始实施的《国家环境保护模范城市考核指标及其实施细则（第六阶段）》已经对模范城市提出了更高的要求，紧扣环保重点工作，更加突出在污染减排、饮用水水源地保护、空气质量改善、依法管理等方面发挥更大的示范带头作用。

《国家环境保护模范城市考核指标及其实施细则（第六阶段）》包括26项指标，分别就经济社会、环境质量、环境建设与环境管理4个方面具体考核，涵盖了总量减排、水、气、声、固体废物污染防治工作、环境影响评价、城市环境基础设施建设与环保能力建设等环境保护重点工作。数据主要来源于环境统计、中国统计年鉴及城市环境综合整治与定量考核数据等。

“创模”整个过程包括了正式申请、制定规划、组织实施、省级推荐、技术评估、考核验收、通告公示、审议命名、授牌表彰、持续改进与定期复查11个步骤。依靠政府的执行力与城市环保部门的策划作用，鼓励城市公众积极参与，发挥省级环保部门的指导作用，规范创建过程，严格创建要求，确保模范城市先进性与含金量。

国家环境保护模范城市称号有效期为5年，不搞终身制。目前，对国家环境保护模范城市的管理制度是3年一复查，对出现严重问题的城市进行约谈或给予黄牌警告，促使城市整改解决问题。今后，我国创建国家环保模范城市的工作将适当控制数量，保证创建质量，强化监督管理，严格退出机制。一旦发生重特大环境污染事故或生态破坏事件，或出现由环境保护部通报的重大违反环保法律法规的案件，或者上年度主要污染物总量减排指标未完成的，将被立即取消国家环保模范城市称号，其申报资格也将被暂停两年。

三、与其他部委的合作

“创模”工作与其他城市创建工作紧密结合，密切合作。与卫生城市、园林城市等创建相关指标相关，全国文明城市评选中有 9 项指标为“创模”指标。卫生城市创建是“创模”的先决条件，“创模”成为创建全国文明城市的重要依据。

四、“创模”工作的主要经验

各地通过“创模”，探索和丰富了以下三大机制：一是建立分工负责、各司其职的工作机制，即建立“政府统一领导，环保部门统一监管，有关部门分工负责，广大群众积极参与”的工作机制。市委、市政府把“创模”列入重要议事日程，建立监督管理工作机制，实施例会、督察和奖惩制度，将“创模”工作以签订目标责任状的形式，量化到具体部门与负责人，政府各部门多方合作，各项工作层层落实。二是探索形式多元、长效运行的市场机制，即在加大政府对环境基础设施主导投入的同时，积极创新思路，建立和完善多元化的环保投融资机制。完善城市环境基础设施建设，建立有效的环保产业市场，真正实现环境与经济的双赢。三是发展齐抓共管、共同参与的公众机制，加大信息公开力度，定期发布环境信息，公布环境举报电话，听取公众意见，让老百姓建言，为老百姓办实事、办好事、解难题。并形成“人人参与创模，人人支持创模，自觉主动保护环境”的良好氛围，调动公众自觉参与环保工作的积极性，奠定坚实的群众基础。

五、国家环境保护模范城市考核指标〔摘自《国家环境保护模范城市考核指标及其实施细则（第六阶段）》〕

（一）基本条件

① 按期完成国家和省下达的主要污染物总量控制任务。

② 近三年城市市域[①]内未发生重大、特大环境事件，制定环境突发事件应急预案并定期进行演练，前一年未有重大违反环保法律法规的案件。

① 按照《中国城市统计年鉴》的定义，市辖区包括城区和郊区，全市域包括市辖区、下辖的县和县级市。

③ 城市环境综合整治定量考核连续 3 年名列本省（区）前列。

（二）考核指标

1．经济社会

① 近 3 年，每年城镇居民人均可支配收入达到 10 000 元，西部城市 8 500 元；近 3 年，每年环境保护投资指数≥1.7%。

② 规模以上单位工业增加值能耗逐年下降。

③ 单位 GDP 用水量逐年下降。

④ 万元工业增加值主要工业污染物排放强度逐年下降。

2．环境质量

① 城区空气主要污染物年平均浓度值达到国家二级标准，且主要污染物日平均浓度达到二级标准的天数占全年总天数的 85%以上。

② 集中式饮用水水源地水质达标。

③ 市辖区内水质达到相应水体环境功能要求，全市域跨界断面出境水质达到要求。

④ 区域环境噪声平均值≤60 dB（A）。（城区）

⑤ 交通干线噪声平均值≤70 dB（A）。（城区）

3．环境建设

① 建成区绿化覆盖率≥35%（西部城市可选择人均公共绿地面积≥全国平均水平）。

② 城市生活污水集中处理率≥80%，缺水城市污水再生利用率≥20%。

③ 重点工业企业污染物排放稳定达标。

④ 城市清洁能源使用率≥50%。

⑤ 机动车环保定期检验率≥80%。

⑥ 生活垃圾无害化处理率≥85%。

⑦ 工业固体废物处置利用率≥90%。

⑧ 危险废物依法安全处置。

4．环境管理

① 环境保护目标责任制落实到位，环境指标已纳入党政领导干部政绩考核，制定“创模”规划并分解实施，实行环境质量公告制度。

② 建设项目依法执行环评、“三同时”，依法开展规划环境影响评价。

③ 环境保护机构独立建制，环境保护能力建设达到国家标准化建设要求。

④ 公众对城市环境保护的满意率≥80%。

⑤ 中小学环境教育普及率≥85%。

⑥ 城市环境卫生工作落实到位，城乡接合部及周边地区环境管理符合要求。

附：国家环保模范城市（区）名单

2012 年：大庆市、句容市、廊坊市、镇江市、呼和浩特市

2011 年：徐州市、临沂市、聊城市、银川市、东莞市、上海市青浦区、吴江市、宜昌市、临安市、淮安市、佛山市

2010 年：临沂市、宜昌市、临安市、淮安市、佛山市

2007 年：广州市、寿光市、泰州市、义乌市

2006 年：天津市、马鞍山市、廊坊市、上海市浦东新区、重庆市北碚区、南通市、湖州市、肇庆市、泉州市、宜兴市、即墨市、平度市

2005 年：日照市、成都市、富阳市、宝鸡市、桂林市、胶南市、莱西市、蓬莱市、潍坊市

2004 年：绵阳市、无锡市、金坛市、溧阳市、福州市、镇江市、常州市、沈阳市、克拉玛依市、库尔勒市、江门市、重庆市渝北区

2003 年：吴江市、南京市、东营市

2002 年：惠州市、招远市、绍兴市、乳山市、海门市、长春市、扬州市、胶州市

2001 年：杭州市、宁波市、常熟市、太仓市

2000 年：青岛市、江阴市、大庆市、文登市

1999 年：海口市、汕头市、苏州市、天津市大港区、上海市闵行区

1998 年：昆山市、烟台市、莱州市、荣成市、中山市

1997 年：张家港市、深圳市、大连市、珠海市、厦门市、威海市

复习思考题

1．某食品厂地处环境空气质量功能区的二类区和城市区域环境噪声标准 2 类区。2012 年建成投产，生产污水排入附近的河流中，该河流为一般景观要求水域。请问：

（1）该区域大气环境质量现状应该执行哪一个标准？企业应该执行哪一个大气污染物排放标准？

（2）纳污河段水环境质量应该执行哪一个标准？企业排放的废水执行哪一个标准？

（3）该厂的厂界排放噪声执行什么标准？

2．2009 年在广东某地建成一家小型化工企业，该企业的工业废水经处理后达标排入已建成的城市二级污水处理厂，请问：

（1）该厂经处理后排放的废水应该执行什么标准？

（2）废水中 COD、BOD_5、SS 分别执行的标准值是多少？

3．2008 年建成的某工业区的一硫酸厂工艺废气经处理后经 40 m 高的烟囱达标排入大气，请问：

（1）该厂经处理后的排放废气应该执行何种标准的哪级标准？

（2）废气中 SO_2 执行的标准值是多少？

4．天原化工厂和重庆造纸厂分别位于同一条河的两岸，都向该河排放废水。两厂排放的工业废水都是经过净化处理的，均能达标排放。2005 年夏季当地降雨少，河水水位下降，使得河水的净化能力明显减弱，为此，市环境保护局曾提醒过两家企业，要他们采取妥善的措施。当年 7 月 23 日，张某引河水入鱼塘养鱼。由于河水流量不足，不能充分稀释两厂排放的废水，造成大量鱼和鱼苗死亡，直接经济损失达 13 万元之多，为此，张某向市环境保护局反映，要求化工厂和造纸厂对其经济损失负责，环境保护局对本案中的两家企业分别给予了罚款 5 000 元的行政处罚，你认为环境保护局做法正确吗？

模块三　建设项目环境管理

引言：本模块围绕当前我国建设项目环境管理的要求，重点介绍了建设项目环境影响评价、“三同时”环保竣工验收、排污许可证管理、征收环境税等环境管理内容，让读者系统掌握建设项目各阶段环境管理的要求。

一、建设项目环境管理内容

（一）建设项目

1. 建设项目概念

建设项目是指一切基本建设项目、技术改造项目和区域开发建设项目，包括涉外项目（中外合资、中外合作、外商独资建设项目）的总称。其中，基本建设项目是指以扩大生产能力或新工程效益为主要目的的新建、扩建、迁建、恢复等工程。技术改造项目是指以提高企、事业单位的社会综合经济效益为主要目的的原有固定资产更新和装备技术改造，以及相应配套的辅助性生产、生活福利设施等工程。

2. 建设项目分类

建设项目按管理需要的不同，有不同的分类方法。

(1) 按建设性质划分

① 新建项目：指从无到有，新开始建设的项目。

② 扩建项目：指原有企业、事业单位为扩大原有产品生产能力（或效益），或增加新的产品生产能力，而新建主要车间或工程项目。

③ 改建项目：指原有企业，为提高生产效率，增加科技含量，采用新技术，

改进产品质量，或改变新产品方向，对原有设备或工程进行改造的项目。有的企业为了平衡生产能力，增建一些附属、辅助车间或非生产性工程，也算改建项目。

④ 迁建项目：指原有企业、事业单位，由于各种原因经上级批准搬迁到另地建设的项目。迁建项目中符合新建、扩建、改建条件的，应分别作为新建、扩建或改建项目。迁建项目不包括留在原址的部分。

⑤ 恢复项目：指企业、事业单位因自然灾害、战争等原因，使原有固定资产全部或部分报废，以后又投资按原有规模重新恢复起来的项目。在恢复的同时进行扩建的，应作为扩建项目。

（2）按建设规模大小划分

基本建设项目可分为大型项目、中型项目、小型项目。基本建设中大、中、小型项目是按项目的建设总规模或总投资来确定的，新建项目按项目的全部设计规模（能力）或所需投资（总概算）计算，分期设计和建设的应按分期规模计算；扩建项目按扩建新增的设计能力或扩建所需投资（扩建总概算）计算，不包括扩建以前原有的生产能力。基本建设项目按大、中、小型划分标准，能源、交通、原材料工业项目总投资 5 000 万元以上，其他项目 3 000 万元以上总投资的为大、中型项目，在此标准以下的为小型项目。

（3）按项目在国民经济中的作用划分

① 生产性项目：指直接用于物质生产或直接为物质生产服务的项目，主要包括工业项目（含矿业）、建筑业、地质资源勘探及农林水有关的生产项目、运输邮电项目、商业和物资供应项目等。

② 非生产性项目：指直接用于满足人民物质和文化生活需要的项目，主要包括文教卫生、科学研究、社会福利、公用事业建设、行政机关和团体办公用房建设等项目。

（4）按项目隶属关系划分

① 中央项目：亦称部直属项目。它是指中央各主管部门直接安排和管理的企业、事业和行政单位的建设项目。这些项目的基本建设计划，由中央各主管部门编制、报批和下达。所需的统配物资和主要设备以及建设过程中存在的问题，均由中央各主管部门直接供应和解决。

② 地方项目：指由省、市、自治区和地（市）、县等各级地方直接安排和管理的企业、事业、行政单位的建设项目。这些项目的基本建设计划由各级地方主管部门编制、报批和下达，所需物资和设备由各地方地方主管部门直接供应。

（二）建设项目环境管理

建设项目环境管理是指环境保护部门根据国家的环保产业政策、行业政策、技术政策、环境规划布局和清洁生产要求及专业工程验收规范，运用环境预审、环境影响评价和“三同时”管理制度对一切建设项目依法进行的环境管理活动。

1. 建设项目环境管理的内容

建设项目环境管理主要包括以下几个方面的内容：

（1）建设项目前期环境管理

主要按照国家环保产业政策、行业政策、技术政策、规划布局和清洁生产要求对拟立项的建设项目进行审查，经环境预审合格的项目才能准予立项，并进入环境影响评价阶段。环境影响评价主要是对已经立项的项目进行技术审批，评价该项目可能对环境产生的各种影响，以判定立项的项目能否进行建设及应采取的污染预防和生态保护措施。

（2）建设项目中期环境管理

主要是对配套建设的环保设施在设计、施工和竣工验收三个环节进行管理。企业要认真执行“三同时”制度，设计阶段请有资质单位编制环保设计方案，施工阶段请有资质单位开展施工环境监理，施工完毕应进行试生产申请，试生产 3 个月内（最长一般不超过 1 年）应组织自主验收，并按规定向环保主管部门做好验收备案手续，做到环保设施与主体工程同时验收、同时投入运行。

（3）建设项目后期环境管理

主要是在项目运营阶段根据排污许可证制度、环境税制度、污染物集中控制制度、限期治理制度、环境保护目标责任制等要求，接受环保主管部门的环境监察等日常监督管理。

2. 建设项目环境管理程序

建设项目环境管理是按建设项目的建设程序来分阶段进行的，一般经过项目建议书的提出和批准立项、可行性研究及审查、项目初步设计、项目施工、项目竣工验收以及建成后运营等几个阶段及相关审批手续，具体如图 3-1 所示。

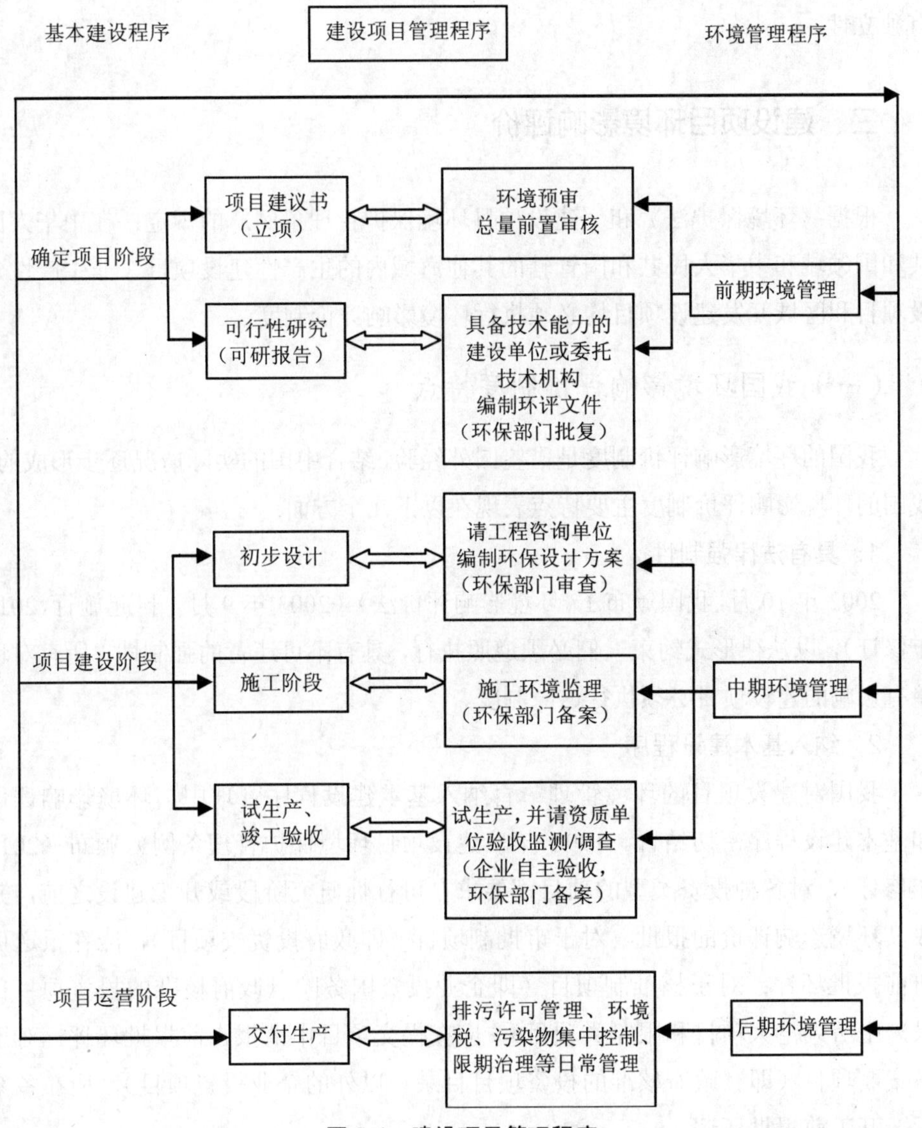

图 3-1　建设项目管理程序

从图 3-1 可以看出，我国建设项目环境管理程序具有如下 3 个特点：①以基本建设程序为主体，两大程序紧密结合、紧紧相关；②建设项目环境管理涉及面广，是一种广泛的社会性工作；③环保部门有独立的审批权和监督权，执法上具有独立性。

二、建设项目环境影响评价

根据《环境保护法》和《建设项目环境保护管理条例》的规定：在中华人民共和国领域和中华人民共和国管辖的其他海域内的生产性建设项目、非生产性建设项目和区域开发建设项目均必须执行环境影响评价制度。

(一) 我国环境影响评价制度特点

我国的环境影响评价制度是借鉴国外经验，结合中国的实际情况逐步形成的。我国的环境影响评价制度主要特点表现在以下几个方面：

1. 具有法律强制性

2002 年 10 月，我国颁布了《环境影响评价法》（2003 年 9 月 1 日起施行，2016 年修订），以法律形式约束人们必须遵照执行，具有不可违背的强制性，所有对环境有影响的建设项目必须执行这一制度。

2. 纳入基本建设程序

我国对建设项目的环境管理一直纳入基本建设程序管理中，环境影响评价和基本建设程序密切结合。1998 年《建设项目环境保护管理条例》颁布（2017 年修订），对各种投资类型的项目都要求在可行性研究阶段或开工建设之前，完成其环境影响评价的报批。对于审批制项目（即政府投资类项目），应在报送可研前报批环评；对于核准制项目（即企业投资国务院《政府核准的投资项目目录》中所列重大项目和限制类项目），应在提交项目申请报告前报批环评；对于备案制项目（即《政府核准的投资项目目录》以外的企业投资项目），应在备案后、开工前报批环评。

3．分类管理

根据《建设项目环境影响评价分类管理名录》(2018)，我国对造成不同程度环境影响的建设项目实行分类管理。对环境影响重大的项目必须编写环境影响评价报告书，对环境影响较小的项目可以编写环境影响评价报告表，而对环境影响很小的项目，可以只填报环境影响评价登记表。

4．环评资质要求

自1986年起，我国建立了评价单位的资格审查制度，分甲、乙两个等级的环境影响评价证书，甲级证书由当时国家环保局颁发，乙级证书由省、自治区、直辖市环保局颁发。1999年国家环保总局制定了《建设项目环境影响评价资格证书管理办法》，强调了环评人员的持证上岗、对评价单位两年一次的定期考核以及新的证书申请办法，规定甲、乙级环境影响评价证书均由国家环保总局颁发。《环境影响评价法》修订后，取消环评资质要求，将不再对环境影响报告书（表）编制单位设置准入门槛，具备技术能力的建设单位或其委托的技术机构均可编制。

（二）环境影响评价内容和程序

环境影响报告书是环境影响评价程序和内容的书面表现形式之一，是环境影响评价项目的重要技术文件。建设项目的类型不同，对环境的影响差别很大，环境影响报告书的编制内容和格式也有所不同，包括概述、总则、建设项目工程分析、环境现状调查与评价、环境影响预测与评价、环境保护措施及其可行性论证、环境影响经济损益分析、环境管理与监测计划、环境影响评价结论和附录、附件等。

环境影响评价工作程序大体分为3个阶段，第一阶段为准备阶段，主要工作为研究有关文件，进行初步的工程分析和环境现状调查，筛选重点评价项目，确定各单项环境影响评价的工作等级，制定环境影响评价工作方案；第二阶段为正式工作阶段，其主要工作为进一步做工程分析和环境现状调查，并进行环境影响预测和评价环境影响；第三阶段为报告书编制阶段，其主要工作为汇总、分析第二阶段工作所得到的各种资料、数据，给出结论，完成环境影响报告书的编制，如图3-2所示。

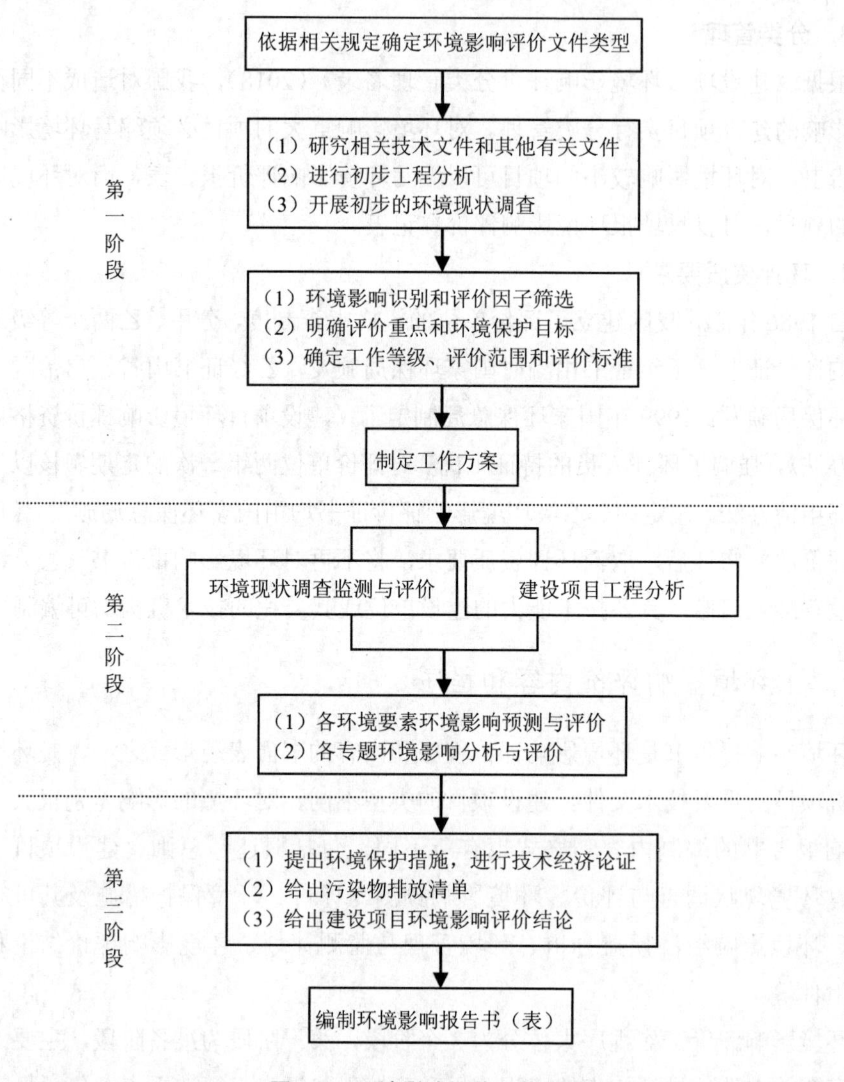

图 3-2 环境影响评价工作程序

（三）环评文件的分级审批

环境影响报告书（表）的审批程序是保证环境影响评价工作顺利进行的重要手段，是环境保护部门进行建设项目环境管理把关的重要步骤，是环境影响评价制度能否落到实处的关键。环境影响报告书（表）的审批一律由建设单位负责提出，报主管部门预审，主管部门提出预审意见后转报负责审批的环境保护部门审批；建设项目的性质、规模、建设等发生较大改变时，应按照规定的审批程序重新报批；对环境问题有争议的建设项目其环境影响报告书（表）可提交上一级环境保护部门审批。负责审批的环境保护部门应严格按照审批权限、时限进行审批，坚决杜绝越权审批的发生。

为规范建设项目重大变动环评管理，做好环评与排污许可制度的衔接，环保部先后发布多个行业建设项目的重大变动清单：2015 年发布包含水电、火电、煤炭、油气管道、铁路、高速公路、港口、石油炼制与石油化工 9 个行业建设项目的重大变动清单（环办〔2015〕52 号文）；2018 年环保部又发布了《关于印发制浆造纸等十四个行业建设项目重大变动清单的通知》（环办环评〔2018〕6 号），明确了制浆造纸、制药、农药、化肥（氮肥）、纺织印染、制革、制糖、电镀、钢铁、炼焦化学、平板玻璃、水泥、铜铅锌冶炼、铝冶炼等十四个行业的重大变动情形，规定了上述行业建设项目发生何种变动需要重新报批环评文件。

1. 审批权限

（1）生态环境部审批

根据《建设项目环境影响评价文件分级审批规定》，生态环境部审批的建设项目包括以下三类：核设施、绝密工程等特殊性质的建设项目；跨省、自治区、直辖市行政区域的建设项目；由国务院审批或核准的建设项目，由国务院授权有关部门审批或核准的建设项目，由国务院有关部门备案的对环境可能造成重大影响的特殊性质的建设项目。具体可查相关名录。

（2）省、市、县（区）环保局分级审批

根据《建设项目环境影响评价文件分级审批规定》，上述规定以外的建设项目环境影响报告书、报告表或登记表的审批权限，由省、自治区、直辖市人民政府规定。

2. 审批时限

上级环境保护行政主管部门审批的建设项目环境影响评价文件需要项目所在地环境保护行政主管部门提出初审意见的，下一级环境保护行政主管部门应在收到该环境影响评价文件之日起 10 个工作日内（其中环境影响登记表为 5 个工作日内）提出初审意见。

环保审批部门在收到环境影响报告书之日起 60 日内，收到环境影响报告表 30 日内，收到环境影响登记表 15 日内予以批复。若经审查，需要进行修改的，时间由收到修改文本之日起计。

3. 审批原则

各级主管部门和环境保护部门在审批环境影响报告书（表）时，应着重从以下几个方面进行重点审查：

① 建设项目是否符合国家产业政策；

② 是否符合城市环境功能区划和城市总体发展规划；

③ 技术与装备是否符合清洁生产要求；

④ 污染物是否达标排放；

⑤ 是否满足国家和地方规定的污染物总量控制指标；

⑥ 项目建成后是否能够维持地区环境质量并符合功能区要求。

环评审查以技术审查为基础，审查方式是专家评审会还是其他形式，可由负责审批的环境保护行政主管部门根据具体情况而定。对国家明令淘汰和禁止发展的能耗物耗高、环境污染严重、不符合产业政策和市场准入条件的建设项目的环境影响评价文件，各级环境保护行政主管部门一律不得受理和审批。

（四）违反环评管理的处罚措施

根据《环境保护法》第六十一条，建设单位未依法提交建设项目环境影响评价文件或者环境影响评价文件未经批准，擅自开工建设的，由负有环境保护监督管理职责的部门责令停止建设，处以罚款，并可以责令恢复原状。根据《环境保护法》第六十三条，企业事业单位和其他生产经营者有下列行为之一，尚不构成犯罪的，除依照有关法律法规规定予以处罚外，由县级以上人民政府环境保护主管部门或者其他有关部门将案件移送公安机关，对其直接负责的主管人员和其他直接责任人员，处十日以上十五日以下拘留；情节较轻的，处五日以上十日以下拘留：（一）建设项目未依法进行环境影响评价，被责令停止建设，拒不执行的。

根据《环境影响评价法》第三十一条，建设单位未依法报批建设项目环境影响报告书、报告表，或者未依照本法第二十四条的规定重新报批或者报请重新审核环境影响报告书、报告表，擅自开工建设的，由县级以上环境保护行政主管部门责令停止建设，根据违法情节和危害后果，处建设项目总投资额百分之一以上百分之五以下的罚款，并可以责令恢复原状；对建设单位直接负责的主管人员和其他直接责任人员，依法给予行政处分。建设项目环境影响报告书、报告表未经批准或者未经原审批部门重新审核同意，建设单位擅自开工建设的，依照前款的规定处罚、处分。建设单位未依法备案建设项目环境影响登记表的，由县级以上环境保护行政主管部门责令备案，处五万元以下的罚款。

三、建设项目“三同时”管理

根据《环境保护法》第四十一条，建设项目中防治污染的设施，应当与主体工程同时设计、同时施工、同时投产使用。防治污染的设施应当符合经批准的环境影响评价文件的要求，不得擅自拆除或者闲置。

“三同时”与环境影响评价制度相辅相成，是防止新污染和破坏的两大“法宝”，是我国预防为主方针的具体化、制度化。

“三同时”制度是我国出台最早的一项环境管理制度。它是中国独创，是在我国社会主义制度和经济建设经验的基础上提出来的，是具有中国特色并行之有效的环境管理制度。

（一）建设项目设计阶段

建设单位应依据环境保护行政主管部门审批通过的环境影响报告书、报告表中提出的建议，委托有相应资质的环保工程设计单位，在项目设计阶段进行建设项目环境保护方案的设计工作。

建设项目的环境保护设计方案主要应包括以下几个方面的内容：污染物产生量、治理方案、治理效果、排放浓度、排污量、须达到的排放标准、排放总量、排污方式等；污染物产生量大。难治理的项目要说明采用清洁生产工艺情况及治理方案的可行性、可靠性；原有污染问题未解决的项目，要说明治理的情况；施工期环境保护措施；对生态环境有影响的项目，须有专项防止生态破坏的环保措施；对可能造成明显水土流失的项目，须落实水土保持方案；项目绿化措施；环境监测计划和管理措施；环保投资；说明是否符合报告书、报告表批复要求等。

（二）建设项目施工阶段

在建设项目施工期，环境保护部门负责对项目施工期的环境保护工作实施监督管理；同时根据环保批复，在施工期需设立专门的环保监督管理程序的，应按照计划要求实施监测、管理，并应注意执行环境保护法律法规及各地政府颁布的管理规范。

1．施工环境监理工作背景

近年来，我国经济保持快速发展，许多大型建设项目（电力、水利、交通、化工、矿产资源开发等）发展迅速，项目建设周期长、占地面积大、环保工程投资巨大，施工阶段对当地生态环境的影响十分剧烈，施工阶段处理不当造成环境污染、生态破坏等严重后果。

1995 年，我国首个世界银行贷款项目小浪底工程引入了环境保护监理模式；2002 年，国家环境保护总局召开了“在生态影响类项目中开展施工期环境监理试点工作的研讨会”；2002 年，国家环境保护总局召开了“建设项目工程环境监理试点和行政监察工作会议”，国家环境保护总局等六部委联合发布了《关于在重点建设项目中开展工程环境监理试点的通知》（环发〔2002〕141 号），明确了 13 个开展施工期环境监理试点工程；2010 年，环境保护部印发《关于同意将辽宁省列为建设项目施工期环境监理工作试点省的复函》。

2012 年，环保部《关于进一步推进建设项目环境监理试点工作的通知》（环办〔2012〕5 号）：明确环境监理的定位、功能，开展环境监理的建设项目类型（敏感区、高风险、施工期等）、环境监理重点关注内容、环境监理制度建设等。明确需要开展环境监理的项目：

① 涉及饮用水水源、自然保护区、风景名胜区等环境敏感区的建设项目；

② 环境风险高或污染较重的建设项目，包括石化、化工、火力发电、农药、医药、危险废物（含医疗废物）集中处置、生活垃圾集中处置、水泥、造纸、电镀、印染、钢铁、有色及其他涉及重金属污染物排放的建设项目；

③ 施工期环境影响较大的建设项目，包括水利水电、煤矿、矿山开发、石油天然气开采及集输管网、铁路、公路、城市轨道交通、码头、港口等建设项目；

④ 环境保护行政主管部门认为需开展环境监理的其他建设项目。

2. 施工环境监理的内容

施工环境监理是环境监理机构受建设单位委托，依据环境影响评价文件、环境保护行政主管部门批复、监理合同，对项目建设过程中的环境保护进行监督管理的专业化服务活动。

环境监理范围包括建设项目施工区域（主体工程、辅助工程等）以及工程环境影响涉及区域（生态、水、声、振动、大气、恶臭、电磁辐射、社会保护目标），环境监理时段涉及建设过程“全过程”（设计—施工—试生产阶段）。施工期环境监理的时机是在环境影响评价批复之后、“三同时”验收之前，是推进建设项目全过程环境管理的重要举措。

施工环境监理内容主要包括以下几方面：

① 设计阶段环境监理：对建设项目的设计文件符合环境影响评价及其批准文件要求情况的检查。

② 施工阶段环境监理：包括生态保护措施监理、环境保护达标监理、环保设施监理。

③ 试生产阶段环境监理：对项目试生产期间环保“三同时”和环保设施运行、生态保护情况、污染物达标排放的监督。

环境监理应重点关注以下内容：环保达标监理、环保设施及生态影响减缓措施监理、环保事件及重大污染事故处理、环境敏感区、移民安置监理、文件档案资料的管理等。

3. 施工环境监理工作制度与方法

施工环境监理工作制度包括：工作记录制度（环境监理日志、月报、年报、专项报告）、文件审核制度、检查认可制度、例会制度、环境监理质量控制制度、函件往来制度、应急报告与处理制度等。

施工环境监理工作方法主要有：现场巡视、见证、旁站、记录报告（文字、数据、图标、声像）、环境监测、发布文件、审阅报告、公众参与、监理工作会议等。

施工环境监理工作程序见图 3-3。

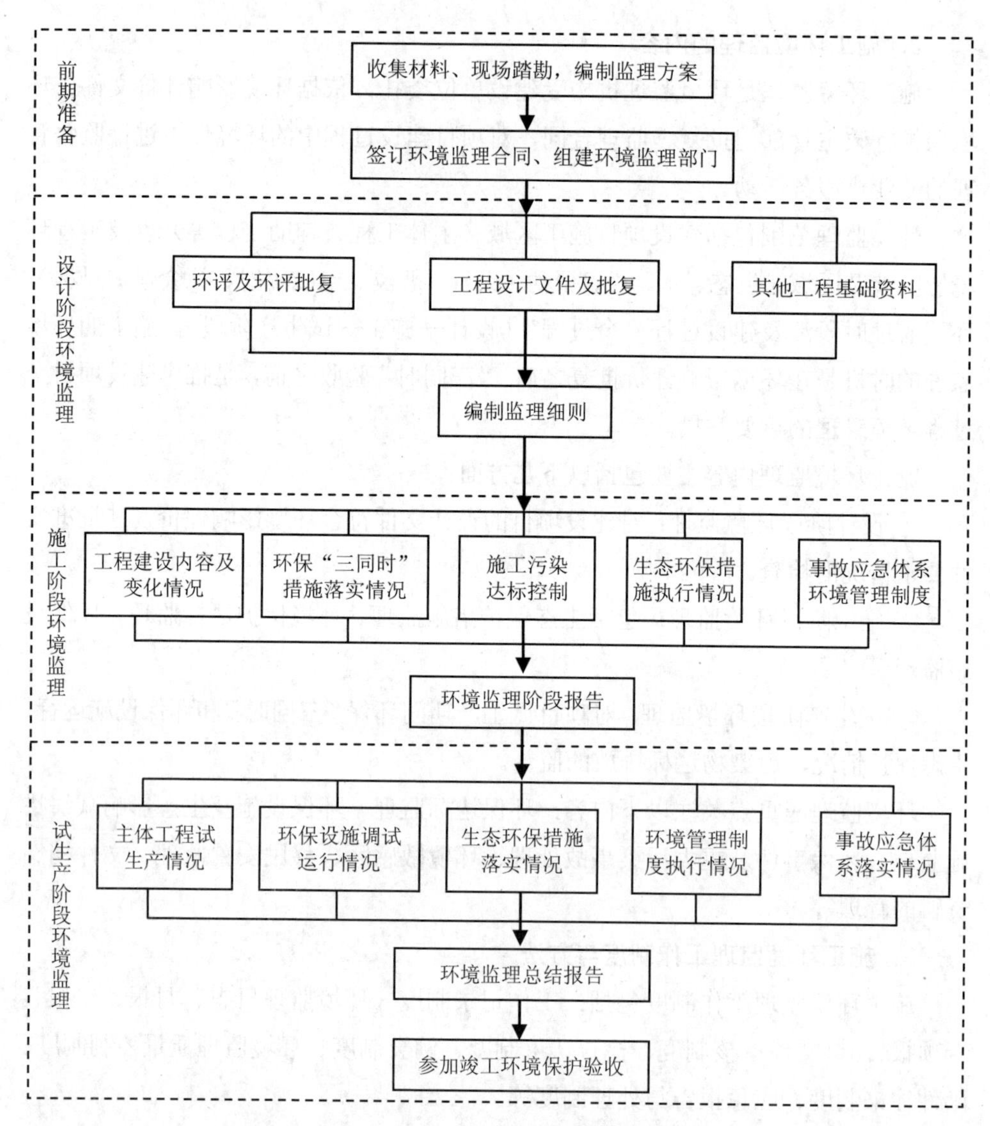

图 3-3 建设项目施工环境监理程序

（三）建设项目竣工阶段

1.验收责任主体

根据《建设项目环境保护管理条例》第十七条，“编制环境影响报告书、环境影响报告表的建设项目竣工后，建设单位应当按照国务院环境保护行政主管部门规定的标准和程序，对配套建设的环境保护设施进行验收，编制验收报告。建设单位在环境保护设施验收过程中，应当如实查验、监测、记载建设项目环境保护设施的建设和调试情况，不得弄虚作假。除按照国家规定需要保密的情形外，建设单位应当依法向社会公开验收报告”。第二十条规定，“环境保护行政主管部门应当对建设项目环境保护设施设计、施工、验收、投入生产或者使用情况，以及有关环境影响评价文件确定的其他环境保护措施的落实情况，进行监督检查。环境保护行政主管部门应当将建设项目有关环境违法信息记入社会诚信档案，及时向社会公开违法者名单”。

根据《建设项目竣工环境保护验收暂行办法》第四条，“建设单位是建设项目竣工环境保护验收的责任主体，应当按照本办法规定的程序和标准，组织对配套建设的环境保护设施进行验收，编制验收报告，公开相关信息，接受社会监督，确保建设项目需要配套建设的环境保护设施与主体工程同时投产或者使用，并对验收内容、结论和所公开信息的真实性、准确性和完整性负责，不得在验收过程中弄虚作假。验收报告分为验收监测（调查）报告、验收意见和其他需要说明的事项等三项内容”。

2. 验收程序

建设项目竣工后，建设单位应当如实查验、监测、记载建设项目环境保护设施的建设和调试情况，编制验收监测（调查）报告。

以排放污染物为主的建设项目，参照《建设项目竣工环境保护验收技术指南污染影响类》编制验收监测报告；主要对生态造成影响的建设项目，按照《建设项目竣工环境保护验收技术规范生态影响类》编制验收调查报告；火力发电、石油炼制、水利水电、核与辐射等已发布行业验收技术规范的建设项目，按照该行业验收技术规范编制验收监测报告或者验收调查报告。

建设单位不具备编制验收监测（调查）报告能力的，可以委托有能力的技术机构编制。建设单位对受委托的技术机构编制的验收监测（调查）报告结论负责。建设单位与受委托的技术机构之间的权利义务关系，以及受委托的技术机构应当承担的责任，可以通过合同形式约定。

需要对建设项目配套建设的环境保护设施进行调试的，建设单位应当确保调试期间污染物排放符合国家和地方有关污染物排放标准和排污许可等相关管理规定。环境保护设施未与主体工程同时建成的，或者应当取得排污许可证但未取得的，建设单位不得对该建设项目环境保护设施进行调试。

调试期间，建设单位应当对环境保护设施运行情况和建设项目对环境的影响进行监测。验收监测应当在确保主体工程调试工况稳定、环境保护设施运行正常的情况下进行，并如实记录监测时的实际工况。国家和地方有关污染物排放标准或者行业验收技术规范对工况和生产负荷另有规定的，按其规定执行。建设单位开展验收监测活动，可根据自身条件和能力，利用自有人员、场所和设备自行监测；也可以委托其他有能力的监测机构开展监测。

验收监测（调查）报告编制完成后，建设单位应当根据验收监测（调查）报告结论，逐一检查是否存在验收不合格的情形，提出验收意见。存在问题的，建设单位应当进行整改，整改完成后方可提出验收意见。验收意见包括工程建设基本情况、工程变动情况、环境保护设施落实情况、环境保护设施调试效果、工程建设对环境的影响、验收结论和后续要求等内容，验收结论应当明确该建设项目环境保护设施是否验收合格。

为提高验收的有效性，在提出验收意见的过程中，建设单位可以组织成立验收工作组，采取现场检查、资料查阅、召开验收会议等方式，协助开展验收工作。验收工作组可以由设计单位、施工单位、环境影响报告书（表）编制机构、验收监测（调查）报告编制机构等单位代表以及专业技术专家等组成，代表范围和人数自定。

验收报告编制完成后 5 个工作日内，公开验收报告，公示的期限不得少于 20 个工作日。建设单位公开上述信息的同时，应当向所在地县级以上环境保护主管部门报送相关信息，并接受监督检查。验收报告公示期满后 5 个工作日内，建设单位应当登录全国建设项目竣工环境保护验收信息平台，填报建设项目基本信息、环境保护设施验收情况等相关信息，环境保护主管部门对上述信息予以公开。建设单位应当将验收报告以及其他档案资料存档备查。

3. 验收不合格情形

建设项目环境保护设施存在下列情形之一的，建设单位不得提出验收合格的意见：

①未按环境影响报告书（表）及其审批部门审批决定要求建成环境保护设施，或者环境保护设施不能与主体工程同时投产或者使用的；

②污染物排放不符合国家和地方相关标准、环境影响报告书（表）及其审批部门审批决定或者重点污染物排放总量控制指标要求的；

③环境影响报告书（表）经批准后，该建设项目的性质、规模、地点、采用的生产工艺或者防治污染、防止生态破坏的措施发生重大变动，建设单位未重新报批环境影响报告书（表）或者环境影响报告书（表）未经批准的；

④建设过程中造成重大环境污染未治理完成，或者造成重大生态破坏未恢复的；

⑤纳入排污许可管理的建设项目，无证排污或者不按证排污的；

⑥分期建设、分期投入生产或者使用依法应当分期验收的建设项目，其分期建设、分期投入生产或者使用的环境保护设施防治环境污染和生态破坏的能力不能满足其相应主体工程需要的；

⑦建设单位因该建设项目违反国家和地方环境保护法律法规受到处罚，被责令改正，尚未改正完成的；

⑧验收报告的基础资料数据明显不实，内容存在重大缺项、遗漏，或者验收结论不明确、不合理的；

⑨其他环境保护法律法规规章等规定不得通过环境保护验收的。

4．注意事项

除需要取得排污许可证的水和大气污染防治设施外，其他环境保护设施的验收期限一般不超过 3 个月；需要对该类环境保护设施进行调试或者整改的，验收期限可以适当延期，但最长不超过 12 个月（验收期限是指自建设项目环境保护设施竣工之日起至建设单位向社会公开验收报告之日止的时间）。

建设项目配套建设的环境保护设施经验收合格后，其主体工程方可投入生产或者使用；未经验收或者验收不合格的，不得投入生产或者使用。

（四）违反“三同时”的处罚措施

根据《建设项目环境保护管理条例》第二十三条，“违反本条例规定，需要配套建设的环境保护设施未建成、未经验收或者验收不合格，建设项目即投入生产或者使用，或者在环境保护设施验收中弄虚作假的，由县级以上环境保护行政主管部门责令限期改正，处 20 万元以上 100 万元以下的罚款；逾期不改正的，处 100 万元以上 200 万元以下的罚款；对直接负责的主管人员和其他责任人员，处 5 万元以上 20 万元以下的罚款；造成重大环境污染或者生态破坏的，责令停止生产或者使用，或者报经有批准权的人民政府批准，责令关闭。违反本条例规定，建设单位未依法向社会公开环境保护设施验收报告的，由县级以上环境保护行政主管部门责令公开，处 5 万元以上 20 万元以下的罚款，并予以公告”。

四、排污许可证管理

（一）排污许可要求

排污许可证制度以改善环境质量为目标，以污染物总量控制为基础，规定排污单位许可排放污染物种类、数量、去向等，是一项具有法律效力的行政管理制度。

2018 年 1 月 10 日，《排污许可管理办法（试行）》正式颁布实施。根据《排污许可管理办法（试行）》《控制污染物排放许可制实施方案》等文件政策精神，排污许可证将实施综合许可、一证式管理，形成以排污许可为核心、精简高效的固定源环境管理体制，并建成全国排污许可证管理信息平台统一管理。通过“环评管准入，许可管运营”，实现对固定污染源从污染预防到污染管控的全过程监管。排污许可证核发权限基本原则是“属地监管”及“谁核发、谁监管”，一般有效期首次核发 3 年，延续核发 5 年。

根据《固定污染源排污许可分类管理名录（2017 年版）》，国家根据排放污染物的企业事业单位和其他生产经营者污染物产生量、排放量和环境危害程度，实行排污许可重点管理和简化管理。现有企业事业单位和其他生产经营者应当按照本名录的规定，在实施时限内申请排污许可证。本名录以外的企业事业单位和其他生产经营者，有以下情形之一的，视同本名录规定的重点管理行业，应当申请排污许可证：

①被列入重点排污单位名录的；

②二氧化硫、氮氧化物单项年排放量大于 250 t 的；

③烟粉尘年排放量大于 1 000 t 的；

④化学需氧量年排放量大于 30 t 的；

⑤氨氮、石油类和挥发酚合计年排放量大于 30 t 的；

⑥其他单项有毒有害大气、水污染物污染当量数大于 3 000 的（污染当量数按《中华人民共和国环境保护税法》规定计算）。

2018 年 2 月，《排污许可证申请与核发技术规范　总则》（HJ 942—2018）颁布实施，特殊行业如钢铁、水泥、石化、炼焦化学、电镀、平板玻璃、原料药制造、制革、制糖、纺织印染、农药制造、铅锌冶炼、铝冶炼、铜冶炼、氮肥等多个行业的排污许可证申请与核发技术规范也自 2017 年起陆续颁布实施。

（二）排污许可证内容

排污许可证由正本和副本构成，正本载明基本信息，副本包括基本信息、登记事项、许可事项、承诺书等内容。设区的市级以上地方环境保护主管部门可以根据环境保护地方性法规，增加需要在排污许可证中载明的内容。

以下基本信息应当同时在排污许可证正本和副本中载明：

①排污单位名称、注册地址、法定代表人或者主要负责人、技术负责人、生产经营场所地址、行业类别、统一社会信用代码等排污单位基本信息；

②排污许可证有效期限、发证机关、发证日期、证书编号和二维码等基本信息。

以下登记事项由排污单位申报，并在排污许可证副本中记录：

①主要生产设施、主要产品及产能、主要原辅材料等；

②产排污环节、污染防治设施等；

③环境影响评价审批意见、依法分解落实到本单位的重点污染物排放总量控制指标、排污权有偿使用和交易记录等。

下列许可事项由排污单位申请，经核发环保部门审核后，在排污许可证副本中进行规定：

①排放口位置和数量、污染物排放方式和排放去向等，大气污染物无组织排放源的位置和数量；

②排放口和无组织排放源排放污染物的种类、许可排放浓度、许可排放量；

③取得排污许可证后应当遵守的环境管理要求；

④法律法规规定的其他许可事项。

（三）排污许可证的申请与核发

1. 排污许可证的申请

排污单位在申请排污许可证时，应当按照自行监测技术指南，编制自行监测方案。自行监测方案应当包括以下内容：

①监测点位及示意图、监测指标、监测频次；

②使用的监测分析方法、采样方法；

③监测质量保证与质量控制要求；

④监测数据记录、整理、存档要求等。

实行重点管理的排污单位在提交排污许可申请材料前，应当将承诺书、基本信息以及拟申请的许可事项向社会公开。公开途径应当选择包括全国排污许可证管理信息平台等便于公众知晓的方式，公开时间不得少于5个工作日。

排污单位应当在全国排污许可证管理信息平台上填报并提交排污许可证申请，同时向核发环保部门提交通过全国排污许可证管理信息平台印制的书面申请材料。申请材料应当包括：

①排污许可证申请表，主要内容包括：排污单位基本信息，主要生产设施、主要产品及产能、主要原辅材料，废气、废水等产排污环节和污染防治设施，申请的排放口位置和数量、排放方式、排放去向，按照排放口和生产设施或者车间申请的排放污染物种类、排放浓度和排放量，执行的排放标准；

②自行监测方案；

③由排污单位法定代表人或者主要负责人签字或者盖章的承诺书；

④排污单位有关排污口规范化的情况说明；

⑤建设项目环境影响评价文件审批文号，或者按照有关国家规定经地方人民政府依法处理、整顿规范并符合要求的相关证明材料；

⑥排污许可证申请前信息公开情况说明表；

⑦污水集中处理设施的经营管理单位还应当提供纳污范围、纳污排污单位名

单、管网布置、最终排放去向等材料；

⑧本办法实施后的新建、改建、扩建项目排污单位存在通过污染物排放等量或者减量替代削减获得重点污染物排放总量控制指标情况的，且出让重点污染物排放总量控制指标的排污单位已经取得排污许可证的，应当提供出让重点污染物排放总量控制指标的排污单位的排污许可证完成变更的相关材料；

⑨法律法规规章规定的其他材料。

2. 排污许可证的核发

对存在下列情形之一的，核发环保部门不予核发排污许可证：

①位于法律法规规定禁止建设区域内的；

②属于国务院经济综合宏观调控部门会同国务院有关部门发布的产业政策目录中明令淘汰或者立即淘汰的落后生产工艺装备、落后产品的；

③法律法规规定不予许可的其他情形。

核发环保部门应当对排污单位的申请材料进行审核，对满足下列条件的排污单位核发排污许可证：

①依法取得建设项目环境影响评价文件审批意见，或者按照有关规定经地方人民政府依法处理、整顿规范并符合要求的相关证明材料；

②采用的污染防治设施或者措施有能力达到许可排放浓度要求；

③排放浓度符合本办法第十六条规定，排放量符合本办法第十七条规定；

④自行监测方案符合相关技术规范；

⑤本办法实施后的新建、改建、扩建项目排污单位存在通过污染物排放等量或者减量替代削减获得重点污染物排放总量控制指标情况的，出让重点污染物排放总量控制指标的排污单位已完成排污许可证变更。

核发环保部门应当自受理申请之日起 20 个工作日内作出是否准予许可的决定。自作出准予许可决定之日起 10 个工作日内，核发环保部门向排污单位发放加盖本行政机关印章的排污许可证。

核发环保部门在 20 个工作日内不能作出决定的，经本部门负责人批准，可以延长 10 个工作日，并将延长期限的理由告知排污单位。依法需要听证、检验、检测和专家评审的，所需时间不计算在本条所规定的期限内。核发环保部门应当将所需时间书面告知排污单位。

核发环保部门作出准予许可决定的，须向全国排污许可证管理信息平台提交审核结果，获取全国统一的排污许可证编码。核发环保部门作出准予许可决定的，应当将排污许可证正本以及副本中基本信息、许可事项及承诺书在全国排污许可证管理信息平台上公告；核发环保部门作出不予许可决定的，应当制作不予许可决定书，书面告知排污单位不予许可的理由，以及依法申请行政复议或者提起行政诉讼的权利，并在全国排污许可证管理信息平台上公告。

（四）违反排污许可证管理的处罚措施

根据《环境保护法》《大气污染防治法》《水污染防治法》等法律规定，未依法取得排污许可证排放大气污染物、水污染物的，由县级以上人民政府环境保护主管部门责令改正或者限制生产、停产整治，并处十万元以上一百万元以下的罚款。

根据《排污许可证管理办法（试行）》，规定以下处罚措施：

排污单位存在以下无排污许可证排放污染物情形的，由县级以上环境保护主管部门处二万元以上二十万元以下的罚款；拒不改正的，依法责令停产整治：

①未按照规定对所排放的工业废气和有毒有害大气污染物、水污染物进行监测，或者未保存原始监测记录的；

②未按照规定安装大气污染物、水污染物自动监测设备，或者未按照规定与环境保护主管部门的监控设备联网，或者未保证监测设备正常运行的。

排污单位存在以下无排污许可证排放污染物情形的，由县级以上环境保护主管部门责令改正或者责令限制生产、停产整治，并处十万元以上一百万元以下的罚款；情节严重的，报经有批准权的人民政府批准，责令停业、关闭：

①依法应当申请排污许可证但未申请，或者申请后未取得排污许可证排放污染物的；

②排污许可证有效期限届满后未申请延续排污许可证，或者延续申请未经核发环保部门许可仍排放污染物的；

③被依法撤销排污许可证后仍排放污染物的；

④法律法规规定的其他情形。

排污单位存在以下违反排污许可证行为的，由县级以上环境保护主管部门责令改正或者责令限制生产、停产整治，并处十万元以上一百万元以下的罚款；情节严重的，报经有批准权的人民政府批准，责令停业、关闭：

①超过排放标准或者超过重点大气污染物、重点水污染物排放总量控制指标排放水污染物、大气污染物的；

②通过偷排、篡改或者伪造监测数据、以逃避现场检查为目的的临时停产、非紧急情况下开启应急排放通道、不正常运行大气污染防治设施等逃避监管的方式排放大气污染物的；

③利用渗井、渗坑、裂隙、溶洞，私设暗管，篡改、伪造监测数据，或者不正常运行水污染防治设施等逃避监管的方式排放水污染物的；

④其他违反排污许可证规定排放污染物的。

（五）排污许可证执行管理

根据《排污单位环境管理台账及排污许可证执行报告技术规范　总则（试行）》（HJ 944—2018），排污许可证执行报告分为年度执行报告、季度执行报告和月度执行报告。排污单位应对提交的排污许可证执行报告中各项内容和数据的真实性、有效性负责，并自愿承担相应法律责任；应自觉接受环境保护主管部门监管和社会公众监督，如提交的内容和数据与实际情况不符，应积极配合调查，并依法接受处罚。

1. 年度执行报告

包括排污单位基本情况、污染防治设施运行情况、自行监测执行情况、环境管理台账执行情况、实际排放情况及合规判定分析、信息公开情况、排污单位内部环境管理体系建设与运行情况、其他排污许可证规定的内容执行情况、其他需要说明的问题、结论、附图、附件等。

对于排污单位信息有变化和违证排污等情形，应分析与排污许可证内容的差异，并说明原因。

2. 季度/月度执行报告

至少包括污染物实际排放浓度和排放量，合规判定分析，超标排放或污染防治设施异常情况说明等内容。其中，季度执行报告还应包括各月度生产小时数、主要产品及其产量、主要原料及其消耗量、新水用量及废水排放量、主要污染物排放量等信息。

3．简化管理要求

实行简化管理的排污单位，应提交年度执行报告与季度执行报告，其中年度执行报告内容应至少包括排污单位基本情况、污染防治设施运行情况、自行监测执行情况、环境管理台账执行情况、实际排放情况及合规判定分析、结论等；季度执行报告至少包括污染物实际排放浓度和排放量，合规判定分析，超标排放或污染防治设施异常情况说明等内容。

五、征收环境保护税

（一）环保税纳税人

《环境保护税法》（2018 年 1 月 1 日起施行）规定："在中华人民共和国领域和中华人民共和国管辖的其他海域，直接向环境排放应税污染物的企业事业单位和其他生产经营者为环境保护税的纳税人。"上述规定，在纳税义务上对两种情况做了排除：一是不直接向环境排放应税污染物的，不缴纳环境保护税；二是居民个人不属于纳税人，不用缴纳环境保护税。

此外，为了减少污染物直接向环境排放，《环境保护税法》还规定了以下两种情形不缴纳环境保护税：一是企业事业单位和其他生产经营者向依法设立的污水集中处理、生活垃圾集中处理场所排放应税污染物的，不缴纳环境保护税；二是企业事业单位和其他生产经营者在符合国家和地方环境保护标准的设施、场所贮存或者处置固体废物的，不缴纳环境保护税。

（二）环保税征税对象

环境保护税的征税对象确定为大气污染物、水污染物、固体废物和噪声。根据环境保护相关法律法规的规定，大气污染物是指向环境排放影响大气环境质量的物质，包括二氧化硫、氮氧化物、粉尘等；水污染物是指向水体排放影响水环境质量的物质，包括氨氮、化学需氧量、重金属、悬浮物等；固体废物是指在工业生产活动中产生的固体废物和医疗废物，包括煤矸石、尾矿等；噪声是指工业噪声，即在工业生产活动中使用固定设备时产生的超过国家规定的环境噪声排放标准、干扰周围生活环境的声音。

（三）环保税规定的减免税情形

1. 暂予免税的情形

①农业生产（不包括规模化养殖）排放应税污染物的；

②机动车、铁路机车、非道路移动机械、船舶和航空器等流动污染源排放应税污染物的；

③依法设立的城乡污水集中处理、生活垃圾集中处理场所排放相应应税污染物，不超过国家和地方规定的排放标准的；

④纳税人综合利用的固体废物，符合国家和地方环境保护标准的；

⑤国务院批准免税的其他情形。

2. 按纳税人排污浓度值设置两档减税政策

①纳税人排放应税大气污染物或者水污染物的浓度值低于国家和地方规定的污染物排放标准百分之三十的，减按百分之七十五征收环境保护税；

②纳税人排放应税大气污染物或者水污染物的浓度值低于国家和地方规定的污染物排放标准百分之五十的，减按百分之五十征收环境保护税。

（四）计税依据和应纳税额

1. 污染物计税依据

①应税大气、水污染物按照污染物排放量折合的污染当量数确定；

②应税固体废物按照固体废物的排放量确定；

③应税噪声按照超过国家规定标准的分贝数确定。

应税大气污染物、水污染物的污染当量数，以该污染物的排放量除以该污染物的污染当量值计算。每种应税大气污染物、水污染物的具体污染当量值见附录 7。

每一排放口或者没有排放口的应税大气污染物，按照污染当量数从大到小排序，对前三项污染物征收环境保护税。

每一排放口的应税水污染物，区分第一类水污染物和其他类水污染物，按照污染当量数从大到小排序，对第一类水污染物按照前五项征收环境保护税，对其他类水污染物按照前三项征收环境保护税。

2. 应纳税额

应纳税额按照下列方法计算：

①应税大气污染物的应纳税额为污染当量数乘以具体适用税额；

②应税水污染物的应纳税额为污染当量数乘以具体适用税额；

③应税固体废物的应纳税额为固体废物排放量乘以具体适用税额；

④应税噪声的应纳税额为超过国家规定标准的分贝数对应的具体适用税额。

【阅读材料】环保“费改税”

环境保护税，又称绿色税，生态税，最早是由英国现代经济学家、福利经济学的创始人庇古在其著作《福利经济学》中提出的，并最早开始系统地研究环境与税收的理论问题。一般认为环境保护税是国家为了保护环境和资源而凭借其主权权力对一切开发、利用环境资源的单位和个人，按照其开发、利用资源的程度或污染、破坏环境资源的程度征收的一个税种。它不仅包括污染排放税、自然资源税等，还包括为实现特定环境目的而筹集资金的税收。因而污染税是环境税的一部分，它主要针对使用对环境造成污染的产品以及对环境排放污染的行为，大致包括污染产品税和污染排放税。

污染产品税是指对在消费过程中产生环境污染或产品本身造成环境污染的物品征收的税。我们日常生活中称得上污染产品的有鞭炮、焰火、不可降解的塑料制品、含磷的洗涤剂等。目前瑞典就专门针对石油、煤油、天然气等污染环境的能源以及对饮料容器、化肥和农药、电池等污染产品等征税，并取得了良好的效果。总之，污染产品税的征税范围应当包括不可回收容器、一次性物品、不可降解的塑料制品、电池、化肥和农药、含磷洗涤剂、空调以及煤炭、石油产品等污染性燃料等，纳税人为购买和使用这些物品的单位和个人，在生产环节课征，税收的征收效率较高。通过对企业生产污染环境的产品征税，提高其生产成本和消费成本，将起到减少污染产品的消费，引导消费者选择使用绿色产品的目的。

污染排放税是指针对直接向环境排放污染物的行为而征收的税，主要包括水污染税、大气污染税和固体废物污染税。

目前世界上许多国家建立起了一系列较为完备的环境污染税收制度，综合来看这些国家的环境污染税主要有二氧化硫税、二氧化碳税、水污染税、固体废物垃圾税、噪声污染税、农业污染税等，甚至有些国家还征收饮料容器税、废旧轮胎税、超额粪便税、土壤保护税等，税目繁多，涉及日常生活和环境污染的各个方面。总之，这些国家的环境污染税收种类繁多，涉及面广，税率也规定得相当详尽。

目前排污收费制度是我国在污染防治方面最主要的方式。现行排污费的收费标准较低，现行的排污费收费低于排污单位的污染治理和污染物的处理费，使企业没有治理污染的动力，宁愿交排污费而不愿进行治理。另外，排污收费征收不规范，具有不完全的强制性和不统一性，在征收过程中缺乏有效的监督，难免出现不规范收费、乱收费以及象征性收费的现象。在使用上排污费虽然实行专款专用，然而其中相当一部分资金却被挪作他用，直接影响到排污费在环境治理方面的效率。

环境污染税具有税收的固定性，它以法律的形式确定，严格操作，征收规范。它能弥补排污费在调控范围上的局限性，涉及范围较为广泛。污染税由税收机构征收以后，按照国家规定纳入财政预算。在使用上将得到宏观上的综合平衡，并有利于对重大环境项目的实施和区域污染治理综合协调。目前许多西方国家已经将污染税作为本国环境保护方面的主要手段，并取得了良好的效益。

由排污费改为征收环境保护税，在其他国家已证明对于环境的改善具有积极作用，但是，采取环境保护税后，是否增加企业负担、企业成本是否转移到消费者身上，成为关注的焦点问题之一。

据了解，目前我国的排污费收费标准较低，以二氧化硫为例，按照国家标准，依据废气污染物每当量的征收金额，每千克 0.6 元。但是，实际二氧化硫的治理成本远远高于这个标准，据业内专家测算，二氧化硫每千克的治理成本达到 1.95 元。

环境保护税征收水平相对较高的部分北欧国家，其企业的税负并没有太大增加。北欧征收的环境保护税比较高，但是把其他税率降低，使企业不至于税负过重。将来国家若开征环境税后，也可以在其他税种和税率上做一些相应调整。

据环境保护税专家称，排污“费改税”的出发点是不影响企业的技术进步、倒逼企业的节能减排、淘汰落后产能。

复习思考题

1. 试述建设项目环境管理的内容和程序。
2. 试述建设项目环境影响评价管理的要求。
3. 试述建设项目环境保护竣工验收的要求。
4. 试述新时期我国排污许可管理的要求。
5. 简述我国征收环境保护税的对象及计税方法。

模块四　污染源环境监察

引言：本模块介绍了污染源监察的主要内容、程序及执行形式，对水、大气、固体废物、噪声污染源监察的要点进行了重点剖析，并对企业排污口规范化整治提出环保要求。

一、污染源监察内容及程序

（一）污染源定义及分类

污染源是指向环境排放有害物质或对环境产生有害影响的场所、设备和装置，它包括生产企业污染物排放出口、固体废物的产生、贮存、处置、利用排放点，防治污染设施排放口以及污染事故区和生态污染区域等。

污染源按人类活动功能可分为工业污染源（如钢铁、有色金属、电力、矿业、石油采炼、石油化工、造纸、建材等工业行业）、农业污染源（畜禽养殖、农药、化肥、农膜等）、交通污染源（飞机、机动车、轮船等）和生活污染源。

工业污染源主要是工业企业生产中的各个环节，如原料粉碎、筛分、加工过程、化学反应过程、燃烧过程、洗选过程、热交换过程，产品的包装与库存等生产设备和场所都可能成为工业污染源。各种工业生产过程由于使用的原料、生产工艺、生产设备不同，排放的污染物种类、组成、性质都有很大区别，产生和排放规律也不同，往往呈现不规则的变化。即便是同一种生产过程，其污染物的产生与排放水平也会因技术水平、规模大小、管理水平、治理水平等有很大差异，给环境监察带来困难。

农业污染源主要包括畜禽养殖、秸秆、化肥、地膜、农药在农田中的使用、蓄积与迁移，以及农副产品加工企业、农村集镇等。

交通污染源是指飞机、船舶、汽车、火车等运输工具及其管理场所、配套设施和服务企业。它们具有移动性、间歇排放污染物等特点。

生活污染源主要集中在城市和人口密集的居住区，污染物产生于人们的日常生活、商业活动、公共设施中。

（二）污染源监察内容

污染源监察是环境监察部门依据环境保护法律、法规对辖区内污染源污染物的排放、污染治理和污染事故以及有关环境保护法规执行情况进行现场调查、取证并参与处理的具体执法行为。污染源监察实质是监督、检查污染源排污单位履行环境保护法律、法规的情况，污染物的排放和治理情况。通过环境监察，发现违法、违章行为，采取诸如排污收费（款）、限期治理、关停整改等措施，督促排污单位自觉减少污染物的产生与排放，主动采取防治措施，达标排放并实施污染物总量控制，从而达到保护辖区环境质量的目的。污染源监察是环境监察的重点，是环境保护不可缺少的组成部分。

1. 对企业落实环境管理制度的检查

（1）环境管理机构设置的检查

在《环境保护法》《建设项目环保设计规定》《建设项目环境保护设施竣工验收管理规定》《工业企业环境保护考核制度实施办法》以及一些行业和地方环境保护规定中都提出了企业应建立健全自身环境保护机构与规章制度的要求。

企业环境管理机构的职责主要是编制自身环境保护计划，建立和落实各项企业的环境管理制度，协调企业内部、企业之间、企业与社会之间的环境保护关系，实施企业环境监督管理。其设置的形式多种多样，根据企业的规模、生产的复杂程度、环境污染的大小等，可采取设置专门机构、联合机构、专职岗位等形式，对此尚无明确的法律规定。但有一点应该注意，就是企业的各项环境管理制度应贯穿企业生产经营的始终，落实到具体的车间、班组、岗位和职工身上，实行全过程控制，与生产经营紧密结合，这样才能做到有效管理环境，环保、生产相统一的效果才能显示出来。

（2）企业环境管理人员设置的检查

企业环境管理机构必须有相应的人员去落实环境保护责任。在这个管理体系中，厂长（法人代表）是当然的企业污染防治法定责任者，承担政府环境保护责任目标中所规定的污染物削减和防止造成污染的责任目标。为了落实责任、达到目标，需要在企业内部将责任目标层层分解，制定管理规则，进行监督检查和考核，这些工作都要有人具体负责。

企业环境管理人员可以是专职或兼职的，但必须具备一定的业务素质。原国家环境保护总局在《关于开展企业环境监督员制度试点工作的通知》文件中，规定将实行企业环境监督员制度。通过试行企业环境监督员制度，提高企业环境管理人员素质，探索市场经济条件下加强企业环境监督与管理的工作机制、激励机制，为推行企业环境监督员制度积累经验。

① 试行企业环境监督员培训和持证上岗制度。由人事部、生态环境部组织试点企业环境监督员资质考试、统一培训，成绩合格者，颁发环境监督员执业资格证书。

② 企业环境监督员制度。企业环境监督员负责制订企业的环保工作计划和规章制度，有权检查企业产生污染的生产设施、污染防治设施运转情况，污染物排放情况，负责确认监测数据，负责污染事故应急预案的制定和预演，发生污染事故时，负责采取应急措施等。逐步规范企业环境保护组织结构和规章制度建设。

③ 逐步建立企业环保管理人员双重管理体制。企业环境监督员定期向生态环境部门报告情况，加强与生态环境部门的联系。生态环境部门指导和监督企业环境监督员的工作，并进行表彰或处罚。

④ 设立企业环境监督员制度激励机制。对企业环境监督员制度执行较好的企业，可考虑适当减少环保执法检查频次，并在评选环境保护模范企业、排污费使用等方面优先考虑。对企业内部环境管理薄弱，存在环境污染问题的单位，要加大环保执法检查频次，加大行政处罚力度。有些工种还必须经过培训，持证上岗。例如，锅炉工、污废水处理工、企业环境监测人员和企业内部污染防治设施的运行管理人员原则上应具备一定的上岗资质。

（3）企业环境管理制度建设检查

① 企业环境保护规划和计划。企业环境保护计划是根据规划目标所制订的年

度计划，是有关措施落实的具体时间计划。

② 企业环境保护目标责任制。包括污染物排放的标准、总量控制的指标、污染物削减的指标，排污许可证的指标等。企业内部的环境管理要做到目标化、定量化、制度化。

③ 有关专项管理制度。为了使企业的各项环境保护工作规范化，企业还应根据自身的生产排污特点，制定一些相关的具体规章制度，常见的有环境监测制度、污染防治设施运行操作规程及管理制度、危险化学品的管理制度、环境突发事件的防范和报告制度、污染源档案管理制度、环保人员的岗位责任制度等。

2. 进行工况调查，检查污染隐患

环境监察人员应深入企业的生产车间，调查生产原料、生产工艺、设备及生产状况，可以了解污染产生的原因、产污规模、排污去向，发现非正常产污和排污行为及污染隐患，确定产物、排污水平。工况调查可根据企业生产工艺和经营组织系统情况逐级进行，以免发生遗漏。对工业企业可按下列步骤和内容调查：

① 检查生产使用的原辅材料和产品。首先了解原辅材料和产品的种类、性质、来源、成分、贮存及厂内输移、消耗量等因素。注意原料来源变更时成分的变化，尤其要注意有毒成分含量变化情况。

② 对生产工艺、设备的调查。调查主要生产设备、生产工艺类型和技术路线，设备、生产工艺的现有状况，包括产生污染的主要生产设备的类型、规模，生产工艺及技术路线等，设备的先进性、适应性，是否属于淘汰、禁止采用之列，工艺、设备的布局是否容易导致环境污染或发生污染事故等。

③ 生产运行情况和污染产生原因。检查设备运行过程中污染物产生的原因，污染物的类型等，生产设备的维护和运行情况；事故发生、生产变动，现场技术资料与运行记录，工艺系统对意外环境污染事故的反应处理能力，是否存在“跑、冒、滴、漏”现象。

④ 检查配套环保设施的情况。检查环保设施的类型、环保设施运行及管理情况、运行记录等是否严格按规程进行运行操作，检查环保设施的运行效果。

⑤ 检查产品的贮存与输移过程。检查原辅材料在贮存过程中是否存在管理混乱、滴漏、外泄、挥发、扬散、流失而造成污染的现象，如贮存槽、罐清洗产生

废水污染；贮罐、容器、管道密闭不好造成有害气体挥发和泄漏；原料进入厂区后在输移过程出现散落、流失、扬散等现象。有些产品或中间品本身具有较大的毒性，属于危险品，管理不善会发生滴洒、泄漏等情况，甚至会发生污染事故，造成严重的环境影响。如许多石化、化工原料和产品、危险化学品和危险废物、腐蚀性的物品、易爆易燃物品等，在其贮存、运输过程中必须采取严格的措施，防止流失和泄漏，同时严格登记和管理制度。

⑥ 检查生产变动情况。经常检查生产产品的品种、规格、包装等变动，以及相应原辅材料投入和污染物产生与排放的变化，不同的产品或相同产品的不同批次，其单位产污量、产污种类都有很大的差别。环境监察人员除了要督促排污单位按法律规定按时申报排污变动情况外，要大力加强现场监察，通过明察和暗访，及时掌握污染源的排污变化情况。

3．污染源守法监察

排污单位在生产工艺过程中的各个环节都可能产生污染物，但对外部的环境污染影响，主要表现在其污水、废气、固体废物、噪声等各类污染源的排污水平。

（1）环境管理制度执行情况监察

① 对新建项目要检查环境影响评价制度和“三同时”制度的执行情况，检查排污单位是否存在在建项目，建设项目是否按环评和“三同时”制度程序去进行审定、报批，做到同时设计、同时施工、同时投产。

② 对限期治理项目执行情况的检查：检查限期整改的指标是否能按期完成。

③ 是否能如实进行排污申报登记和变更申报：检查申报的排污量是否合理正确，有没有谎报、拒报。

④ 对排污许可证制度执行情况的检查：检查排污单位是否按照排污许可证的规定进行排污管理。

（2）污染物排放情况监察

污染物排放情况检查内容主要有：污染物排放口（源）的类型、数量、位置，各排污口（源）排放污染物的种类、数量、浓度、排放方式和排放去向、环境危害等。特别要注意异常情况的检查，如各种参数的变动情况、偷排行为、事故情况等。

（3）污染治理情况监察

污染治理情况监察的主要工作内容有：了解各排污单位拥有污染治理设施的类型、数量、性能；检查污染治理设施管理维护情况、运行情况、运行记录，是否存在不正常停运情况，是否按规程操作，核查污染物处理量、处理率及处理达标率等，检查有无违法、违章或直接排污的行为。

4．排污量的核定监察

排污收费的工作基础是搞好排污申报工作，排污申报工作主要分年申报和月核定工作，最重要的是搞好月核定工作。环境监察对排污单位污染源的日常检查，还应包括对排污单位各类污染源的排放情况的测算，对生产能力、生产规模、原材料消耗，废水、废气的排放、固体废物和超标噪声的排放情况，不仅要有定性的估计，还应该有定量的测算，为环境监督执法和征收环境税提供依据。

5．污染物排放总量控制的监察

① 贯彻国家产业和技术政策。对属于国务院和省级人民政府明令关停、取缔和淘汰的落后生产能力、工艺设备、产品等排污单位，不得给予排污总量控制指标。

② 排污单位必须达标排放污染物。排污单位排放污染物必须满足国家和地方的污染物排放标准，超过标准排放污染物的排污单位，首先要做到稳定达标排放各种污染物。

③ 总量控制的地区应确定排污总量控制指标，确定主要污染物削减计划。总量控制的地区除了要制订和实施主要污染物的排污总量削减计划，地区内所有建设项目的污染物排放指标必须纳入所在区域或流域内污染物排放总量控制计划。当建设项目新增加的污染物排放量超过这区域污染物总量控制计划或严重影响城市、区域环境质量时，总量控制指标只能在该区域内调剂，不得给予新增加的排污总量控制指标。

④ 实施总量控制指标。排污单位进行改制、改组或兼并后，其排污总量不得超过原指标值；对于分离出来的排污单位，其排污总量控制指标原则上应从原单位排污总量控制指标中划拨。

（三）污染源监察程序

1. 制订污染源监察的计划

对辖区内的污染源进行污染调查、排污核算、分类管理，在此基础上制订具体环境监察计划。为了对污染源进行分类管理，首先要收集污染源的信息，污染源信息采集有以下方法：

① 污染源调查。在有条件的地方，环境监察部门在环保局领导下会同其他环境管理部门共同开展环境污染源调查工作。通过全面调查，搞清辖区污染源的基本情况，在此基础上建立重点污染源、一般污染源名录和各污染源排放的主要污染物的动态数据库。污染源调查获取的资料是污染源监察工作的基础，然后通过一定频率的污染源监察，充实掌握的污染源资料。

② 环境保护档案材料登记。宏观管理中所积累的各种建设项目的档案材料是获取污染源信息的重要来源之一。此外，日常环境监察对有关污染源违法行为的调查、处理所积累的材料也是污染源监察的信息来源。按污染源的位置分布、所属行业类别、排放污染物的类型、规模大小、经济类别、所属流域、污染物排放去向等分类，建立污染源信息的动态数据库，并利用计算机等现代化管理设备对数据进行管理。

③ 制订污染源现场检查计划。污染源原始数据库建立后，下一步就是要采用科学的评价方法，结合本辖区环境的特点，找出不同地区、不同行业的主要污染源和主要污染物，确定目前的主要环境危害，绘制重要污染源分布图，图中不仅仅要标志出污染源的位置和名称，还应该将污染负荷标志清楚。在此基础上，制订污染源现场检查计划。确定调查范围、对象、项目、时间、频次、人员和设备配置，确定污染源监察主要任务和采用的方式，编写污染源监察计划方案。

2. 污染源现场监察

① 污染源排放现场调查和检查。按制订的监察计划进行现场环境监察，确定排污单位的污染源是正常还是异常排污。如发现异常情况，应及时处理。有时需要委托监测站采样分析，以获取违章排污的确凿证据。走访现场操作人员及有关管理人员，进行一般性的查询，了解近期生产与环保活动的基本情况，针对具体

环境问题进行查询，以了解问题发生的过程和性质。如发现问题，应及时进行现场取证。现场检查的证据有实物证据，如采集的样品，有关的文字记录材料，拍摄的录像、照片，有查询的现场笔记、录音、群众的反映等。现场取得的证据须经污染源单位有关人员签字。

② 工况调查。工况调查是污染源现场监察中采用的重要手段，是发现问题的有效途径，主要内容如下：检查生产使用的原辅材料和产品；对生产工艺、设备的调查；生产运行情况和污染产生的原因；配套的环保设施的情况；检查产品的贮存与输移过程；检查生产变动情况。

3. 视情处理

对异常情况，应做出相应处理。对环境违章的填发《当场处理决定通知书》；对环境违法的，属现场处罚范围执行现场处罚工作程序；对环境监察机构处罚范围，执行环境监理行政处罚工作程序，超过上述处罚范围，填写《环境监察行政处罚建议书》，报环境保护行政主管部门。

4. 污染源执法后督察

对异常情况按规定期限进行复查，以监督检查污染源单位整改措施的落实，切实保证违法行为得到纠正。

5. 总结归档

要求按期总结污染源监察情况，注明发现的问题，处理意见以及处理结果等，并写出相应的监察报告。对所有的原始记录、材料要分类归档备查。

污染源监察程序见图4-1。

（四）污染源监察手段及形式

1. 定期检查

定期检查是针对辖区重点污染源所采取的监察措施。重点污染源排污量大、污染物种类多、成分复杂，对本地区的环境有至关重要的影响。

实施现场检查前必须了解和掌握污染源的生产工艺，包括工艺流程、主要化学反应过程及工艺技术指标，了解和掌握产污的关键设备、工艺特点和基本情况，产污节点、产污种类和数据，排放的方式和去向，污染治理设施的基本情况，对外的环境影响等。此外，还应了解以往监察中记录的被监察对象的行为特征，据此预先确定好现场检查的重点目标、步骤、路线，发现有关线索，抓住问题的要害。

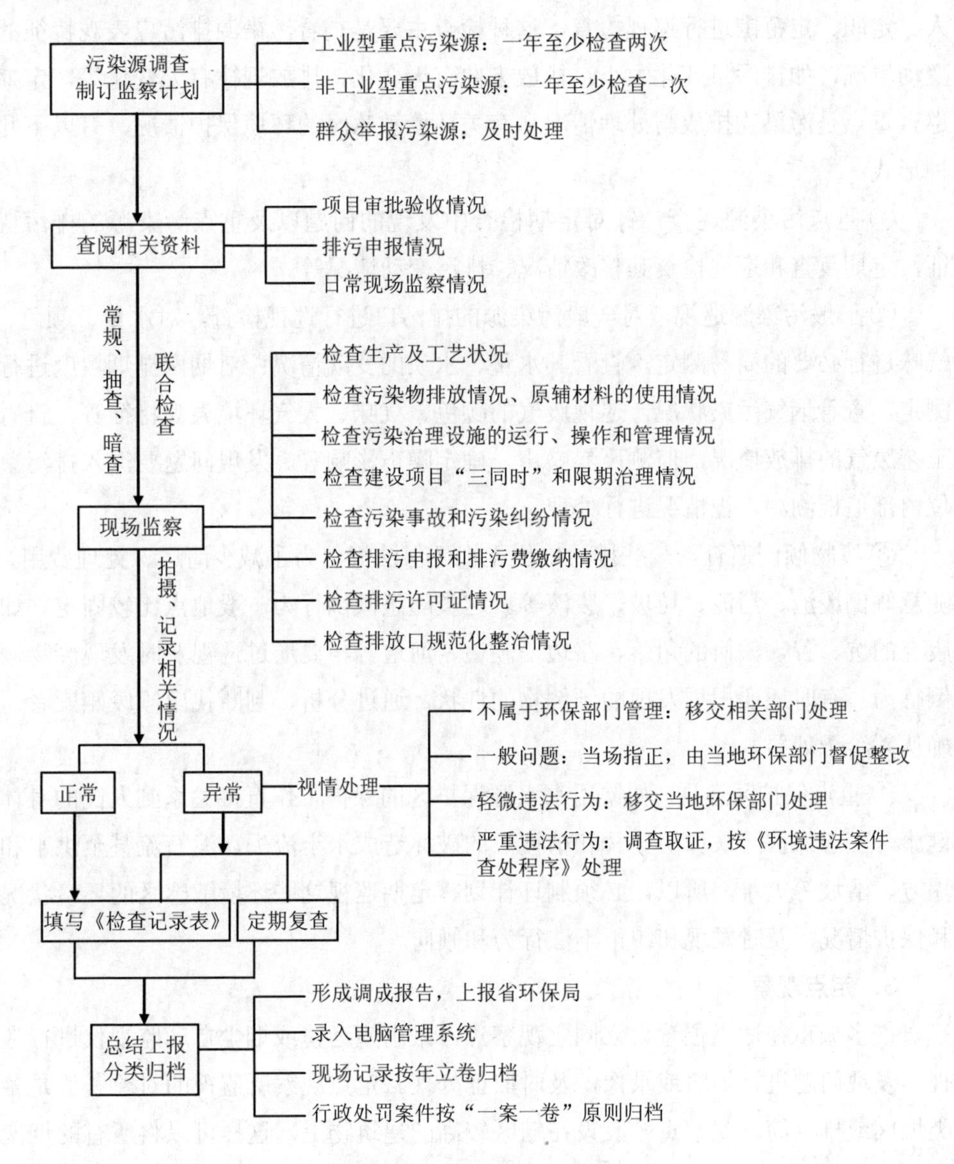

图 4-1　污染源监察工作程序

2. 定期巡查

定期巡查是根据辖区污染源分布情况，按一定的路线对各种污染源分片、定人、定职、定范围进行巡视检查，这种检查主要是查看污染源排污口表观特征的变动情况，如排污量变化大小，排放去向有无变化，排放规律有无变化等，定期巡查重点是污染物排放与处理情况和有关环境敏感区的环境保护情况，有以下几种形式：

① 重点污染源巡查，针对定期检查中发现的问题以及重点污染源的排污特征，定期复查和巡视检查其整改情况、排污变动情况等。

② 一般污染源巡视，对一般污染源的排污口进行巡视检查，对水量、颜色、气味进行必要的简易测定，查看其水量、水质的变动情况；对烟囱排烟黑度进行测定，查看烟气污染状况，巡视废气的颜色、气味、大气环境表观特征等，查看工艺废气的排放情况，监测厂界噪声，确定噪声影响等。发现问题要深入排污单位内部追根溯源，视情况进行处理。

③ 废物倾倒巡查。一些排污单位无视环保法规，为了减少清运、处理费用，随意倾倒废渣、污泥、垃圾、废液等。这类随意倾倒行为一般地点比较固定，如废弃的坑、谷，偏僻的角落、路边、湖边、河边等，要通过巡视及时发现废物倾倒行为。有时还要根据发现的倾倒物的性状，通过分析、判断找出倾废嫌疑者，确认并给予处罚。

④ 重点保护区巡视。如饮用水水源保护区的保护工作直接关系到人民的身体健康，生态保护区（如防护林和植被）的破坏造成水土流失、泥石流甚至洪水和塌方、滑坡等灾难。所以，必须制订计划、定期巡视这些环境敏感区的环境状况和保护情况，及时发现和纠正不法行为和倾向。

3. 定点观察

许多城市在适当位置设立固定观察点，采用望远镜或烟尘自动监视仪进行巡视，发现问题进行拍照或录像，及时取证处理。定点观察所监视的对象一般是各类烟囱或排气筒。观察点一般设在辖区较高的建筑物上，这样可以将所有的烟囱置于监视范围内，其优点是可以节约大量人力、物力，并能进行连续监测，及时发现和纠正超标排烟行为。

4．不定期检查

一些违反环保法规的行为有时很难通过定期检查发现，如污染物偷排行为、环保设施擅自停运行为、稀释排污行为等。不定期检查也要按计划进行，一般要根据社会经济发展情况，污染源的特征和环境管理的好坏，以及不同季节比较敏感的污染排放行为，如冬季的烟尘排放、夏季生活污水和医院污水排放等来安排。不定期检查的类型有：

① 突击检查，对目标污染源进行不预先通知的检查。对某一地区或行业的普遍环境问题进行突击检查，重点检查目标源的各类生产与环保记录和污染物处理及排放情况。

② 临时性检查，在日常环境监察中经常会出现一些意想不到的突发性环境污染事件，如一些污染事故、信访案件，有时一些环境问题还会成为社会热点，引起普遍关注。临时性检查要做到迅速及时，技术手段完备。

5．特殊形式检查

① 污染源执法检查。目前，我国很多环境监察机构采取有针对性的污染源执法大检查，由主抓环保的政府有关领导和环保局领导带队，以监察部门为主，检查重点污染源的执法情况，这种方法应以对环境影响突出的重点污染源或污染行为为主，采取边检查、边纠正、边处理的方法，特别要注意宣传，扩大影响，以儆效尤。

② 联片监察。在污染源监察中，为了提高效率、便于管理，一般采取“分片监察、任务包干、责任到人、奖罚分明”的原则。为了互相学习互相促进，并协助解决一些监察难点问题，采取定期联片监察方法。即在辖区内将不同辖区的监察机构和监察人员混合编队，分别联合检查污染源的执法情况，即进行交叉监察。

③ 节假日、夜间检查。一些违法排污单位为了逃避检查，利用节假日、夜间等监察人员休息的时间集中排污，为此，必须加强节假日和夜间巡视检查。

④ 污染源监视。有些违法排污单位排污行为十分隐蔽和巧妙，不定期、时间短，很难查到。环境监察人员可采取长期蹲点办法，配以先进的技术手段，日夜监视，直到发现问题，并立即派人进行现场取证。

⑤ 组织部门进行联合执法检查。生态环境部门是环境执法的综合管理部门。

但有些处理权、监督权与其他执法部门相衔接，因此在环境污染源监察中可采取联合执法方法解决，具体做法是：由人大或政府牵头，以环境监察队伍为主，组织公安、法院、交通、工商、城管等执法单位，联合行动，解决那些权限不清的环境污染行为。目前较常见的有以下几类污染源的联合执法检查：社会生活噪声污染源，主要包括歌舞厅、录像厅、咖啡厅、饭店、小吃部、各种用声响设备招揽生意的经营点等，这类地点为了招揽生意常常在室外安装或直接使用高音喇叭，群众反映强烈，其管理涉及工商、城管、公安等部门；交通噪声和汽车尾气监察，交通工具的管理以交通部门为主，环境监察部门参与噪声和尾气监督管理。向各类保护区排污的单位，常常隶属不同行政区域部门，所以必须联合执法。有时需要省人大或全国人大牵头，如跨省界、跨流域的污染问题的监督检查等。

案例 4-1：某纺织印染厂偷排案

某市一纺织印染厂是一家香港上市公司，主要是生产销售针织布、染整布、染整纱，荣获中国漂染工业第一名和国内企业500强等荣誉称号，年产值35亿元。根据群众举报，对该公司进行了“不打招呼”的突击检查。

经查明该公司主要违法事实有：在河边利用偷排闸门偷排，利用雨水渠和市政沙井偷排，擅自扩大生产规模，排污申报中存在谎报、瞒报行为，排污许可证已过有效期未申领。

环保部门对该企业做出以下处理结果：罚款21万元，追缴排污费1 155万元，限产、停扩产设备。

案例 4-2：某污水处理厂偷排案

某污水处理厂采用CAST工艺，规模为4万t/d。由于配套管网大部分截污井未能连通，该厂大部分污水主要从服务辖区的下游河段抽水处理。环保部门突击检查发现，该厂在进水细格栅后设置的放空管，接入消毒池后经出水口排放，将部分未经生化处理的污水计作已处理量计量；通过暗管向附近河道排放污泥，数量约500 m^3；出水COD在线测仪表安装不规范，现场即时监测数据有造假迹象等问题。依据CAST工艺的参数，按吨污水耗电0.13 kW·h的标准计算，重新核定该污水处理厂从2010年9月27日至2011年7月31日真实处理污水总量为916.086 2万t，与其已申领污水处理费的处理量1 346.409 3万t，相差430.323 1万t，该相差量实即为该厂偷排未经生化处理的污水量。

上述违法行为，对其做如下处理决定：

① 依据《中华人民共和国水污染防治法》的规定，责令该污水处理厂立即停止违规排放污泥并处罚20万元。

② 依据《排污费征收标准管理办法》附件第三条第（一）款规定，对其排放500 t污泥征收排污费12 500元。

③ 限期重新安装（更换）符合环保部公布的技术指标和验收标准出水水质在线监测系统，并重新进行验收。

④ 追缴该厂全部偷排量的污水处理服务收入（共计金额361.471 4万元），暂停其污水处理服务费审核支付。

⑤ 报环保部撤销该公司生活污水处理设施运营资质。

二、主要污染源及污染防治设施监察

（一）水污染源监察

1. 水污染源及污染物

水污染是由于大量排放工业废水、生活污水及农业污水造成的。

工业废水是在工业生产过程中产生的废水，它含有生产过程中耗用的原料、生产过程的中间体、产品或副产物等，其水质因工业类别、原料、产品、工艺规模等不同而有较大差异。主要工业污染源的废水主要污染物质见表4-1。

生活污水是指生活过程因烹饪、卫生洗涤等产生的污水，以有机物为主，其数量，成分和污染物质浓度与居民的生活水平、生活习惯有关。

农业污水是农业生产过程因施放农药、化肥，通过地面径流产生含有悬浮物及氮、磷等营养物质的污水，排入海湾、河口湖泊等缓流水体，促进其富营养化过程，使水体恶化。

表 4-1 主要工业污染源的废水主要污染物质

主要工业行业或产品	主要污染物质（监测项目）
黑色金属矿（包括磁矿石、赤矿石、锰矿等）	pH、SS、硫化物、铜、铅、锌、镉、汞、六价铬等
钢铁（包括选矿、烧结、炼铁、炼钢、铁合金、轧钢、炼焦等）	pH、SS、硫化物、氟化物、COD、挥发酚、氰化物、石油类、铜、铅、锌、镉、汞、六价铬等
选矿	SS、硫化物、COD、BOD、挥发酚等
有色金属矿山与冶炼（包括选矿、烧结、冶炼、电解、精炼等）	pH、SS、硫化物、氟化物、COD、挥发酚、铜、铅、锌、镉、汞、六价铬等
火力发电、热电	pH、SS、硫化物、挥发酚、铅、锌、镉、石油类、热污染等
煤矿（包括洗煤）	pH、SS、硫化物、砷等
焦化	COD、BOD、挥发酚、SS、硫化物、氰化物、石油类、氨氮、苯类、多环芳烃等
石油开采	pH、SS、硫化物、COD、BOD、挥发酚、石油类等
石油炼制	pH、硫化物、石油类、挥发酚、COD、BOD、SS、氰化物、苯类、多环芳烃等
硫铁矿	pH、SS、硫化物、铜、铅、锌、镉、汞、六价铬等
磷矿、磷肥厂	pH、SS、氟化物、硫化物、砷、铅、总磷等
雄黄矿	pH、SS、硫化物、砷等
萤石矿	pH、SS、氟化物等
汞矿	pH、SS、硫化物、砷、汞等
硫酸厂	pH、SS、硫化物、氟化物等
氯碱	pH、COD、SS、汞等
铬盐工业	pH、总铬、六价铬等
氮肥厂	COD、BOD、挥发酚、硫化物、氰化物、砷等
磷肥厂	pH、氟化物、COD、SS、总磷、砷等
有机原料工业	pH、COD、BOD、SS、挥发酚、氰化物、苯类、硝基苯类、有机氯等
合成橡胶	pH、COD、BOD、石油类、铜、锌、六价铬、多环芳烃等
橡胶加工	COD、BOD、硫化物、石油类、六价铬、苯类、多环芳烃等
塑料工业	COD、BOD、硫化物、氰化物、铅、砷、汞、石油类、有机氯、苯类、环芳烃等

主要工业行业或产品	主要污染物质（监测项目）
化纤工业	pH、COD、BOD、SS、铜、锌、石油类等
农药厂	pH、COD、BOD、SS、硫化物、挥发酚、砷、有机氯、有机磷等
制药厂	pH、COD、BOD、SS、石油类、硝基苯类、硝基酚类、苯胺类等
染料	pH、COD、BOD、SS、硫化物、挥发酚、硝基酚类、苯胺类等
颜料	pH、COD、BOD、LS、硫化物、汞、六价铬、铅、砷、镉、锌、石油类等
油漆、涂料	COD、BOD、挥发酚、石油类、镉、氰化物、铅、六价铬、苯类、硝基苯类等
其他有机化工	pH、COD、BOD、挥发酚、石油类、氰化物、硝基苯类等
合成脂肪酸	pH、COD、BOD、油类、SS、锰等
合成洗涤剂	COD、BOD、油类、苯类、表面活性剂等
机械工业	COD、SS、挥发酚、石油类、铅、氰化物等
电镀工业	pH、氰化物、六价铬、COD、铜、锌、镍、锡、镉等
电子、仪器、仪器工业	pH、COD、苯类、氰化物、六价铬、汞、镉、铅等
水泥工业	pH、SS 等
玻璃、玻璃纤维工业	pH、SS、COD、挥发酚、氰化物、铅、砷等
油毡	COD、石油类、挥发酚等
石棉制品	pH、SS 等
陶瓷制品	pH、COD、铅、镉等
人造板、木材加工	pH、COD、BOD、SS、挥发酚等
食品制造	pH、COD、BOD、SS、挥发酚、氨氮等
纺织印染工业	pH、COD、BOD、SS、挥发酚、硫化物、苯胺类、色度等
造纸	pH、COD、BOD、SS、挥发酚、木质素、色度等
皮革及其加工业	六价铬、总铬、硫化物、色度、pH、COD、BOD、SS、油类等
绝缘材料	COD、BOD、挥发酚等
火药工业	硝基苯类、硫化物、铅、汞、锶、铜等
电池	pH、铅、锌、汞、镉等

2. 水污染源监察要点

水污染源监察要求所有排污口的污染物要达标排放，在关注污染物排放浓度达标的同时，还要关注废水排放量，要求污染物总量控制。目前，排污收费实施多因子总量收费和总量控制管理，污染物的总量还要靠监测数据和物料衡算关系才能核算出来，我们必须关注污染物排放浓度。水污染源监察要点如下。

① 污水排放量的核定。经排污口规范化整治，安装经国家认定的在线监测设备的，要检查其是否正常运行；有流量计和污染源监控设备的，要检查运行记录；有给水计量装置的或有上水消耗凭证的，按排放系数计算；没有计量数据，排污者又不能提供有效的用水量凭证的，可参照国家有关标准、手册给出的同类企业的用水排水系数进行估算。

② 排放污水的主要污染物和水质检查。首先要检查排放的主要污染物有哪些，是否向水体和地下排放有毒物质。《中华人民共和国水法》(以下简称《水法》)第二十七条至第四十条规定了严格禁止向水体排放的污染物的种类和行为。还要检查排水去向，是否严格按国家规定，达标排放并严格进行减排控制。一般应检查水质记录、监测数据，还要目测观察排放的废水的表观性状有无异常。是否有稀释、偷排行为，如有异常可进行简易的现场测定，发现问题应及时通知监测部门采样分析。

③ 用水工艺、用水设备和污水重复利用的检查。检查是否采用了禁止和淘汰的工艺和设备；检查是否浪费水资源；检查是否有“十五小”项目；从生产工艺、设备、循环用水等方面检查单位产品用水量是否超过国家规定的标准；检查处理后的污水的回用情况。污水的重复使用，既可节约水资源和减少废水排放，在达标排放情况下，又可减少污染物排放数量。

④ 排水分流分质检查工业污水与间接冷却水，雨水应严格实行排水的清污分流，以减少治理设施的负荷、减少污水排放。工业污水中高浓度废水和低浓度废水，有毒废水与一般污水应分质处理，才能收到较好的处理效果。

⑤ 污水处理设施的检查。应严格检查通过治理设施出口的水质状况，污水处理设施的运行状态、运行管理、运行记录、处理效果等。

⑥ 对每月（或每季）的水污染源排放的污染物进行核定。通过现场的检查，查清排污单位通过水污染源排放污染物的种类、浓度、数量，要保留现场检查证据、笔录、监测数据、人证物证、原材料的消耗、生产规模等相关数据，为每月（或每季）进行的排污申报核定提供现场依据。

案例 4-3：电镀废水监察

电镀废水主要来源于废电镀液、镀件清洗水等；废水中主要含重金属和氰化物等剧毒物质。电镀废水污染源监察除按一般监察要点进行外，还应结合本行业注意以下的问题：

① 电镀过程是否使用低毒无毒工艺，如无氰电镀、锌锡代镉电镀等工艺。

② 电镀废水处理应突出闭路循环、回收重金属，如离子交换、电渗析、反渗透等替代沉淀法、气浮分离法等。

案例 4-4：印染废水监察

印染废水来源于印染过程的各生产工序，主要有退浆废水、煮炼废水、漂白废水和丝光废水。印染废水监察应注意以下问题：

① 印染工业产生的废水量大，印染用水为 3 ~ 4 t/100 m；

② 废水以有机污染为主：COD_{Cr} 为 400 ~ 1 000 mg/L，BOD_5 为 100 ~ 400 mg/L；

③ 染料造成的色度影响景观，色度为 100 ~ 400 倍；

④ 一般印染废水 pH 为 6 ~ 10，SS 为 100 ~ 200 mg/L，染料和助剂中含有毒物质。

3．水污染防治设施环境监察

（1）污染防治设施管理情况检查

① 污染防治设施相关资料管理情况检查：主要包括环评资料、“三同时”资料、设备相关技术资料、违法处罚资料、环境监测资料等。

② 污染防治设施维护保养状况检查：污染防治设施应定期维护保养、监测调试，并建立日常运行情况记录台账、监测台账、设备台账、检修台账等。

③ 污染防治设施管理人员的素质检查：排污单位应按污染防治设施的技术岗位要求配备具有相应专业技能的管理人员，建立完善相关管理制度，增强管理人员对污染防治设施的管理能力，保证设施正常运行。

（2）污染防治设施的运行情况检查

① 检查监控仪表、装备情况：监控仪表装备是否完好，反映企业污染防治设施是否处于正常运行状态。

② 检查运转记录：通过运行记录，可反映企业污染防治设施有无擅自停运和闲置，以及设施的正常运行率。

③ 运转效果现场监测：通过现场采样监测，反映企业排放的污染物浓度和总量是否达到相关排放标准。

（3）污泥处理处置检查

污水处理中产生的污泥含有各种各样的有害物质，如不妥善处理会造成二次污染。因此，应检查企业污水处理产生的污泥的暂时贮存是否符合环保要求，污泥有否进行无害化、减量化处置或进行综合利用。

（4）污染防治设施的变动检查

根据《水污染防治法实施细则》规定，企业需停运、拆除、闲置、改造、更新污染物处理设施，应提前向所在生态环境部门申报，申明理由，征得其同意。生态环境行政主管部门自接到申请 1 个月内应予以批复；逾期不批复，视为同意；设施需暂停运行的，10 日内应予以批复；逾期不批复，视为同意。

（二）大气污染源监察

1. 大气污染源及污染物

大气污染源是指向大气排放对环境产生有害影响物质的生产过程、设备、装置和场所。按污染源存在的形式可划分为固定污染源、移动污染源；按污染源排放方式可划分为点源、线源、面源；按污染物排放时间可划分为连续源、间断源、瞬时源；按污染物产生的来源可划分为工业污染源、生活污染源、交通污染源等。

工业污染源：主要是能源的一次和二次利用和燃烧产生污染，能源污染是我国大气污染的主要原因。我国的能源利用结构中，污染严重的煤占总能源消耗的70%左右。煤的燃烧排放大量烟尘、二氧化硫、一氧化碳等污染物质。另外，工业中的金属、非金属和化工的物料加工、输送、冶炼、气体泄漏、液体蒸发等都会产生大气污染。火电冶金、化工、建材等行业的各类企业是主要大气污染源。

生活污染源：主要是民用炉灶和供水供热锅炉，数量多、分布广，烟气低空排放主要污染物为烟尘和二氧化硫，对局部地区的大气影响大。

交通污染源：主要是机动车船，交通工具主要靠燃油提供动力，其排气中主要含有氮氧化物、碳氢化合物、铅、碳氧化物等，另外运行过程还会产生大量扬尘。采矿、道路施工、建筑施工、仓储、运输、装卸及某些农业活动会产生大量扬尘，极易造成局部污染。扬尘污染源也引起人们的极大关注。

大气污染物的种类包括几十种，常见的污染物主要是SO_2、烟尘、粉尘、NO_x和CO等。

① 二氧化硫：工业废气中的SO_2主要来自燃料燃烧和有色金属冶炼。燃料燃烧产生的二氧化硫主要来自火力发电、冶金、机械、热力蒸汽加工、建材、轻工等行业。我国的有色金属矿大多为硫化矿，且为多种金属伴生，在冶炼氧化、还原过程中会产生大量SO_2。SO_2超量排放是产生酸雨的主要原因。

② 烟尘：工业烟尘主要是燃料燃烧过程产生的黑烟（主要是游离态的碳和挥发分）和飞灰（由燃料中的灰分产生）。主要是来自火力发电、冶金、机械、热力蒸汽加工、建材、轻工等行业使用燃料的锅炉和炉窑。

③ 粉尘：工业粉尘主要来自煤炭和矿石的开采、运输、贮存，建材工业生产，建筑施工、道路、铁路、桥梁的施工，露天的仓储、转运、装卸、运输等场所的生产过程。

④ 氮氧化物：废气中除NO、NO_2比较稳定外，其他的NO_x都不太稳定，故通常所指NO_x主要是指NO和NO_2的混合物，用NO_x表示。含NO_x的废气主要来自电厂的废气、机动车尾气、硝酸、氮肥、火药等工业，NO_x是形成光化学烟雾的主要物质。

⑤ 一氧化碳：无色无气味的有毒气体，主要是矿物性燃料燃烧、石油炼制、钢铁冶炼、固体废物焚烧、汽车尾气等过程产生。CO是排放量较大的大气污染物，城市中的汽车多，大气中的CO含量较高，CO被吸入人体内能与血红蛋白结合，降低人体的输氧能力，严重时可使人窒息，CO还可参与光化学烟雾的形成反应而造成环境危害。

⑥ 碳氢化合物：包括烷烃、烯烃和芳烃等复杂多样的物质。主要来源是石油化工、燃油机动车等。碳氢化合物中的多环芳烃化合物，具有明显的致癌作

用。碳氢化合物也是产生光化学烟雾的主要成分，在大气中活泼的氧化物自由基作用下，碳氢化合物发生一系列链式反应，生成烷、烯、酮、醛及重要的中间产物——自由基。自由基促使 NO 向 NO_2 转化。造成光化学烟雾的主要二次污染物有臭氧、醛、过氧乙酰硝酸酯、过氧苯酰硝酸酯等物质，最终形成的有刺激性的、浅蓝色的混合型烟雾就是光化学烟雾。光化学烟雾对人的眼、鼻、咽喉、肺等器官有明显的刺激作用。

工业废气污染源的主要污染物质见表 4-2。

表 4-2 主要工业废气污染源的主要污染物质

主要工业行业或产品	主要污染物质（监测项目）
炼焦工业	SO_2、CO、烟尘、粉尘、硫化氢、苯并[*a*]芘、氨、酚
矿山	粉尘、NO_x、CO、硫化氢等
选矿	SO_2、硫化氢、粉尘等
有机化工	酚、氰化氢、氯、苯、粉尘、酸雾、氟化氢等
石油化工	SO_2、NO_x、硫化氢、烃、苯类、酚、醛、粉尘等
氮肥工业	硫化氢、氰化氢、氨、粉尘等
磷肥工业	粉尘、氟化物、酸雾、SO_2 等
化学矿山	NO_x、粉尘、CO、硫化氢等
硫酸工业	SO_2、NO_x、粉尘、氟化物、酸雾等
氯碱工业	氯、氯化氢、汞等
化纤工业	硫化氢、粉尘、二氧化碳、氨等
燃料工业	氯、氯化氢、SO_2、氯苯、苯胺类、硫化氢、硝基苯类、光气、汞等
橡胶工业	硫化氢、苯类、粉尘、甲硫醇等
油脂化工	氯、氯化氢、SO_2、氟化氢、氯磺酸、NO_x、粉尘等
制药工业	氯、氯化氢、硫化氢、SO_2、醇、醛、苯、肼、氨等
农药工业	氯、硫化氢、苯、粉尘、汞、二硫化碳、氯化氢等
油漆、涂料工业	苯、酚、粉尘、醇、醛、酮类、铅等
造纸工业	粉尘、SO_2、甲醛、硫醇等
纺织印染工业	粉尘、硫化氢等
皮革及皮革加工业	铬酸雾、硫化氢、粉尘、甲醛等
电镀工业	铬酸雾、氰化氢、粉尘、NO_x 等
灯泡、仪表工业	粉尘、汞、铅等
水泥工业	粉尘、SO_2、NO_x 等
石棉制品	石棉尘等

主要工业行业或产品	主要污染物质（监测项目）
铸造工业	CO、SO_2、NO_x、氟化氢、粉尘、铅等
玻璃钢制品	苯类
油毡工业	沥青烟、粉尘等
蓄电池、印刷工业	铅尘等
油漆施工	溶剂、苯类等

2. 大气污染源监察要点

（1）燃料燃烧废气环境监察

燃烧废气污染源是大气监察主要对象，工业污染源主要包括工业锅炉和炉窑两大类；生活污染源主要包括生活锅炉、茶（浴）炉、商灶和居民灶四大类。几乎所有排污单位都有燃烧废气、烟尘和二氧化硫污染问题，主要由锅炉、炉窑或其他燃烧设备生产引起的。其监察要点为：

① 检查燃烧设备。凡运行中的锅炉必须是由正式厂家生产的，并经劳动部门和环保部门审验合格的，在节能和环保各项指标上应达到国家有关要求。在投产前，要经环保部门验收。它的位置、燃料、烟气黑度及防尘防噪设施必须符合国家和当地的环保要求。

② 运行检查。检查排气口的林格曼黑度，正确使用黑度计。黑度超标要分析原因，可能的原因有：锅炉设备的原因；燃烧状况不好；加煤不均匀，有空洞；通风不恰当，挡板位置不对；渣坑未封住，有冷空气进入；集尘设备不密封，有磨损，锁气器未锁，未及时清灰造成堵塞；操作工未按规范操作等。

③ 查炉灰与炉渣。若含碳量高则说明燃烧不完全，可在煤种、设备、操作等方面找原因。

④ 查除尘、集尘设备。干清除要防止漏气或堵塞；湿清除要检查灰水的色泽与流量，流量太小是不正常的，无灰水说明不运行。要检查灰水及灰渣的去向，防止二次污染。

⑤ 查二氧化硫的控制。化石燃料（煤、石油等）普遍含硫分，燃料燃烧后，硫分同时氧化，形成硫氧化物，一般以二氧化硫计。二氧化硫随烟气进入大气后在相对湿度大，气温低，且有颗粒物存在的情况下可以生成硫酸雾。国家对含硫3%以上的煤矿限制开采；对开采含硫 1.5%以上的煤要求进行脱硫洗选；城市用

煤的含硫量应低于1%；对大型燃烧设备要求有脱硫装置，改进燃烧设备和增设脱硫设备；不在城市附近新建燃煤电厂和其他大量排放二氧化硫的工业企业；“两控区”内的二氧化硫应逐步实行总量控制。

（2）工艺废气、粉尘、恶臭污染源监察

工艺废气排放的形式分为有组织排放和无组织排放两种。有组织排放容易计量和监控，无组织排放既不易计量，又不易监控。工艺废气监察的主要内容如下：

① 检查向大气排放含汞、铅、砷、氟、氯和硫化物等有毒物质的废气和粉尘。

② 检查焦炉煤气、高炉煤气和稳定排放的煤矿瓦斯、合成氨等可燃性气体的回收利用情况。有条件的应限期回收利用并达标排放。

③ 检查屠宰、制革、炼胶、饲料加工、食品发酵、石油生产等向大气排放恶臭的物质及治理情况。

④ 检查燃烧沥青、油毡、橡胶、塑料、皮革、垃圾等有害烟尘和恶臭物质是否按规定的设备在指定的地点集中进行。

⑤ 检查可散发有毒、有害气体和粉尘的运输、装卸、贮存的环保防护措施。

⑥ 检查煤场、料场、货场的防扬尘措施。

工艺废气的环境监察应特别注意检查向大气排放含汞、铅、砷、氟、氯和硫化物等有毒物质的废气和粉尘及其达标情况。这些物质危害大，处理困难，所以原则上小型企业不得从事有上述排污行为的生产和加工。核查运输、装卸、贮存散发有毒有害气体和粉尘物质的活动是否采取了密闭和其他防护措施，防护的效果是否符合有关标准。

（3）大气污染防治设施的环境监察

① 除尘系统的检查。检查收尘系统的有效性；检查除尘器规格、型号以及运行维护情况；检查除尘废水、废液处理情况，测试烟气黑度等。

② 气态污染物净化系统的检查。检查废气收集系统的效果，废气处理后是否达标排放；检查处理中产生的污水、固体废物达标处理情况；检查有毒气体处理达标排放情况等。

③ 其他检查。有工业窑炉、锅炉的企业，要注意对消烟除尘设施进行检查；废气可综合利用的企业，应对其综合利用设施进行检查。

（三）固体废物污染监察

1. 固体废物特点及分类

固体废物指在生产、生活和其他活动中产生的丧失原有利用价值或者虽未丧失利用价值但被抛弃或者放弃的固态、半固态和置于容器中气态的物品、物质，以及法律、行政法规规定纳入固体废物管理的物品、物质。

按生产来源，固体废物大体上可分为工业固体废物、生活垃圾、农业固体废物。

（1）工业垃圾

工业垃圾是指在工业生产活动中产生的固体废物。工业固体废物按其特性又可以分为一般工业固体废物和危险废物。

危险废物是指列入《国家危险废物名录（2016）》或者根据国家规定的危险废物鉴别标准和鉴别方法认定的具有腐蚀性、毒性、易燃性、易爆性、反应性和感染性、放射性等一种或一种以上危险特性，以及不排除具有以上危险特性的固体废物。危险废物对环境和人体健康可能造成更大的危害。

一般工业固体废物是指未列入《国家危险废物名录》或者根据国家规定的危险废物鉴别标准认定其不具有危险特性的工业固体废物。例如，粉煤灰、煤矸石和炉渣等。一般工业固体废物又分为Ⅰ类和Ⅱ类两类。

Ⅰ类：按照《固体废物　浸出毒性浸出方法　翻转法》（GB 5086.1—1997）、《固体废物　浸出毒性浸出方法　水平振荡法》（GB 5086.2—1997）规定方法进行浸出试验而获得的浸出液中，任何一种污染物的浓度均未超过《污水综合排放标准》（GB 8978—1996）中最高允许排放浓度，且 pH 为 6～9 的一般工业固体废物。

Ⅱ类：按照 GB 5086.1—1997、GB 5086.2—1997 规定的方法进行浸出试验而获得的浸出液中，有一种或一种以上的污染物浓度超过《污水综合排放标准》（GB 8978—1996）中的最高允许排放浓度，或者 pH 在 6～9 之外的一般工业固体废物。

表 4-3 《国家危险废物名录（2016）》46 类危险废物

危险废物代号	危险废物名称	危险废物代号	危险废物名称
HW01	医疗废物	HW24	含砷废物
HW02	医药废物	HW25	含硒废物
HW03	废药物、药品	HW26	含镉废物
HW04	农药废物	HW27	含锑废物
HW05	木材防腐剂废物	HW28	含碲废物
HW06	废有机溶剂与含有机溶剂废物	HW29	含汞废物
HW07	热处理含氰废物	HW30	含铊废物
HW08	废矿物油与含矿物油废物	HW31	含铅废物
HW09	油/水、烃/水混合物或乳化液	HW32	无机氟化物废物
HW10	多氯（溴）联苯类废物	HW33	无机氰化物废物
HW11	精（蒸）馏残渣	HW34	废酸
HW12	染料、涂料废物	HW35	废碱
HW13	有机树脂类废物	HW36	石棉废物
HW14	新化学药品废物	HW37	有机磷化合物废物
HW15	爆炸性废物	HW38	有机氰化物废物
HW16	感光材料废物	HW39	含酚废物
HW17	表面处理废物	HW40	含醚废物
HW18	焚烧处置残渣	HW45	含有机卤化物废物
HW19	含金属羰基化合物废物	HW46	含镍废物
HW20	含铍废物	HW47	含钡废物
HW21	含铬废物	HW48	有色金属冶炼废物
HW22	含铜废物	HW49	其他废物
HW23	含锌废物	HW50	废催化剂

（2）生活垃圾

生活垃圾是指在日常生活中或者为日常生活提供服务的活动中产生的固体废物以及法律、行政法规规定视为生活垃圾的固体废物。

生活垃圾特别是城市生活垃圾，给环境造成了巨大的压力。一般来说，城市每人每天的垃圾产生量为 1～2 kg，其多寡及成分与居民物质生活水平、习惯、废旧物资回收利用程度、市政建设情况等有关。如国内的垃圾主要为厨余垃圾。有的城市，炉灰占 70%，以厨余垃圾为主的有机物约 20%，其余为玻璃、塑料、废纸等。

（3）农业固体废物

农业固体废物主要为牲畜粪便及植物秸秆类。

2．固体废物监察要点

（1）一般工业固废现场监察

① 产生情况检查。通过分析产污单位使用的原料、产品、生产工艺，确定应产生的固体废物的种类、产生规律、产生方式。检查产生的固体废物哪些属于一般固体废物，哪些属于危险废物。利用物料衡算估算各类一般固体废物和危险废物的产生量。

② 处理情况检查。对一般固体废物，检查实施减量化、资源化和无害化的方法、技术及其设施的相关信息，并核算综合利用量、符合规定的贮存量、符合规定标准的处置量，判断有没有偷排、私自外弃等情况。

③ 贮存情况的检查：一是要安全贮存。对产生固体废物单位的贮存和处置场所进行定期检查，防止由此产生的二次污染和安全隐患。严格检查，防范尾矿库尾矿垮坝、贮存和处置场所的扬尘、污水渗漏、煤矸石的自燃等事故的发生。二是贮存场所要达标检查。对于那些单位可以加以利用，或暂时不利用、不能利用的，应当按照《一般工业固体废物贮存、处置场污染控制标准》（GB 18599—2001）规定建设贮存设施、场所并安全分类存放。三是严格分类贮存。固体废物产生单位应按照法律法规的相关规定，将生产过程中产生的固体废物按一般固体废物和危险废物的要求分类管理，建立从收集、贮存、处理、再循环利用、运输、回收到最终处置的企业管理制度，严格控制固体废物进入水体和大气。

固体废物现场检查表见表 4-4。

表 4-4　固体废物现场检查表

种类	特性	产生量	综合利用量	符合规定的贮存量	符合标准的处置量

（2）危险废物监察

① 识别危险废物产生情况。通过分析产污单位使用的原料、产品、生产工艺，根据《国家危险废物名录（2016）》，对生产过程中产生的固体废物进行危险废物

的识别，并利用物料衡算估算各类危险废物的产生量。

② 检查危险废物贮存情况。贮存危险废物必须采取符合《危险废物贮存污染控制标准》（GB 18597—2001）的防范措施，贮存期不得超过 1 年；确需延长期限的，必须报经原批准经营许可证的环境保护行政主管部门批准，法律、行政法规另有规定的除外。

对危险废物的容器和包装以及收集、贮存、运输处置危险废物的场所，必须设置危险废物识别标志。禁止混合收集、贮存、运输、处置性质不相容而未经安全性处置的危险废物。禁止将危险废物混入非危险废物中贮存。

③ 监督危险废物转移情况。根据《危险废物转移联单管理办法》的相关规定，对转移和接受危险废物的单位应遵循以下要求：

需进行危险废物交换和转移活动的单位，应向有关部门提出申请，经批准领取危险废物转移联单后，方可进行交换、转移活动。在交换过程中，交换双方必须严格遵守环境保护行政主管部门和其他依法行使监督职能的有关部门的规定，不得擅自更改。

交换和转移危险废物前，危险废物产生单位必须首先对危险废物的有害特性和形态做出鉴别，然后对危险废物进行安全包装，并按照《危险货物包装标志》（GB 190—2009）在包装明显位置上附以标签，并如实填写《危险废物转移联单》（联单保存 5 年）。

危险废物运输者和接收者，若发现危险废物的名称、数量等与《危险废物转移联单》填写内容不符，有权拒绝运输、拒绝接收，并向受理申请的环境保护主管部门报告，受理申请的环境保护主管部门应当及时组织调查，作出处理决定。

危险废物运输单位必须得到接收危险废物的单位所在地的环境保护主管部门的许可。在转移危险废物的过程中，必须使用专门的或有安全防护设施的运输工具，能有效地防止危险废物在转移途中散落、泄漏和扬散，并具备对可能发生的事故采取应急措施的能力。

在危险废物交换和转移过程中，发生事故或其他突发性事件，造成或者可能造成环境污染时，有关责任单位必须立即采取措施消除或者减轻对环境的污染危害，及时通报可能受到污染危害的单位和居民，并向事故发生地县级以上环境保护行政主管部门报告，接受调查和处理。

接收危险废物的单位，必须具有相应的符合环保和安全要求的利用、处置和贮存的场地、厂房和设备，落实事故防范和应急措施。

危险废物电子转移联单为五联单：第一联（附副联）白色，第二联（附副联）红色，第三联黄色，第四联蓝色，第五联绿色。危险废物转移流程见图 4-2（图中将联单的第一、第二、第三、第四、第五联等用英文字母 A、B、C、D、E 表示，则第一联的正联表示为 A_1，副联为 A_2，第二联的正联表示为 B_1、副联表示为 B_2）。

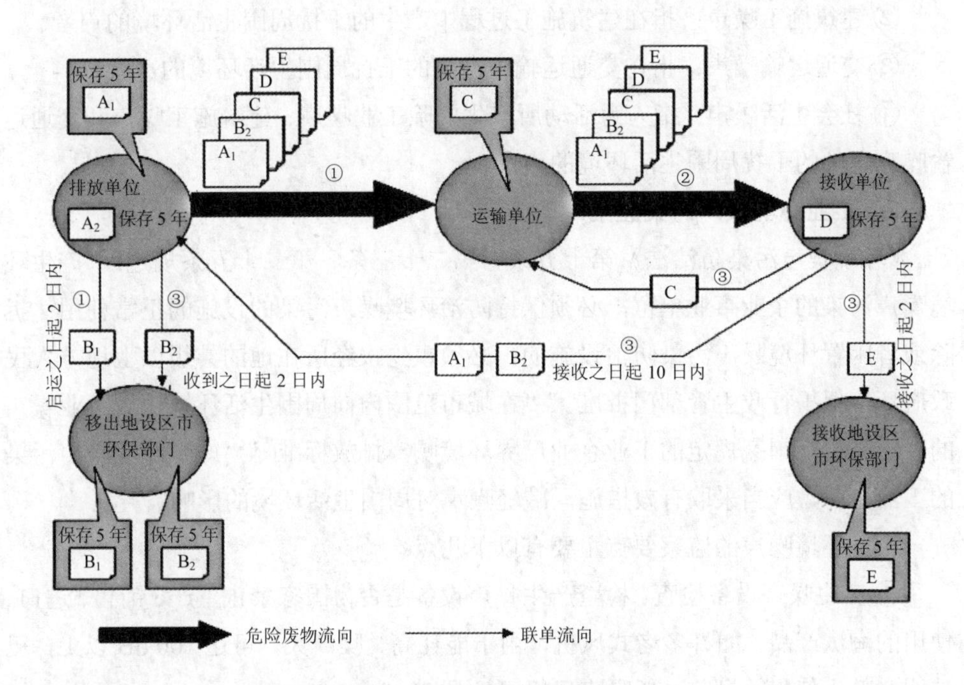

图 4-2　危险废物转移流程

（四）噪声污染监察

1. 噪声污染概念及分类

《中华人民共和国环境噪声污染防治法》（简称《环境噪声污染防治法》定义了环境噪声、环境噪声污染两个概念。

环境噪声是指在工业生产、建筑施工、交通运输和社会生活中所产生的干扰周围生活环境的声音。

环境噪声污染是指所产生的环境噪声超过国家规定的环境噪声排放标准，并干扰他人正常生活、工作和学习的现象。

《环境噪声污染防治法》将环境噪声分为工业噪声、建筑施工噪声、交通运输噪声和社会生活噪声。

① 工业噪声：指在工业生产活动中使用固定的设备时产生的干扰周围生活环境的声音。

② 建筑施工噪声：指在建筑施工过程中产生的干扰周围生活环境的声音。

③ 交通运输噪声：指在交通运输中产生的干扰周围生活环境的声音。

④ 社会生活噪声：指人为活动所产生的除工业噪声、建筑施工噪声和交通运输噪声之外的干扰周围生活环境的声音。

2．工业环境噪声污染监察

《环境噪声污染防治法》第十五条、第二十三条、第二十五条规定："产生环境噪声污染的企业事业单位，必须保持防治环境噪声污染的设施的正常使用：拆除或者闲置环境噪声污染防治设施的，必须事先报经所在地的县级以上地方人民政府环境保护行政主管部门批准。""在城市范围内向周围生活环境排放工业噪声的，应当符合国家规定的工业企业厂界环境噪声排放标准。""产生环境噪声污染的工业企业，应当采取有效措施，减轻噪声对周围生活环境的影响。"

工业环境噪声的监察要点主要有以下几点：

① 产生噪声设备检查。检查产生噪声设备是否为国家禁止生产、销售、进口、使用的淘汰产品。如许多老式风机，由于能耗高、噪声大，可达 100 dB 以上，已被明令禁止使用。目前，低噪声风机可达到 70 dB 左右。

检查产生噪声设备的布局是否合理。很多情况下，企业噪声对环境的影响是由于产生噪声设备过于接近厂界造成的。有些企业墙外不远就是居住区，许多机械设备的工作噪声会超过 80 dB，并有强烈振动，严重影响附近居民的生活。

② 检查产生噪声设备的管理。一些设备在运行一段时期以后，由于机械力的作用，会产生位移、偏心、固定不稳等现象，产生额外的噪声与振动。转动、传动部件的磨损，也会使噪声升高，超过原设计与申报的噪声值。在监察中应督促企业加强设备的维护，及时更换磨损部件，降低噪声。

③ 噪声控制设备使用检查。噪声控制设备常见有隔声罩、隔声门窗、消声器、

隔振器及阻尼等。设备加装防噪装置后会给设备的操作带来一些不便，如安装隔声罩后，在维护机器时就需要将隔声罩拆开，未及时将隔声罩装上。隔声门窗的安装会使室内空气流通性下降，室温也会有所升高，操作工人有时会违反规定将门窗打开，这就失去了安装隔声门窗的意义。在现场监察中要注意查看噪声控制设备是否完好，是否按要求使用。

④ 监督噪声源的工作时间。产生噪声设备的管理还包括生产时间的合理安排，为了减少对环境的影响，有关设备应避免在中午、夜间等时间运行。

3. 社会生活环境噪声污染监察

《环境噪声污染防治法》第四十三条规定："新建营业性文化娱乐场所的边界噪声必须符合国家规定的环境噪声排放标准；不符合国家规定的环境噪声排放标准的，文化行政主管部门不得核发文化经营许可证，工商行政管理部门不得核发营业执照。"

第四十四条规定，"禁止在商业经营活动中使用高音喇叭或者采用其他发出高噪声的方法招揽顾客。在商业经营活动中使用空调器、冷却塔等可能产生环境噪声污染的设备、设施的，其经营管理者应当采取措施，使其边界噪声不超过国家规定的环境噪声排放标准"。第四十七条规定，"在已竣工交付使用的住宅楼进行室内装修活动，应当限制作业时间，并采取其他有效措施，以减轻、避免对周围居民造成环境噪声污染"。

经营中的文化娱乐场所，其经营管理者必须采取有效措施，使其边界噪声不超过《社会生活环境噪声排放标准》（GB 22337—2008）。

各级环境监察部门应加强对城镇居民集中区的营业性饮食、服务单位和娱乐场所的明察暗访，实施来信来访和电话"12369"举报热线，建立广大群众的日常监督机构有针对性地确定重点检查单位。集中查处一批严重违法、噪声扰民的营业性饮食、服务单位和娱乐场所。并充分发挥新闻媒体单位的舆论监督宣传作用，配合对社会生活噪声的环境监察工作，对严重违法扰民的营业性饮食、服务单位和娱乐场所予以曝光和严厉查处。

① 加强生活噪声污染排放的排污申报登记的管理；

② 对在商业经营活动中使用音响和高音喇叭产生超标噪声扰民的行为，进行查处；

③ 对来信来访中涉及的社会生活噪声源超标扰民的问题认真查处。

4. 建筑施工噪声监察

《环境噪声污染防治法》第二十八条、第二十九条、第三十条第一款规定："在城市市区范围内向周围生活环境排放建筑施工噪声的，应当符合国家规定的建筑施工场界环境噪声排放标准。""在城市市区范围内，建筑施工过程中使用机械设备，可能产生环境噪声污染的，施工单位必须在工程开工十五日前向工程所在地县级以上地方人民政府环境保护行政主管部门申报该工程的项目名称、施工场所和期限、可能产生的环境噪声值以及所采取的环境噪声污染防治措施的情况。""在城市市区噪声敏感建筑物集中区域内，禁止夜间进行产生环境噪声污染的建筑施工作业，但抢修、抢险作业和因生产工艺上要求或者特殊需要必须连续作业的除外。"

建筑施工噪声排放标准参考《建筑施工场界环境噪声排放标准》（GB 12523—2011）。施工过程噪声的产生是不可避免的，要减少影响可采取以下措施：

① 设立隔声墙壁，将高噪设备与噪声敏感区隔开；

② 合理设置高噪声施工操作位置，使其远离敏感区；

③ 合理安排施工时间，在中午和夜间停止高噪声施工活动；

④ 采用低噪声设备或施工方法等。

这些都需要通过监察来督促施工企业实施。施工噪声引起的扰民纠纷最常见，许多工地就在居民楼附近，要严格限制施工的时间。如接到居民举报，应立即检查，限期整改。

三、排污口规范化整治环境监察

根据原国家环保总局《关于开展排放口规范化整治试点工作的通知》精神，进行排污口规范化整治，整治后的排污口应符合"一明显，二合理，三便于"的要求，即环保标志明显；排污口设置合理，排污去向合理；便于采集样品、便于监测计量、便于公众参与监督管理。

各地生态环境局、排污单位均需使用由生态环境部统一印制的《中华人民共和国规范化排污口标志登记证》。登记证与排放口标志牌应配套使用，编号一致。

编号形式如下：

污水 WS—×××××　　　噪声 ZS—×××××

废气 FQ—×××××　　　固体废物 GF—×××××

编号的前两个字母为排污类别代号，第 1 至第 5 位为排污单位顺序编号。环保局根据登记证的内容建立排放口管理档案。

（一）各类排污口规范化要求

1. 废水排放口规范化整治

• 每个企业的污水排放口原则上只允许设置废水和“清下水”排污口各 1 个。

• 废水排放口一般设在厂内或厂围墙（界）外不超过 10 m 处。

• 第一类污染物应在车间设置采样点，第二类污染物可在总排口设置采样点。

• 设置规范的便于测量流量、流速的测流段。一般要求排污口设置成矩形、圆管形或梯形，使其水深不低于 0.1 m，流速不小于 0.05 m/s。测流段直线长度应是其水面宽度的 6 倍以上，最小 1.5 倍以上。

• 安装计量装置。列入重点整治的废水排放应安装在线监测设备，一般废水排污口可暂时设置三角堰、矩形堰、测流槽等流量测定装置。

• 凡排放一类污染物或日排废水 100 t 以上的排污单位，必须在一类污染物排放口和排污单位总排放口修建满足测量流量要求的特殊渠（管）道（测流段）；凡排废水量 100 t 以上或日排 COD 30 kg 以上的排污单位，除要对排污口进行规范化设置、设立标志牌外，还应安装流量槽；凡排污水量 400 t 以上的排污口还要安装流量计。

• 环境敏感区域以及实施水污染物排放总量控制的排污单位须按规定在排污口安装污染物连续自动在线监测仪；能进行自动监测运行的水污染防治设施都应安装运行监控仪（黑匣子）。

2. 废气排放口规范化整治

• 一类环境空气质量功能区、自然保护区、风景名胜区和其他需要特别保护的地区，不得新建排气筒。

• 有组织排放废气的排气筒高度应符合国家大气污染物排放标准有关规定，

还应高出周围200 m半径范围内的最高建筑物5 m以上。新污染源的排气筒一般不应低于15 m。

• 无组织排放有毒有害气体的，应加装引风装置，进行收集处理，并标明采样点。

• 新建、扩建、改建和已投入使用的单台容量等于或大于14 MW（20 t/h）锅炉必须安装SO_2和烟尘在线监测仪。能进行自动监控运行的废气污染防治设施都应安装运行监控仪（黑匣子）。

3．固体废物贮存场所规范化整治

• 露天存贮冶炼废渣、化工废渣、炉渣、粉煤灰、废矿石、尾矿和其他工业固体废物的，应设置符合环境保护要求的专用贮存设施或贮存场。

• 一般固体废物应设置专用贮存、堆放场地。易造成二次扬尘的贮存、堆放场地，应采取水喷洒等防治措施。

• 非危险固体废物贮存、处置场所占用土地超过1 km^2的，应在其边界各进出口设置标志牌；面积大于100 m^2、小于1 km^2的，应在其边界主要路口设置标志牌；面积小于100 m^2，应在醒目处设置1个标志牌。

• 有毒有害固体废物等危险废物，必须设置专用堆放场地，有防扬散、防流失、防渗漏等防治措施（危险固体废物贮存、处置场所，无论面积大小，其边界都应采用墙体或铁网封闭措施，并在其边界各进出路口设置标志牌）。

4．固定噪声排放源规范化整治

• 在固定噪声源厂界噪声敏感区且对外界影响最大处设置该噪声源的监测点。

• 凡厂界噪声超出所在环境功能区环境噪声标准的，其噪声源均应采取整治措施，使其达到功能区标准要求。

（二）排放口立标总体要求

• 排污单位进行规范化整治和建设排放口（源）和固体废物贮存、处置场所，必须设置符合《环境保护图形标志——排放口（源）》（GB 15562.1—1995）和《环境保护图形标志——固体废物贮存（处置）场》（GB 15562.2—1995）规定的排放口标志牌；

• 标志牌应设置在污染物排放口（源）及固体废物贮存（处置）场所或采样、

监测点附近的醒目处，在地面设置的标志牌上缘距离地面 2 m；

· 一般性污染物排放口（源）或固体废物贮存、处置场所，设置提示性环境保护图形标志牌；

· 排放剧毒、致癌物及对人体有严重危害物质的排放口（源）或危险废物贮存、处置场所，设置警告性环境保护图形标志牌；

· 标志牌辅助标志上需要填写的栏目，应由市环保局统一组织填写，要求字迹工整，字的颜色与标志牌颜色总体协调。

各类规范排污口的环境保护图形标志见表 4-5。

表 4-5　排污口环境保护图形标志

序号	提示性符号（背景绿色，图形白色）	警告性符号（背景黄色，图形黑色）	名称	功能
1			污水排放口	表示污水向水体排放
2			废气排放口	表示废气向大气排放
3			噪声排放源	表示噪声向外环境排放
4			一般固体废物	表示一般固体废物贮存、处置场
5			危险废物	表示危险废物贮存、处置场

【阅读材料】企业排污权交易

排污权交易是指在一定区域内，在污染物排放总量不超过允许排放量的前提下，政府将排污权有偿出让给排污者，并允许排污权在二级市场上进行交易。

排污权交易最早是由美国经济学家戴尔斯于20世纪70年代提出。美国环保局尝试将排污权交易用于大气污染源和水污染源管理。而后德国、英国、澳大利亚等国家相继实行了排污权交易的实践。排污权交易是当前受到各国关注的环境经济政策之一。

我国在20世纪90年代引入排污权交易制度，上海率先尝试大气污染控制排污权交易试点（控制酸雨）。1999年中国与美国环保局签署合作协议，以江苏南通和辽宁本溪为最早试点；2001年江苏南通实现中国首例SO_2排污权交易（南通天生港发电有限公司与南京醋酸纤维有限公司），双方2001—2007年交易SO_2排污权1 800 t；2002年，中美在山东、山西、江苏、河南、上海、天津、柳州及中国华能集团公司，开展“推动中国SO_2排放总量控制及排污交易政策实施的研究项目”（简称“4+3+1”项目）。2003年，江苏太仓环保发电有限公司与南京下关发电厂达成SO_2排污权异地交易（江苏太仓于2003年至2005年每年从“南京下关”购进1 700 t的排放指标，支付交易费170万元），开创中国跨区域交易的先例。2007年，国内首个排污权交易平台——浙江省嘉兴市排污权储备交易中心揭牌成立。2013年，中国气候变化战略研究和国际合作中心（NCSC）提出碳交易试点：第一组（北京、上海、广东），第二组（天津、深圳），第三组（湖北、重庆）。

2013年12月18日，广东排污权交易试点工作在广州正式启动，首批排放大户、多家燃煤发电厂首批花费2 000万元，与政府签订协议购买排污权。江门市政府与广东国华粤电台山发电有限公司、新会双水有限公司，湛江市政府与广东京信电力集团有限公司、大唐国际发电股份有限公司广东分公司签署了排污权交易协议，出让标的物为二氧化硫，交易价格按省物价局核定的有偿使用基准价1 600元/（t·年）执行，总的交易量（按2年计）13 023.4 t，总交易额为2 083.7

万元，有效期截至 2015 年 12 月 31 日。首批排污权交易，标志着广东“排污权有偿使用与交易”迈出了重要一步，探索通过排污权有偿使用和交易来发挥市场在环境资源配置中的重要作用，有效提高资源配置效率和污染减排绩效。排污权推行后，广东企业排污要交排污费同时，还要花钱购买排污权。开展排污权交易后不会免除企业缴纳排污费，原来的排污费是按照法律规定的“谁污染、谁治理”原则，需要拿出钱来治理。现在的排污权交易是一个权，环境的容量是大家所有，企业为了获得排放权必须付出一定代价，国家代表人民行使资产所有权，排污权先有偿取得才能开始排放，造成的污染又需要治理，所以又要征收排污费。但政府和部门收取的费用，都统一用于这一地区的污染治理和调控，不是两次收费。

广东省环境保护厅表示：二氧化硫将在全省范围年排放量 100 t（含）以上的新改扩建项目和现有排污单位开展试点，而化学需氧量（COD）则在限定流域范围开展试点，鼓励有条件的地区积极先行先试。目前，广州、深圳、佛山等市正在努力探索，积极创新。企业买入和卖出都是有条件的，地区要有环境容量，要完成减排目标，要经过审批等。环境很差的地区不允许企业再购买排污权继续排污。由于珠三角地区是三大重点大气污染防治区域之一，环境容量处于非常高负荷状态。为了保持珠三角区域大气治理持续有效，促进这项工作，规定目前珠三角地区对大气污染指标，二氧化硫和氮氧化物，只能卖出不能买入，排污权不加重企业负担。

排污权出让的一般程序为：

① 企业通过减排措施，有剩余的排污指标（如 COD、SO_2）交易量；

② 企业提出主要污染物出让申请；

③ 排污权储备交易中心受理；

④ 环保局对出让方提出的申请进行审核确认，审核通过后出具审核联系单；

⑤ 企业到排污权交易中心签订排污权交易受让合同，交易款项；

⑥ 重新核发排污许可证。

排污权申购的一般程序为：

① 企业向环保局提交环评报告书，提出申购申请；

② 环保局核实主要污染物可交易量，并出具排污权交易联系单；

③ 企业到排污权交易中心签订排污权转让合同，支付交易款项；

④ 环保局出具新的环评批复；

⑤ 企业试生产后进行“三同时”验收；

⑥ 中心核发排污许可证。

排污权交易制度在省乃至我国的探索实施，标志着政府在环境管理领域由行政之手转变为市场之手，逐步建立“政府主导、市场推进、企业参与”的环境管理新机制。区域内排污总量一旦确定，排污权就成了稀缺资源，有限的排污权必然带来价格不菲的交易，企业在利益驱动下，会提高治污技术，减少污染物排放，有利于实现污染物总量控制。目前，排污权交易存在的问题主要有：

① 如何科学核定排污总量，公平分配企业排污权；

② 排污权交易缺乏完善的法律保障；

③ 排污权交易中政府如何指导市场运作，环保部门、企业和交易中心分别如何扮演好自己的角色？

复习思考题

1．试述废水、废气、噪声、固体废物等各类污染源监察的要点。

2．参观当地一家工业企业，识别该企业的废水、废气、噪声、固体废物等污染源，逐一对应分析该企业各类污染源开展监察管理应注意的问题，并完成调查报告。

模块五　企业环境风险与突发事件应急处理

引言：本模块主要介绍企业环境风险的基本概念、环境风险的管理制度及企业环境责任；突发性事故的基本概念、响应机制及污染事故调查处理原则及程序；环境污染纠纷调查基本概念和特点、法律规定和基本原则及解决途径。使读者认识环境风险及突发事件应急处理的基本内容。

一、企业环境风险

（一）企业环境风险类型

1. 环境风险类型基本概念

风险是指在特定客观情况下，在特定时间内，某一时间的预期结果与实际结果间的变动程度。其变动程度越大，风险越大；反之，则越小。构成风险有三个要素，即风险因素、风险事件和损失。风险源，是指可能导致伤害或疾病、财产损失、环境破坏或这些情况组合的根源或状态。

企业的风险一般分为经营风险、财务风险和环境风险，其中环境风险在企业风险体系中具有基础性。

企业环境风险是指在某个企业，由自然和人为因素单独或共同作用导致的事故对人类健康、社会发展和生态平衡等造成的影响和损失，即指企业突发环境事件对环境（或健康）的危险程度。

2. 环境风险分类

按照对风险源的理解，环境风险分为狭义和广义两种。狭义的环境风险只考虑自然灾害和污染事故对人类、社会和生态系统造成的不利影响，环境风险的风险源主要是自然和人类行为，其风险对象包括人类、社会和生态系统；广义的环境风险则拓展了自然和人类行为的范畴，包含了气候变化、核战争、传染性疾病、转基因植物等内容，将环境风险的范围扩展到更为广阔的领域。

按照对产生原因的理解，环境风险分为化学环境风险、物理环境风险和自然灾害风险。化学环境风险主要是指对人类、动物和植物能发生毒害或其他不利作用的化学物品的排放、泄漏和爆炸所引发的风险。物理风险是指机械设备或机械结构的故障所引发的风险。自然灾害引发的风险有可能同时导致化学和物理风险，如地震、火山爆发、洪水等自然灾害发生时，可能会导致化学品的泄漏和爆炸，以及导致机械设备的破坏而产生综合环境风险。

3．环境风险的影响因素

（1）企业环境风险的外部因素

① 自然环境灾害风险。自然性环境灾害的发生是不以人的意志为转移的，甚至部分不可预测，如沙尘暴、地震、海啸、旱灾、涝灾、火山爆发等。这些灾害往往给企业带来意想不到的打击，使企业面临灭顶之灾。

② 亚自然环境灾害的风险。亚自然环境灾害是一种人为的灾害，指人类因短视、未知、疏忽、决策失误等原因对企业造成的破坏性结果。人类对自然的认知是存在着一定的过程的，对于一些风险因子在某个阶段是无法识别的，这是导致亚自然灾害风险的主要原因。

③ 政策与市场波动所引起的环境风险。企业生产大部分是需要政府的政策作出指引，并受市场波动所影响。当政策与市场环境对企业产生负面影响时，企业在风险防范方面的成本会受到限制。另外，当政策与市场环境对企业产生正面影响，影响的产能上升，风险防范措施如果不及时调整，则会存在更大的风险。

④ 科技进步的影响。人类社会的科技进步会给企业带来新的发展机遇，但是新的科技不一定都是对环境友好的科技。一些新技术的推广，如果没有从环境风险的角度去考虑，则仍会带来新的环境问题或者环境风险。另外，随着新技术的应用，一些落后淘汰的工艺设备、原辅材料也会变成另外一个风险源。

案例 5-1　环境污染风险事故

1．松花江水污染事故

2005 年 11 月 13 日，中石油吉林双苯厂苯胺车间发生爆炸，爆炸产生的 100 t 苯类污染物排入了松花江。11 月 23—27 日哈尔滨市区停水，约 400 万人的生活饮用水受到影响。

2．云南曲靖市陆良化工铬渣污染事故

2011 年 8 月，云南曲靖市陆良化工企业 5 000 t 剧毒铬渣排入水库，水库六价铬超标 2 000 倍。与此同时将 30 万 m^3 受污染水铺设管道排入珠江源头南盘江。南盘江为珠江正源，发源于曲靖，汇入黄泥河后出省境为贵州、广西的界河，经珠江三角洲，于广州附近的磨刀门注入南海。陆良化工铬污染危及沿岸数千万人饮水安全，珠江源头受到重度污染！

3．广西龙江镉污染事件

2012 年 1 月 15 日，广西鸿泉立德粉材料厂和广西金河矿业股份有限公司冶化厂利用溶洞违法排污造成龙江河污染，重金属超标 80 倍，使沿岸及下游居民饮水安全遭到严重威胁，水产养殖业遭受巨大损失。

4．福建泉州工业用裂解碳九泄漏事故

2018 年 11 月 3 日，“天桐 1”油轮靠泊泉州市泉港区东港石化公司码头，从码头输油管道进行工业用裂解碳九的装船作业，其间输油管出现跳管现象导致工业用裂解碳九化学品泄漏。据报道，此次泄漏量为 69.1 t，吸回油污约 40 t，其余大部分自然挥发，小部分污油向邻近的肖厝海域移动。事件被认定为一起安全生产责任事故引发的环境污染事件。多名干部被问责。

（2）企业环境风险的内部因素

企业环境风险除受外部因素影响外，企业内部因素也会对企业环境风险产生一定影响。内部环境风险是指由于企业自身的经济、管理、技术等方面条件的不足而产生的。

1）企业内部经济因素对环境风险的影响

企业经济发展与环境保护既矛盾又协调统一，是相互发展的整体。企业的发展一般是通过扩大产能或者改进工艺节省成本来实现经济的增长，环境风险的可能性也随之增大。

当企业发展遇到“瓶颈”时，企业在环保运行费用上可能会进行缩减甚至无法运行，环境风险的可能性也会随之增大。

一般来说，从实际管理的要求来看，企业需要加强与环保相关的财务管理。主要包括环境资产、环境负债、环保费用、罚款支出控制以及相关会计数据分析的控制。通过财务管理，确保环保支出的常态化，降低环境风险的可能性。

2）企业内部管理制度对环境风险的影响

环境管理控制涉及企业环保文化、环境政策和法规的执行、环境质量控制、污染预防与治理控制、污染物利用控制、清洁生产控制等。企业环境管理制度完善，有利于降低企业的环境风险，反之，企业环境风险增大。

3）企业技术水平对环境风险的影响

企业技术水平包括生产工艺水平及污染防治措施等方面。

生产工艺的改变会给企业带来不同的环境风险。生产工艺的发展是指为了生产能力的提高、生产质量的提高及降低生产成本而对生产工艺进行改进。我国的《产业结构调整指导目录》及《外商投资产业指导目录》等相关指导文件，对部分行业的生产工艺、生产设备及行业等进行分类。现阶段的生产工艺改进一般是要求更加环保，比如说使用低毒或无毒的材料、产生的污染物更少等，所以一般来说生产工艺的改进可以理解为环境风险的降低。

随着环保技术的发展，大部分的行业及污染因子都有较为成熟的污染防治处理技术规范，比如说《制浆造纸废水治理工程技术规范》《危险废物收集 贮存 运输技术规范》。另外，针对突发事件也有相关的规范，如《突发环境事件应急监测技术规范》。企业应该根据相关法律文件及相关技术规范要求，完善环境污染治理及风险防范，另一方面企业也要根据自身特点加强自身在环境保护中的薄弱环节，降低环境风险概率。企业可通过调查的形式加强内部环境风险控制，具体参照表 5-1。

表 5-1　企业内部环境控制调查

调查内容：环保内部控制				
调查时间：　　年　月　日				
调查问题		实施情况	是否需要继续跟进	备注
1	企业是否完成环境影响评价手续？			
2	企业是否完成竣工环保验收手续？			
3	企业是否有进行常规环境监测？监测结果是否达标？			
4	有没有接到环保投诉？			
5	是否按时交纳环境保护税？			
6	企业是否进行环境应急预案编制？			
7	清洁生产执行情况？			
8	环境风险是否投保？是否过期？投保金额多少？			
9	企业环保机构是否合理？发挥怎样作用？			
10	环保规章是否设置？是否需要调整？			
11	环保设施运行情况？			
12	是否建立环境管理制度？落实情况如何？			
13	是否受到环保处罚？			
14	是否受到环保奖励？			
15	固体废物回收利用情况？			
16	ISO 14000 的认证及执行情况？			
17	其他			
			记录人：	

（二）企业环境风险管理

环境风险管理是根据环境风险评价的结果，按照相应的法律法规，选用有效的控制技术，进行削减风险的费用和效益分析；确定可接受风险度和可接受的损害水平；进行政策分析并考虑社会和政治因素；决定适当的管理措施并付诸实施，以降低或消除事故风险度，保护人群健康与生态系统的安全。

近年来，政府、企业和人民群众对环境风险的关注度不断升温。2018 年 6 月 16 日，中共中央、国务院发布的《中共中央　国务院关于全面加强生态环境保护　坚决打好污染防治攻坚战的意见》提出，到 2020 年，生态环境质量总体改善，主要污染物排放总量大幅减少，环境风险得到有效管控，生态环境保护水平同全面建成小康社会目标相适应。我国存在区域性、布局性、结构性环境风险问题。对重点区域、重点流域、重点行业和产业布局开展规划环评，调整优化不符合生态环境功能定位的产业布局、规模和结构。严格控制重点流域、重点区域环境风险项目。对国家级新区、工业园区、高新区等进行集中整治，限期进行达标改造。加快城市建成区、重点流域的重污染企业和危险化学品企业搬迁改造。

企业应加强环境管理，降低其环境风险的影响。完善以预防为主的环境风险管理制度，实行环境应急分级、动态和全过程管理，依法科学妥善处置突发环境事件。建设更加高效的环境风险管理和应急救援体系，提高环境应急监测处置能力。制定切实可行的环境应急预案，配备必要的应急救援物资和装备，加强环境应急管理、技术支撑和处置救援队伍建设，定期组织培训和演练。开展重点流域、区域环境与健康调查研究。全力做好污染事件应急处置工作，及时、准确发布信息，减少人民群众生命财产损失和生态环境损害。健全责任追究制度，严格落实企业环境安全主体责任，强化地方政府环境安全监管责任。

下面介绍环境风险管理中的环境风险评价、环境应急预案等内容。

1．环境风险评价

每个企业都面临来自内部和外部的不同风险，这些风险都必须加以评估才可以明晰企业所存在的环境问题。环境保护部在2012年发布《关于进一步加强环境影响评价管理防范环境风险的通知》（环发〔2012〕77 号）、《关于切实加强风险防范严格环境影响评价管理的通知》（环发〔2012〕98 号）提出进一步加强环境影响评价管理，明确企业环境风险防范主体责任，强化各级环保部门的环境监管，切实有效防范环境风险。由生态环保部发布的《建设项目环境风险评价技术导则》于2019年3月1日开始实施。

（1）环境风险评价的原则

环境风险评价应以突发性事故导致的危险物质环境急性损害防控为目标，对建设项目的环境风险进行分析、预测和评估，提出环境风险预防、控制、减缓措施，明确环境风险监控及应急建议要求，为建设项目环境风险防控提供科学依据。

（2）环境风险评价内容

环境风险评价一般用于涉及有毒有害和易燃易爆危险物质生产、使用、储存（包括使用管线输运）的建设项目可能发生的突发性事故（不包括人为破坏及自然灾害引发的事故）的环境风险评价。

环境风险评价基本内容包括风险调查、环境风险潜势初判、风险识别、风险事故情形分析、风险预测与评价、环境风险管理等。主要流程为基于风险调查，分析建设项目物质及工艺系统危险性和环境敏感性，进行风险潜势的判断，确定风险评价等级。结合风险识别及风险事故情形分析，明确危险物质在生产系统中的主要分布，筛选具有代表性的风险事故情形，合理设定事故源项。对各环境要素（大气、地表水、地下水）按确定的评价工作等级分别开展预测评价，分析说明环境风险危害范围与程度。根据预测评价结果提出环境风险管理对策，明确环境风险防范措施及突发环境事件应急预案编制要求。综合环境风险评价过程，给出评价结论与建议。

2．环境应急预案

近年来，我国企业突发环境事件频频发生，严重危及环境安全和社会稳定。根据《国家突发环境事件应急预案》（国办函〔2014〕119号）、《企业事业单位突发环境事件应急预案备案管理办法（试行）》（环发〔2015〕4号），向环境排放污染物的企业、事业单位，生产、贮存、经营、使用、运输危险物品的企业、事业单位，产生、收集、贮存、运输、利用、处置危险废物的企业、事业单位，以及其他可能发生突发环境事件的企业、事业单位，应当编制环境应急预案。

（1）环境应急预案的概念

环境应急预案是为了在应对各类事故、自然灾害时，采取紧急措施，避免或最大限度地减少污染物或其他有毒有害物质进入厂界外大气、水体、土壤等环境介质，而预先制定的工作方案。建立健全突发环境事件应急机制，提高应对突发环境事件的能力，最大限度地预防和减少突发环境事件及其造成的危害，维护环境安全和社会稳定，保障公众身体健康和财产安全，保护环境，促进社会全面、协调、可持续发展。

（2）环境应急预案的编制类型

企业事业单位的环境应急预案包括综合环境应急预案、专项环境应急预案和现场处置预案：

① 综合环境应急预案。对环境风险种类较多、可能发生多种类型突发事件的，企业事业单位应当编制综合环境应急预案。综合环境应急预案应当包括本单位的

应急组织机构及其职责、预案体系及响应程序、事件预防及应急保障、应急培训及预案演练等内容。

② 专项环境应急预案。对某一种类的环境风险，企业事业单位应当根据存在的重大危险源和可能发生的突发事件类型，编制相应的专项环境应急预案。专项环境应急预案应当包括危险性分析、可能发生的事件特征、主要污染物种类、应急组织机构与职责、预防措施、应急处置程序和应急保障等内容。

③ 现场处置预案。对危险性较大的重点岗位，企业事业单位应当编制重点工作岗位的现场处置预案。现场处置预案应当包括危险性分析、可能发生的事件特征、应急处置程序、应急处置要点和注意事项等内容。

企业事业单位编制的综合环境应急预案、专项环境应急预案和现场处置预案之间应当相互协调，并与所涉及的其他应急预案相互衔接。

经评估确定为较大以上环境风险的企业，应按照环境应急综合预案、专项预案和现场处置方案的模式建立环境应急预案体系。

经评估确定为一般环境风险的企业可以只编制现场处置方案。针对特殊情况，如涉及重金属企业，可采用编制一个简易综合预案和若干现场处置方案。综合预案的内容可简化为：应急组织职责分配、预警措施、信息报告、响应程序、应急物资、预案管理（演练、修订）等内容，其他可省略。

现场处置方案则要具体、细致、可操作。

（3）突发环境事件应急预案备案行业名录

2018 年，广东省环保厅发布《突发环境事件应急预案备案行业名录（指导性意见）》（粤环〔2018〕44 号），对不同的行业是否需要进行应急预案编制及备案进行规范。名录要求企事业单位编制突发环境事件应急预案并备案，满三年则需要修订修编突发环境事件应急预案。

（4）应急预案编制程序

应急预案的一般编制程序如图 5-1 所示。

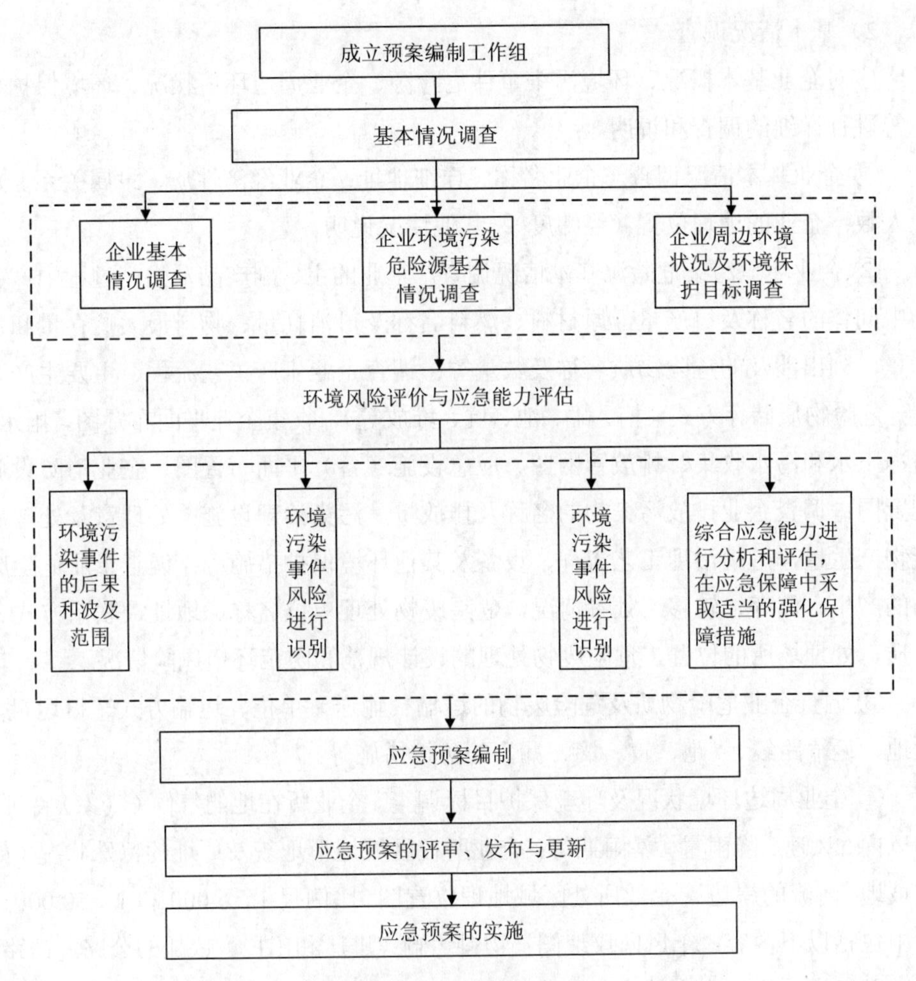

图 5-1 应急预案编制流程

1）成立预案编制工作组

成立以企业主要负责人为领导的应急预案编制工作组，针对可能发生的事件类别和应急职责，结合企业部门职能分工抽调预案编制人员。预案编制人员应来自企业相关职能部门和专业部门，包括应急指挥、环境风险评估、生产过程控制、安全、组织管理、监测、消防、工程抢险、医疗急救、防化等各方面的专业人员和企业内部、外部专家。预案编制工作组应进行职责分工，制订预案编制任务和工作计划。

2）基本情况调查

应对企业基本概况、环境污染事件危险源、企业周边环境状况、环境保护目标等进行详细的调查和说明。

① 企业基本情况调查。企业名称、详细地址；企业经济性质、隶属关系、从业人数；企业的地理位置（经纬度）；其他情况说明。

② 企业环境污染危险源基本情况调查。企业的主、副产品及生产过程中产生的中间体的名称及日产量，原材料、燃料名称及日消耗量、物料最大贮存量和加工量，列出涉及的危险物质名称及数量等；调查企业生产工艺流程、主要生产装置，危险物质储存方式（槽、罐、池、坑、堆放等），收集企业平面布置图，雨水、清净下水和污水收集、排放管网图、应急设施（备）平面布置图、企业消防设施配置图；调查企业排放污染物的名称及排放量，污染治理设施；处理量及处理后废物产生量，污染治理工艺流程、设备及其他环境保护措施等；调查企业危险废物的产生、储存、转移、处置情况，危险废物处理单位名称、地址、联系方式、资质、处理场所的位置，危险废物处理的设计规范和防范环境风险情况。

③ 调查企业危险物质及危险废物的运输（输送）单位、运输方式、日运量、运地、运输路线、“跑、冒、滴、漏”的防护措施等。

④ 企业周边环境状况及环境保护目标调查。企业所在地的气候（气象）特征，如风向、风速、降雨量、暴雨期等；企业所在区域地形地貌及厂址的特殊状况（如上坡地、河流的岸边）；企业所处区域地理位置图（比例尺 1∶5 000 和 1∶50 000）。图中包括以下内容：年风向玫瑰图；物料运输（进厂和出厂）依托的公路、铁路、水域及管道；受纳本企业废水（包括污水处理厂出水、直排清净下水和雨水）的水域，废水排放路径及排污口位置，企业厂区外固体废物处置场；周边区域道路交通、疏散路线、周边区域的企业分布、社区重要基础设施等；区域内环境敏感保护目标（调查范围按 HJ/T 169 确定）。

⑤ 企业废水（包括污水处理厂出水、直排清净下水和雨水）排放去向（水域名称），废水输送方式，排污口位置，水域功能类别。企业排污口下游的环境敏感保护目标（地表水及地下水取水口、饮用水水源保护区、珍稀动植物栖息地或特殊生态系统、红树林、珊瑚礁、鱼虾产卵场、重要湿地和天然渔场等）名称，保护级别，与企业排污口的距离。

⑥ 列表说明区域内各环境保护目标名称及与企业边界的方位和距离，人口集中居住区人口数量、学校的相对位置和学生人数、医院的相对位置及联系方式。

⑦ 企业相关地表水、地下水、海域、大气环境功能区划，受纳水体（包括支流和干流）情况及执行的环境标准，区域地表水、地下水（或海水）及区域环境空气执行的环境标准。

⑧ 企业下游供水设施服务区设计规模及日供水量、联系方式；取水口名称、地点及距离、地理位置（经纬度）等，服务范围内灌溉面积、基本农田保护区情况。

⑨ 企业下游地下水打井取水情况。

⑩ 周边企业的基本情况。

⑪ 企业周边区域道路情况及交通干线流量等。

⑫ 企业危险物质和危险废物运输（输送）路线中的环境保护目标说明。

⑬ 同一流域或区域产生同类污染物的其他企业名录及排污状况。

3）环境风险评价与应急能力评估

① 明确企业存在的危险源、环境风险评价结果，以及可能发生环境污染事件的后果和波及范围。

② 对企业存在的环境污染事件风险进行识别。

③ 对可能引发环境污染事件的危险目标，应分析其关键装置、要害部位以及重大环境危险源等的风险程度，作为事件分级的主要依据。

④ 针对环境污染事件的风险程度，对企业的应急资源、处置能力以及员工的综合应急能力进行分析和评估，找出不足，并在应急保障中采取适当的强化保障措施。

4）应急预案编制

在以上调查分析结果的基础上，针对可能发生的环境污染事件类型和影响范围，编制应急预案。对应急机构职责、人员、技术、装备、设施（备）、物资、救援行动及其指挥与协调等方面预先做出具体安排。应急预案应充分利用社会应急资源，与地方政府预案、上级主管单位以及相关部门的预案相衔接。根据《突发环境事件应急预案管理暂行办法》，应急预案应包含以下内容：

① 总则，包括编制目的、编制依据、适用范围和工作原则等。

② 本单位的概况、周边环境状况、环境敏感点等。

③ 本单位的环境危险源情况分析，主要包括环境危险源的基本情况以及可能产生的危害后果及严重程度。

④ 应急物资储备情况，针对单位危险源数量和性质应储备的应急物资品名和基本储量等。

⑤ 应急组织指挥体系与职责，包括领导机构、工作机构、地方机构或者现场指挥机构、环境应急专家组等。

⑥ 预防与预警机制，包括应急准备措施、环境风险隐患排查和整治措施、预警分级指标、预警发布或者解除程序、预警相应措施等。

⑦ 应急处置，包括应急预案启动条件、信息报告、先期处置、分级响应、指挥与协调、信息发布、应急终止等程序和措施。

⑧ 后期处置，包括善后处置、调查与评估、恢复重建等。

⑨ 应急保障，包括人力资源保障、财力保障、物资保障、医疗卫生保障、交通运输保障、治安维护、通信保障、科技支撑等。

⑩ 监督管理，包括应急预案演练、宣教培训、责任与奖惩等。

⑪ 附则，包括名词术语、预案解释、修订情况和实施日期等。

⑫ 附件，包括相关单位和人员通信录、标准化格式文本、工作流程图、应急物资储备清单等。

5）应急预案的评审、发布、备案与更新

应急预案编制完成后，应进行评审。评审由企业主要负责人组织有关部门和相关专业人员进行。外部评审是由上级主管部门、相关企业、环保部门、周边公众代表、专家等对企业的预案组织审查。预案经评审完善后，由单位主要负责人签署发布，按规定报本地环保部门备案。同时，明确实施的时间、抄送的部门、企业、社区等。

企业应急预案所依据的法律法规，所涉及的机构和人员发生重大变动或在执行中发现重大缺陷时，由企业及时组织修订。企业应每年组织对预案进行评审，并及时根据评审结论组织修订。

报送备案企业环境应急预案首次备案，现场办理时应当提交下列文件：

① 突发环境事件应急预案备案表；

② 环境应急预案及编制说明的纸质文件和电子文件，环境应急预案包括：环

境应急预案的签署发布文件、环境应急预案文本；编制说明包括：编制过程概述、重点内容说明、征求意见及采纳情况说明、评审情况说明；

③ 环境风险评估报告的纸质文件和电子文件；

④ 环境应急资源调查报告的纸质文件和电子文件；

⑤ 环境应急预案评审意见的纸质文件和电子文件。

提交备案文件也可以通过信函、电子数据交换等方式进行。通过电子数据交换方式提交的，可以只提交电子文件。

受理部门收到企业提交的环境应急预案备案文件后，应当在 5 个工作日内进行核对。文件齐全的，出具加盖行政机关印章的突发环境事件应急预案备案表。

6）应急预案的实施

预案批准发布后，企业应落实预案中的各项工作及设施的建设，明确各项职责和任务分工，加强应急知识的宣传、教育和培训，定期组织应急预案演练，实现应急预案持续改进。每年至少组织一次预案培训工作，使有关人员了解环境应急预案的内容，熟悉应急职责、应急程序和岗位应急处置预案。环境应急预案每三年至少修订一次，有下列情形之一的，企事业单位应当及时进行修订：

① 本单位生产工艺和技术发生变化的；

② 相关单位和人员发生变化或者应急组织指挥体系或职责调整的；

③ 周围环境或者环境敏感点发生变化的；

④ 环境应急预案依据的法律、法规、规章等发生变化的；

⑤ 环境保护主管部门或者企业事业单位认为应当适时修订的其他情形。

企业事业单位应当于环境应急预案修订后 30 日内将新修订的预案报原预案备案管理部门重新备案；预案备案部门可以根据预案修订的具体情况要求修订预案的环境保护主管部门或者企业事业单位对修订后的预案进行评估。

（5）其他注意问题

相关建设项目申请试生产时，建设单位应将项目设计阶段环保措施落实情况、环境监理报告和企业突发环境事件应急预案的备案材料一并提交。建设项目防治污染、防止生态破坏措施以及环境风险防范设施和应急措施不能满足环境影响评价文件及批复要求以及无《突发环境事件应急预案备案登记表》的，各级环保部门不得批准其投入试生产。

建设项目竣工环境保护验收监测或调查时，应对环境风险防范设施和应急措施的落实情况进行全面调查。相关建设项目验收监测或调查报告，应设环境风险防范设施和应急措施落实情况专章；无相关内容的，各级环保部门不得受理其验收申请。

企业应建设并完善日常和应急监测系统，配备大气、水环境特征污染物监控设备，编制日常和应急监测方案，提高监控水平、应急响应速度和应急处理能力；建立完备的环境信息平台，定期向社会公布企业环境信息，接受公众监督。将企业突发环境事件应急预案演练和应急物资管理作为日常工作任务，不断提升环境风险防范与应急保障能力。

企业应积极配合当地政府建设和完善项目所在园区（港区、资源开采区）环境风险预警体系、环境风险防控工程、环境应急保障体系。企业突发环境事件应急预案应与当地政府和相关部门以及周边企业、园区（港区、资源开采区）的应急预案相衔接，加强区域应急物资调配管理，构建区域环境风险联控机制。

二、突发环境污染事故应急处理

（一）突发环境污染事故概念、特点及分级

1. 突发环境污染事故概念及特点

环境污染事件是指由于违反环境保护法律法规的经济、社会活动与行为，以及由于不可抗力致使环境受到污染、生态系统受到干扰、人体健康受到危害、社会财富受到损失，造成不良社会影响的事件。

突发环境事件是指由于污染物排放或者自然灾害、生产安全事故等因素，导致污染物或者放射性物质等有毒有害物质进入大气、水体、土壤等环境介质，突然造成或者可能造成环境质量下降，危及公众身体健康和财产安全，或者造成生态环境破坏，或者造成重大社会影响，需要采取紧急措施予以应对的事件。

突发环境污染事件不同于一般的环境污染，具有发生突然、扩散迅速、危害严重、污染物不明及处理的艰巨性等特点。根据突发环境事件的发生过程、性质和机理，突发环境事件主要分为三类：突发环境污染事件、生物物种安全环境事

件和辐射环境污染事件。突发环境污染事件包括重点流域、敏感水域水环境污染事件；重点城市光化学烟雾污染事件；危险化学品、废弃化学品污染事件；海上石油勘探开发溢油事件；突发船舶污染事件等。生物物种安全环境事件主要是指生物物种受到不当采集、猎杀、走私、非法携带出入境或合作交换、工程建设危害以及外来入侵物种对生物多样性造成损失和对生态环境造成威胁和危害事件。辐射环境污染事件包括放射性同位素、放射源、辐射装置、放射性废物辐射污染事件。

根据污染物的性质及通常发生方式，突发性环境污染事故可分为：

① 有毒有害物质污染事故：在生产、生活过程中因生产、使用、贮存、运输、排放不当导致有毒有害化学品泄漏或非正常排放所引发的污染事故。

② 毒气污染事故：实际是上面事故的一种，由于毒气污染事故最常见，所以另列，主要有毒有害气体有一氧化碳、硫化氢、氯气、氨气等。

③ 爆炸事故：易燃、易爆物质所引起的爆炸、火灾事故。

④ 农药污染事故：剧毒农药在生产、贮存、运输过程中因意外、使用不当所引起的泄漏所导致的污染事故。

⑤ 放射性污染事故：生产、使用、贮存、运输放射性物质过程中不当而造成核辐射危害的污染事故。

⑥ 油污染事故：原油、燃料油以及各种油制品在生产、贮存、运输和使用过程中因意外或不当而造成泄漏的污染事故。

⑦ 废水非正常排放污染事故：因处理不当或事故使大量高浓度水突然排入地表水体，致使水质突然恶化。

2. 突发环境污染事故分级

根据《国家突发环境事件应急预案》，将应急响应设定为Ⅰ级、Ⅱ级、Ⅲ级和Ⅳ级四个等级。初判发生特别重大、重大突发环境事件，分别启动Ⅰ级、Ⅱ级应急响应，由事发地省级人民政府负责应对工作；初判发生较大突发环境事件，启动Ⅲ级应急响应，由事发地设区的市级人民政府负责应对工作；初判发生一般突发环境事件，启动Ⅳ级应急响应，由事发地县级人民政府负责应对工作。突发环境事件发生在易造成重大影响的地区或重要时段时，可适当提高响应级别。应急响应启动后，可视事件损失情况及其发展趋势调整响应级别，避免响应不足或响应过度。

（1）特别重大突发环境事件

凡符合下列情形之一的，为特别重大环境事件：

① 因环境污染直接导致 30 人以上死亡或 100 人以上中毒或重伤的；

② 因环境污染疏散、转移人员 5 万人以上的；

③ 因环境污染造成直接经济损失 1 亿元以上的；

④ 因环境污染造成区域生态功能丧失或该区域国家重点保护物种灭绝的；

⑤ 因环境污染造成设区的市级以上城市集中式饮用水水源地取水中断的；

⑥ Ⅰ类、Ⅱ类放射源丢失、被盗、失控并造成大范围严重辐射污染后果的；放射性同位素和射线装置失控导致 3 人以上急性死亡的；放射性物质泄漏，造成大范围辐射污染后果的；

⑦ 造成重大跨国境影响的境内突发环境事件。

（2）重大突发环境事件。

凡符合下列情形之一的，为重大环境事件：

① 因环境污染直接导致 10 人以上 30 人以下死亡或 50 人以上 100 人以下中毒或重伤的；

② 因环境污染疏散、转移人员 1 万人以上 5 万人以下的；

③ 因环境污染造成直接经济损失 2 000 万元以上 1 亿元以下的；

④ 因环境污染造成区域生态功能部分丧失或该区域国家重点保护野生动植物种群大批死亡的；

⑤ 因环境污染造成县级城市集中式饮用水水源地取水中断的；

⑥ Ⅰ类、Ⅱ类放射源丢失、被盗的；放射性同位素和射线装置失控导致 3 人以下急性死亡或者 10 人以上急性重度放射病、局部器官残疾的；放射性物质泄漏，造成较大范围辐射污染后果的；

⑦ 造成跨省级行政区域影响的突发环境事件。

（3）较大突发环境事件

凡符合下列情形之一的，为较大突发环境事件：

① 因环境污染直接导致 3 人以上 10 人以下死亡或 10 人以上 50 人以下中毒或重伤的；

② 因环境污染疏散、转移人员 5 000 人以上 1 万人以下的；

③ 因环境污染造成直接经济损失 500 万元以上 2 000 万元以下的；

④ 因环境污染造成国家重点保护的动植物物种受到破坏的；

⑤ 因环境污染造成乡镇集中式饮用水水源地取水中断的；

⑥ Ⅲ类放射源丢失、被盗的；放射性同位素和射线装置失控导致 10 人以下急性重度放射病、局部器官残疾的；放射性物质泄漏，造成小范围辐射污染后果的；

⑦ 造成跨设区的市级行政区域影响的突发环境事件。

（4）一般突发环境事件

凡符合下列情形之一的，为一般突发环境事件：

① 因环境污染直接导致 3 人以下死亡或 10 人以下中毒或重伤的；

② 因环境污染疏散、转移人员 5 000 人以下的；

③ 因环境污染造成直接经济损失 500 万元以下的；

④ 因环境污染造成跨县级行政区域纠纷，引起一般性群体影响的；

⑤ Ⅳ类、Ⅴ类放射源丢失、被盗的；放射性同位素和射线装置失控导致人员受到超过年剂量限值的照射的；放射性物质泄漏，造成厂区内或设施内局部辐射污染后果的；铀矿冶、伴生矿超标排放，造成环境辐射污染后果的；

⑥ 对环境造成一定影响，尚未达到较大突发环境事件级别的。

具体划分见表 5-2。

表 5-2　突发环境事件划分

判断标准	特别重大环境事件	重大突发环境事件	较大突发环境事件	一般突发环境事件*
事故死亡人数	30 人以上	10 人以上 30 人以下	3 人以上 10 人以下	3 人以下
事故中毒或重伤人数	100 人以上	50 人以上 100 人以下	50 人以下	10 人以下
需疏散、转移群众	5 万人以上	1 万人以上 5 万人以下	5 000 人以上 1 万人以下	5 000 人以下
直接经济损失	1 亿元	2 000 万元以上 1 亿元以下	500 万元以上 2 000 万元以下	500 万元以下
区域生态功能	丧失	部分丧失	—	—
区域国家重点保护物种	灭绝	种群大批死亡	物种受到破坏	—

判断标准	特别重大环境事件	重大突发环境事件	较大突发环境事件	一般突发环境事件*
饮用水水源	设区的市级以上城市集中式饮用水水源地取水中断的	县级城市集中式饮用水水源地取水中断的	乡镇集中式饮用水水源地取水中断的	—
放射性物质	Ⅰ类、Ⅱ类放射源丢失、被盗、失控并造成大范围严重辐射污染后果的	Ⅰ类、Ⅱ类放射源丢失、被盗的	Ⅲ类放射源丢失、被盗的	Ⅳ类、Ⅴ类放射源丢失、被盗的
	放射性同位素和射线装置失控导致3人以上急性死亡的	放射性同位素和射线装置失控导致3人以下急性死亡或者10人以上急性重度放射病、局部器官残疾的	放射性同位素和射线装置失控导致10人以下急性重度放射病、局部器官残疾的	放射性同位素和射线装置失控导致人员受到超过年剂量限值的照射的
	放射性物质泄漏，造成大范围辐射污染后果的	放射性物质泄漏，造成较大范围辐射污染后果的	放射性物质泄漏，造成小范围辐射污染后果的	放射性物质泄漏，造成厂区内或设施内局部辐射污染后果的；铀矿冶、伴生矿超标排放，造成环境辐射污染后果的
区域	造成重大跨国境影响的境内突发环境事件	造成跨省级行政区域影响的突发环境事件	造成跨设区的市级行政区域影响的突发环境事件	因环境污染造成跨县级行政区域纠纷，引起一般性群体影响的

（二）突发环境污染事件监测预警、信息报告与应急响应

1. 预警

企业事业单位和其他生产经营者应当落实环境安全主体责任，定期排查环境安全隐患，开展环境风险评估，健全风险防控措施。当出现可能导致突发环境事件的情况时，要立即报告当地生态环境主管部门。

（1）预警分级

对可以预警的突发环境事件，按照事件发生的可能性大小、紧急程度和可能

造成的危害程度，将预警分为四级，由低到高依次用蓝色、黄色、橙色和红色表示。预警级别的具体划分标准，由生态环境部制定。

（2）预警信息发布

地方环境保护主管部门研判可能发生突发环境事件时，应当及时向本级人民政府提出预警信息发布建议，同时通报同级相关部门和单位。地方人民政府或其授权的相关部门，及时通过电视、广播、报纸、互联网、手机短信、当面告知等渠道或方式向本行政区域公众发布预警信息，并通报可能影响到的相关地区。上级环境保护主管部门要将监测到的可能导致突发环境事件的有关信息，及时通报可能受影响地区的下一级生态环境主管部门。

（3）预警行动

预警信息发布后，当地人民政府及其有关部门视情采取以下措施：

分析研判：组织有关部门和机构、专业技术人员及专家，及时对预警信息进行分析研判，预估可能的影响范围和危害程度。

防范处置：迅速采取有效处置措施，控制事件苗头。在涉险区域设置注意事项提示或事件危害警告标志，利用各种渠道增加宣传频次，告知公众避险和减轻危害的常识、需采取的必要的健康防护措施。

应急准备：提前疏散、转移可能受到危害的人员，并进行妥善安置。责令应急救援队伍、负有特定职责的人员进入待命状态，动员后备人员做好参加应急救援和处置工作的准备，并调集应急所需物资和设备，做好应急保障工作。对可能导致突发环境事件发生的相关企业事业单位和其他生产经营者加强环境监管。

舆论引导：及时准确发布事态最新情况，公布咨询电话，组织专家解读。加强相关舆情监测，做好舆论引导工作。

（4）预警级别调整和解除

发布突发环境事件预警信息的地方人民政府或有关部门，应当根据事态发展情况和采取措施的效果适时调整预警级别；当判断不可能发生突发环境事件或者危险已经消除时，宣布解除预警，适时终止相关措施。

2．信息报告与通报

突发环境事件发生后，涉事企业事业单位或其他生产经营者必须采取应对措施，并立即向当地环境保护主管部门和相关部门报告，同时通报可能受到污染危害的单位和居民。因生产安全事故导致突发环境事件的，安全监管等有关部门应当及时通报同级环境保护主管部门。环境保护主管部门通过互联网信息监测、环境污染举报热线等多种渠道，加强对突发环境事件的信息收集，及时掌握突发环境事件发生情况。

事发地环境保护主管部门接到突发环境事件信息报告或监测到相关信息后，应当立即进行核实，对突发环境事件的性质和类别作出初步认定，按照国家规定的时限、程序和要求向上级环境保护主管部门和同级人民政府报告，并通报同级其他相关部门。突发环境事件已经或者可能涉及相邻行政区域的，事发地人民政府或环境保护主管部门应当及时通报相邻行政区域同级人民政府或环境保护主管部门。地方各级人民政府及其环境保护主管部门应当按照有关规定逐级上报，必要时可越级上报。

接到已经发生或者可能发生跨省级行政区域突发环境事件信息时，环境保护部要及时通报相关省级环境保护主管部门。

对以下突发环境事件信息，省级人民政府和环境保护部应当立即向国务院报告：

①初判为特别重大或重大突发环境事件；

②可能或已引发大规模群体性事件的突发环境事件；

③可能造成国际影响的境内突发环境事件；

④境外因素导致或可能导致我境内突发环境事件；

⑤省级人民政府和环境保护部认为有必要报告的其他突发环境事件。

3．应急响应

（1）响应分级

根据突发环境事件的严重程度和发展态势，将应急响应设定为Ⅰ级、Ⅱ级、Ⅲ级和Ⅳ级四个等级。初判发生特别重大、重大突发环境事件，分别启动Ⅰ级、Ⅱ级应急响应，由事发地省级人民政府负责应对工作；初判发生较大突发环境事件，启动Ⅲ级应急响应，由事发地设区的市级人民政府负责应对工作；初判发生一般突发环境事件，启动Ⅳ级应急响应，由事发地县级人民政府负责应对工作。

突发环境事件发生在易造成重大影响的地区或重要时段时，可适当提高响应级别。应急响应启动后，可视事件损失情况及其发展趋势调整响应级别，避免响应不足或响应过度。

（2）响应措施

突发环境事件发生后，各有关地方、部门和单位根据工作需要，组织采取以下措施：

①现场污染处置：涉事企业事业单位或其他生产经营者要立即采取关闭、停产、封堵、围挡、喷淋、转移等措施，切断和控制污染源，防止污染蔓延扩散。做好有毒有害物质和消防废水、废液等的收集、清理和安全处置工作。当涉事企业事业单位或其他生产经营者不明时，由当地环境保护主管部门组织对污染来源开展调查，查明涉事单位，确定污染物种类和污染范围，切断污染源。事发地人民政府应组织制定综合治污方案，采用监测和模拟等手段追踪污染气体扩散途径和范围；采取拦截、导流、疏浚等形式防止水体污染扩大；采取隔离、吸附、打捞、氧化还原、中和、沉淀、消毒、去污洗消、临时收贮、微生物消解、调水稀释、转移异地处置、临时改造污染处置工艺或临时建设污染处置工程等方法处置污染物。必要时，要求其他排污单位停产、限产、限排，减轻环境污染负荷。

②转移安置人员：根据突发环境事件影响及事发当地的气象、地理环境、人员密集度等，建立现场警戒区、交通管制区域和重点防护区域，确定受威胁人员疏散的方式和途径，有组织、有秩序地及时疏散转移受威胁人员和可能受影响地区居民，确保生命安全。妥善做好转移人员安置工作，确保有饭吃、有水喝、有衣穿、有住处和必要的医疗条件。

③医学救援：迅速组织当地医疗资源和力量，对伤病员进行诊断治疗，根据需要及时、安全地将重症伤病员转运到有条件的医疗机构加强救治。指导和协助开展受污染人员的去污洗消工作，提出保护公众健康的措施建议。视情增派医疗卫生专家和卫生应急队伍、调配急需医药物资，支持事发地医学救援工作。做好受影响人员的心理援助。

④应急监测：加强大气、水体、土壤等应急监测工作，根据突发环境事件的污染物种类、性质以及当地自然、社会环境状况等，明确相应的应急监测方案及监测方法，确定监测的布点和频次，调配应急监测设备、车辆，及时准确监测，为突发环境事件应急决策提供依据。

⑤市场监管和调控：密切关注受事件影响地区市场供应情况及公众反应，加

强对重要生活必需品等商品的市场监管和调控。禁止或限制受污染食品和饮用水的生产、加工、流通和食用，防范因突发环境事件造成的集体中毒等。

⑥信息发布和舆论引导：通过政府授权发布、发新闻稿、接受记者采访、举行新闻发布会、组织专家解读等方式，借助电视、广播、报纸、互联网等多种途径，主动、及时、准确、客观向社会发布突发环境事件和应对工作信息，回应社会关切，澄清不实信息，正确引导社会舆论。信息发布内容包括事件原因、污染程度、影响范围、应对措施、需要公众配合采取的措施、公众防范常识和事件调查处理进展情况等。

⑦维护社会稳定：加强受影响地区社会治安管理，严厉打击借机传播谣言制造社会恐慌、哄抢救灾物资等违法犯罪行为；加强转移人员安置点、救灾物资存放点等重点地区治安管控；做好受影响人员与涉事单位、地方人民政府及有关部门矛盾纠纷化解和法律服务工作，防止出现群体性事件，维护社会稳定。

⑧国际通报和援助：如需向国际社会通报或请求国际援助时，生态环境部商外交部、商务部提出需要通报或请求援助的国家（地区）和国际组织、事项内容、时机等，按照有关规定由指定机构向国际社会发出通报或呼吁信息。

（三）环境污染事故调查处理原则及程序

1. 环境污染事故调查处理原则

环境污染事故处理的基本原则是“先控制、后处理”。环境污染事故突发性和意外性的特点，使得引起的损害较大。同时，随着时间的推移，污染破坏地域和损害程度会迅速扩大。所以，当污染事故发生后，应立即采取措施控制住污染源，消除和减少污染隐患，防止污染蔓延，并划定严重污染区域，通知有关消防、卫生、自来水、公安、安全等部门，联合采取措施，及时救护、隔离、疏散群众，防止损害的加重。视情况轻重采取立即关闭自来水供应，发布禁用某些物品如禁止捕捞、销售和食用受污染的渔产品的公告，发布空气危险通告要老人和小孩留在家里等。只有首先确保污染得到控制、人民的生命财产得到保护的情况下，才能进行下一步的污染事故调查、依法处理等工作。

此外，在处理污染事故时还应重视证据、重视技术手段，防止主观臆断，要有高度的政治责任感，坚持安定、团结、尽快恢复和稳定生产的原则。

2. 环境污染事故调查处理程序

环境污染事故调查与处理程序分为现场处理、现场调查和报告、依法处理、结案归档四个步骤（图 5-2）。

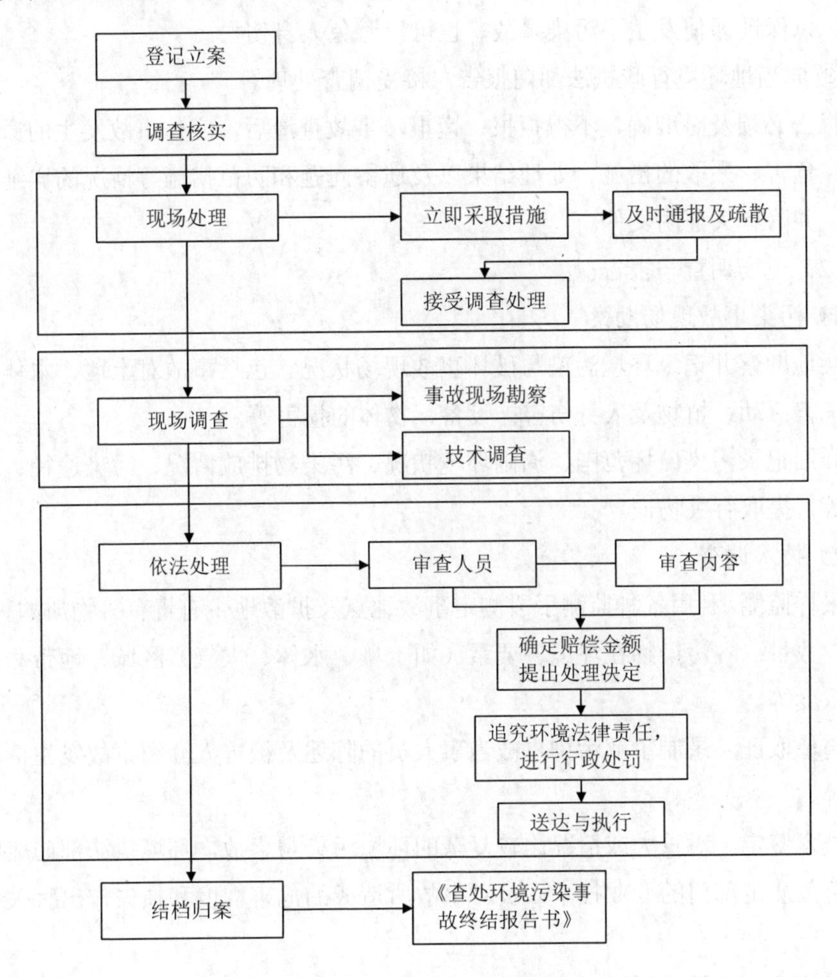

图 5-2　环境污染事故调查处理程序

（1）现场处理

根据国家环境保护法律法规规定，发生环境污染事故或突然事件造成或可能造成污染事故的单位，必须立即采取处理措施，步骤如下：

① 立即采取措施：已发生污染的，立即采取减轻和消除污染的措施，防止污

染危害的进一步扩大；尚未发生污染但有污染可能的，立即采取防止措施，杜绝污染事故的发生。

② 及时通报或疏散可能受污染危害的单位和居民，使得他们能及时撤出危险地带，以保证即使发生了污染事故，也可以避免人身伤亡。

③ 向当地环境行政执法部门报告，接受调查处理。

报告必须及时准确，不得拒报、谎报，事故查清后，应作事故发生的原因、过程、危害、采取的措施、处理结果以及遗留问题和防范措施等情况的详细书面报告，并附有关证明文件。

（2）现场调查与报告

1）污染事故现场勘察

实地勘察并记录环境污染与破坏事故现场状况。包括事故对土地、水体、大气的危害；动、植物及人身伤害；设备、物体的损害等。

详细记录污染破坏范围、周围环境状况、污染物排放情况、污染途径、危害程度等，提取有关物证。

2）技术调查

采样监测。利用各种监测手段测定事故地点及扩散地带有毒有害物质的种类、浓度、数量；各污染物在环境各要素（如土壤、水体、大气）区域、地带和部位存在浓度等。

声像取证。录制了解污染事故当事人员的陈述及被害人介绍事故发生情况的陈述等。

技术鉴定。对重大或情况比较复杂的环境污染与事故，环境执法部门应聘请其他有关法定部门的专业技术人员对事故所造成的危害程度和损失作出有关技术鉴定。

经济损失核算。根据污染事故造成的危害程度、损失范围，按照国家、地方或当地市场价格核算危害承受物的经济损失金额。对无可靠依据计算损失标准或不能准确计算损失金额的，如农作物小苗死亡、鱼虾幼苗等要根据具体情况做具体分析，可以提出若干计算方案，反复比较，多方倾听意见，推出比较接近实际，双方基本能够接受的方案，避免明显偏差。

(3) 依法处理

环境污染事故的证据收集工作完成后，即进入审查、决定、处理阶段。审查是环境执法人员对所调查的证据、调查过程和调查意见、处罚建议进行认真地审理。审查结束后，对环境污染事故依法进行处理，作出决定。

1) 审查人员组成

一般情况下，受理、调查阶段与审查、决定阶段截然分开，由不同的环境执法人员进行。接收、受理、调查主要由环境监察人员负责，审查、决定、处理由环境保护行政主管部门的法制管理人员和环境监察部门负责人负责。审查小组由各级环境行政主管部门组成，人数为 3 人或 3 人以上单数。

2) 审查内容

审查内容主要是对调查材料、调查处理、调查意见、处罚建议进行书面审理。

重点审查：违法事实是否清楚；证据是否充分确凿；查处程序是否合法；处理意见是否适当。必要时由调查人员进行补充调查，然后提出处理意见。

3) 确定赔偿金额，提出处理决定

环境保护行政执法部门依据调查分析结果合理确定环境污染与破坏事故给受害单位或个人所造成的经济损失，并下达处理决定，提出具体赔偿金额。

4) 追究环境法律责任，进行行政处罚

根据环境污染与破坏事故发生的情节、危害后果（刑事责任除外），应依有关环境法律法规追究造成环境污染与破坏事故的单位或个人的法律责任，进行行政处罚，并提出杜绝和避免类似事故再次发生的措施和要求。

5) 送达与执行

环境保护行政执法部门依法对环境污染事故作出的环境决定或行政处罚决定应由环境执法人员及时将决定书的正本送达当事人或被处罚人。送达时间必须在 7 日内完成。环境执法人员在送达决定书时，应要求当事人和被处罚人在副本上签收。按规范要求，环境保护行政执行部门应制作送达回执，由送达人员填写送达回执。送达回执的主要内容包括：决定书制作的环境保护行政执法部门，加执字号，被送达人，案由，送达地点，送达人，受件人签名，受件人拒收事由，不能送达的理由和有关时间。

送达决定书有直接面交、留置送达、邮寄送达或委托送达、公告送达等送达方式。送达人视具体情况采取其中一种，但不管采用哪一种，送达人员都应将有关回执和证明依据妥善归档。

决定书送达当事人或被处罚人后，依法产生法律效力，进入执行阶段，环境污染事故处理决定书依法执行完毕后，整个处理程序到此便告结束。

（4）结案归档

将全部材料及时整理，装订成卷，按一事一卷要求，填写《查处环境污染事故终结报告书》，存档备查。

案例 5-2：突发环境事件应对

1. 事件背景

某市精细化工有限公司主要生产乙氧基甲叉基氰乙酸乙酯，设计能力为年产量 400 t，实际年产量为 200 t 左右。该公司与上海某化工公司签订了 500 kg 乙氧基甲叉基丙二腈的销售合同，该公司擅自采用乙氧基甲叉基氰乙酸乙酯生产装置投料非法生产乙氧基甲叉基丙二腈，由于过分高温蒸馏使蒸馏釜内部分黏稠的高沸物被蒸出并堵塞玻纹填料，导致蒸馏釜内压力增大，发生物理爆炸，将填料塔自下塔节炸飞，从而引发物料的燃烧和化学爆炸。造成 4 人死亡，1 人受伤。

项目所在地为工业区，由于该工业区当时处于起步状态，没有配套的污水处理厂和集中供热设施。该建设项目没有工艺废水，主要污水为生活污水、锅炉水膜除尘和冲灰水。生活污水经地埋式有动力污水处理措施处理后达标排入周边河道；锅炉水膜除尘和冲灰水以及地面冲洗水、初期雨水经沉淀池沉淀后清水回用于水膜除尘装置和冷却水装置。冷却水、蒸汽冷凝水等清下水直接排入周边河道。

2. 现场应急处置情况

（1）事件应急响应情况

事故发生后，该市人民政府迅速按规定程序向上级政府及有关部门报告并启动应急预案，成立由环保、消防、公安、安监等部门组成的突发事件应急指挥中心和各个现场应急处置组，市委、市政府主要领导第一时间赶到现场组织处置。市环保局领导和环境监察、监测人员携带相关应急采样设备赶到现场进行应急处置，布点采样监测。随后，省辖市环保局领导和环境监察、监测人员赶到现场，指挥环保的应急处置。事发当日上午，省环保厅监察处领导也赶赴事发地，指导环保应急工作。经过实施相关应急措施，现场得到及时有效的控制，市、县二级环境监测部门 24 h 连续监测的结果显示，此次爆炸未对环境造成污染，周边水体各相关环境质量指标均在国家规定的范围之内，未造成水体污染，特别是未对该市饮用水水源造成污染。

（2）环保应急处置情况

① 及时向上级环保部门进行了快报并启动了该市环境突发事件应急预案，现场应急措施准确、有效。

② 及时进行污染情况的初步评估，协助相关部门在爆炸现场设置隔离带，疏散与应急无关的相关人员，消除了可能造成的不必要损失。

③ 全力控制住了爆炸可能所引发的环境污染。

经现场察看，并与公安、安监等部门了解沟通，结合环境影响评价报告书及环境风险评价报告，准确确定了可能产生的一次污染物和次生污染物，进行了有针对性的现场污染控制，特别加强了对原料氰乙酸乙酯在产生事故后接触水可能分解出的少量次生污染物氰化物的控制。

对公司与安时河唯一相通的通道，对可能连接外环境的水体打了三道坝实施连续封堵，以防发生泄漏，并落实专人看守。

为防止对饮用水水源造成污染，纳污水体安时河与饮用水水源引江河相距 10 km，无直接交叉的水系，只有两条支流与之相通，在这两条支流上分别打了 3 条大坝、关闭了 1 处闸门，截断与取水源的联系，政府指派专人看管，杜绝了饮用水水源被污染的可能。

现场落实了有关部门对应急处置过程中产生的消防等各类污水导入应急事故池进行收集、贮存，后期经专家论证后，按专家意见进行处理，处理后达标外排。除消防先期灭火的消防用水有极少量的水渗漏到最近的一条河道外，所有的污水均被设立的 3 道坝拦截在厂区之内。

事故发生后，紧急通知市自来水公司立即停止地表水取水（有 2 h 备用水量），未停止供水。现场及下游水质监测后，未发现超标情况，即恢复取水。并对水源水质加强监控，确保市区饮用水的安全，一旦水质监测出现问题，立即启动应急预案。

④ 市、县二级环境监测人员对事件现场周围水、气环境进行 24 h 不间断多点跟踪监测，特别是对水体中的氰化物进行监测，及时掌握水质动态，分析环境质量的变化和趋势，如出现异常情况立即进行通报，采取相应的应急措施。通过监测氰化物等相关污染物未超过相应的地表水环境质量标准。

⑤ 积极配合相关部门进行现场的爆炸技术分析和善后控制工作，监控各个隐患点及敏感点，防止发生次生、衍生环境污染事件。

⑥ 该市政府已通过当地电视台对这次事件进行信息发布，并根据监测结果告知广大市民此次事件未对外环境造成任何影响，特别是未对饮用水水源造成影响。

三、环境污染纠纷调查处理

（一）环境污染纠纷概念与特点

1. 环境污染纠纷的基本概念

环境污染纠纷是指因环境污染引起的单位与单位之间、单位与个人之间的矛盾和冲突。这种纠纷通常是由于单位或个人在利用环境和资源的过程中违反环保法律规定，污染和破坏环境，侵犯他人的合法权益而产生的。企业事业单位内部因环境保护引起的环境污染纠纷不能称为环境污染纠纷，那是属于工厂内部劳动保护关系，是由劳动法调整的范围。要构成污染纠纷，还应有污染物、污染源、防治管理标准、影响、危害等一些定量的条件。解决环境污染纠纷的根本途径是加强对环境污染的防治和认真落实全面规划、合理布局的原则，加强环境监督管理，运用法制手段，妥善处理因环境污染而引起的各种纠纷。

环境污染纠纷若处理不当，解决不好，不仅使国家财产遭受损失，而且公民的合法权益也会受到侵犯，严重影响生产秩序、工作秩序和社会秩序，进而影响安定团结和社会主义现代化建设。目前我国关于环境污染纠纷处理的行政程序、仲裁程序、司法程序等尚不健全、完善。一方面是环境保护立法尚需进一步协调、配套，法规体系需进一步完善；另一方面是环境观念特别是环境保护法制观念薄弱，不少人对环境污染纠纷去打官司不习惯，公民、法人或者其他组织对运用法律手段来保护自己的合法环境权益还不熟悉。在这种情况下，正确对待和依法处理环境污染纠纷就显得特别重要。

《环境保护法》规定，对污染环境、破坏生态，损害社会公共利益的行为，符合下列条件的社会组织可以向人民法院提起诉讼：①依法在设区的市级以上人民政府民政部门登记；②专门从事环境保护公益活动连续五年以上且无违法记录。③符合前款规定的社会组织向人民法院提起诉讼，人民法院应当依法受理。提起诉讼的社会组织不得通过诉讼谋取经济利益。环境公益诉讼的提起及最终裁决并不要求一定有损害事实发生，只要能根据有关情况合理判断出可能使社会公益受到侵害，即可提起诉讼，由违法行为人承担相应的法律责任，把违法行为消灭在萌芽状态。

2. 环境污染纠纷的特点

（1）排污者缺乏法制意识而形成的环境污染纠纷

排污者环境法制观念淡薄，存在错误认识，漠视群众呼声而形成的环境污染纠纷。这主要表现在：排污企业或个人的排污达到国家或地方的相应排污标准，认为自己本身的行为是合法的而拒绝承担污染赔偿责任，而未认识到本身的达标排污是相对于环境行政管理执法而言，不予处罚追究，但排污本身也是一种民事行为，只要形成侵权事实，就应承担相应的赔偿责任和给予相应的赔偿。这就是对《中华人民共和国民法通则》（简称《民法通则》）第一百零六条“无过错责任”原则未予以正确理解和把握。

（2）涉及多部门的环境污染纠纷

环境污染纠纷案件多数涉及面广、人员多，处理起来技术难度高。需要有关部门的密切配合、通力协作、妥善协调，理顺各方面的关系和责任，为纠纷的顺利解决创造有利条件。如农业环境污染纠纷，往往涉及污染源周围的所有农户，涉及人数多，又要进行污染与损害因果关系的断定和确损，相当复杂。

（3）环境污染纠纷具有地域特点

比如说北方的环境污染纠纷多发生在冬春季节。北方大部分城市均有集中供暖锅炉，但是由于历史原因，锅炉的数量多，且布局紧靠居民区，在冬春季工作时，污染问题较为突出，干扰了居民的正常休息与生活，而形成污染纠纷。

（4）行政机关的执法不严而形成的环境污染纠纷

一是未把握好建设项目审批关，依法不能建设的产生环境污染严重的项目被行政机关批准建设了，特别是在“行政提速”中，轻视环境保护，重经济发展，忽略了环境影响评价和审批程序。项目投产后，造成环境污染较大，形成环境污染纠纷。二是依法可以建设的项目，重速度求效益，未能完全执行“三同时”，投产后，造成一定的环境污染，形成环境污染纠纷。这主要表现在：建设项目环境影响评价、审批后，主体工程建设投产在先，污染防治设施滞后，蒙混过关，敷衍了事，不执行防治设施与主体工程同时投产、验收使用。三是依法应予以限期治理或者应予以关闭的污染严重的厂企单位，政府没有下达限期治理或停产关闭决定，继续排污，促发形成环境污染纠纷。

3. 环境污染纠纷的性质

环境污染纠纷是非对抗性的矛盾，是一种民事侵权纠纷。环境污染纠纷一般可以通过协商的方式予以疏导，妥善加以解决。

因环境污染而产生的纠纷，情况错综复杂，但对具体矛盾中双方当事人（排污者和受害者）的关系而言，通常主要由排污者作为加害人。双方均为人民群众，当事人根本利益又是一致的，不存在阶级矛盾。因此，污染纠纷（即使激化到向对抗转化）和刑事犯罪有本质的区别。

4. 环境污染纠纷产生的原因

环境污染纠纷产生的原因错综复杂，大致有以下原因：

环境保护同经济、社会发展的比例失调；经济建设布局不合理，规划失控，环境保护欠债太多；违反“三同时”规定，增加新污染；放松污染治理，漠视群众呼声；管理不善。一方面“跑、冒、滴、漏”现象严重，另一方面增加激化矛盾的人为因素。排污者法制观念淡薄，环境意识不强，存在各种错误思想。

人民群众生活水平和环境意识迅速提高，对不良环境状况的危害有了更深刻的认识。但有时也会因缺乏环境科学知识而造成纠纷。

（二）处理环境污染纠纷的法律规定及基本原则

1. 法律规定

环境污染纠纷的处理必须依法进行，为此必须熟悉有关的法律规定。

（1）造成污染危害的，应当排除危害，赔偿损失

《民法通则》第一百二十四条规定："违反国家保护环境防治污染的规定，污染环境造成他人损害的，应当依法承担民事责任。"《中华人民共和国环境保护法》第五十九条规定："企业事业单位和其他生产经营者违法排放污染物，受到罚款处罚，被责令改正，拒不改正的，依法作出处罚决定的行政机关可以自责令改正之日的次日起，按照原处罚数额按日连续处罚。"《大气污染防治法》《水污染防治法》《海洋环境保护法》《固体废物污染环境防治法》《环境噪声污染防治法》等法律也作出了污染损害赔偿的规定。这些规定和其他有关规定明确了污染加害人的赔偿义务，同时也给予了受害人要求赔偿的法律依据。

（2）为了保证对污染受害人的赔偿，法律规定了对污染损害赔偿实行"无过错责任"原则

《民法通则》第一百零六条规定了由于过错而造成他人损害应承担民事责任后，明确规定"没有过错，但法律规定应承担民事责任的，应当承担民事责任"。《最高人民法院关于环境侵权责任纠纷案件适用法律若干问题的解释》明确规定，因污染环境造成损害，无论污染者有无过错，污染者均应当承担侵权责任。在法院和环境执法机关实际处理污染损害赔偿案件中，也是遵循"无过错责任"原则的，其目的就是保证受害人可以切实得到救济。

（3）为了保证对污染受害人的赔偿，根据《民法通则》第一百三十条规定，对两人以上共同污染环境造成他人损害的人，实行连带责任。

（4）为了保证对污染受害人的赔偿，实行全部赔偿原则

全部赔偿即应当赔偿因污染环境给他人造成的一切损失，包括直接损失和间接损失。主要包括：公私财产遭受污染或破坏的损失；受害者在正常情况下可以获得因环境污染破坏而未获得的利益；以往在被污染破坏的自然环境体上花费的物质和劳动消耗；为消除污染后果，恢复污染破坏的自然环境而需要付出的费用。

根据《民法通则》第一百一十九条规定，因污染环境造成他人身体伤害的，应当赔偿医药费、因误工减少的收入、伤残者生活补助费等费用，造成死亡的，还应当支付丧葬费、死者生前抚养的人必要的生活费等费用。

案例 5-3：地处渤海之滨滦河三角洲的河北省乐亭县海岸线长 98 km，滩涂面积 65 万亩，是全国滩涂贝类精养区之一。2000 年 10 月上旬，河北迁安化工有限责任公司等 9 家企业的工业污水沿滦河河道滦乐灌渠大量排放到乐亭县王滩镇大清河、新潮河、小河子、长河入海口海域，涌入孙某等 18 户渔民经营的 6 家海水养殖场，致使即将成熟上市的文蛤、青蛤、毛蚶、蛏子以及梭鱼、鲈鱼等滩涂贝类、鱼类等成批死亡，大部分绝收，经济损失 2 000 余万元。2001 年 5 月，孙某等 18 户渔民将迁安第一造纸厂等 9 家排污企业一起诉至天津海事法院，要求 9 名被告共同赔偿损失 2 000 余万元，并停止污染侵害。天津海事法院委托农业部渔业环境监测中心黄渤海区检测站对本次污染事故的原因进行鉴定，该站认定原告养殖物的死亡是各被告排放污水所致，并派出鉴定人到庭接受质证。

审理结果：天津海事法院经审理后认为，孙某等原告持有国有海域使用许可证及滩涂承包合同，具有合法的养殖资格。本案被告排放含有毒物质、COD、悬浮物的污水是造成原告养殖生物死亡的实质原因。于是于 2002 年 4 月 12 日作出判决：

① 9 名被告连带赔偿原告损失 1 365.97 万元；

② 责令 9 名被告立即停止侵害，不得再排放污水入海，消除继续污染养殖区域的危险。

此案经上诉审理，2003 年 3 月 24 日，二审法院维持了一审法院的第②项判决，对第①项中的赔偿数额作了改判。法院认为原告等的水产品应以批发价而非零售价计算，另外原告等在签订承包合同时应考虑到上述企业多年排污的历史原因，在靠近排污河道和入海口从事养殖业有一定的风险，应自行承担由于对养殖环境风险评估不足的相应损失，最后判决迁安第一造纸厂等 8 家超标排污企业连带赔偿原告损失 655.325 万元，迁安化工有限责任公司被当地环保部门确定为达标排污企业，在承担民事责任上应与超标排放企业有所区别，单独承担赔偿责任 14 万元，不承担连带责任。

（5）保护受害人的合法权益，实行被告举证原则

《最高人民法院关于适用〈中华人民共和国民事诉讼法〉若干问题的意见》指

出：在因环境污染引起的损害赔偿诉讼中，对原告提出的侵权事实，被告否认的，由被告负责举证。环境保护行政主管部门和其他行使环境监督管理权的行政机关在调解处理民事纠纷或环境污染损害案件时，也实行这种被告举证的举证责任倒置原则。

案例 5-4：环境污染的举证责任倒置

——从甲鱼养殖户历时 6 年终获再审胜诉案观察

【案情摘要】：高棋从 2006 年起在位于重庆市永川区大安镇德胜桥村大碑村民小组的北塔河边承包鱼池，利用北塔河水源流水养殖。2006 年 1 月 8 日下午，高棋承包的鱼池中的鲫鱼、白鲢和甲鱼相继死亡。永川市环境监测站于 2006 年 1 月 1—5 日开展水质监测，结论为：①北塔河桥水质中 pH、氨氮达标，而 DO、COD 超标，该河水不符合Ⅲ类水域标准；②大安工业园区废水排放中 pH、氨氮、动植物油达标，COD 最大值超标 63 倍，该园区废水排放不符合标准。

一审法院经被告申请，委托西南大学司法鉴定所鉴定，鉴定认为：甲鱼是肺呼吸动物，并不完全依赖水中溶解氧，所以甲鱼的死亡与水质之间不存在因果关系。结论为：①死鱼事件期间 COD 是导致北塔河及养殖池塘溶解氧浓度偏低的原因之一，但不能肯定水体缺氧是导致养殖池塘中鱼类死亡的唯一原因。②池塘中甲鱼的死亡与水质之间不存在因果关系。一审法院以此作为裁判依据判决高棋要求赔偿 422 640 元（5 283 斤×80 元/斤）（1 斤=500 g）甲鱼损失的请求不成立。该判决已生效。

2008 年高棋再次提出申诉，重庆市第五中级人民法院决定不予启动再审程序。后高棋委托重庆石松律师事务所申请再审，申请再审后，重庆市第五中级人民法院以一审法院适用法律错误裁定再审，并于 2012 年 3 月再审予以改判支持高棋要求赔偿甲鱼 343 395 元（5 283 斤×65 元/斤）损失的请求。

【法律分析】：永川区人民法院据以作出判决的是以一份西南大学司法鉴定所出具的鉴定结论“鱼池中甲鱼的死亡与永川区环境监测站做出的监测报告中的水质之间不存在因果关系”作为判决基础的。该结论只是指出了甲鱼死亡与监测报告中的水质不存在因果关系，并没有说甲鱼死亡与排放污水不存在因果关系。造成甲鱼死亡的水质因素很多，包括盐度、氨氮含量、有毒金属物质含量、溶氧量等水质因素。而从永川区环境监测站监测报告中可以清楚地看出该监测站监测的项目是pH、化学需氧量、氨氮、溶解氧、动植物油。并没有对所排污水中的其他有可能造成甲鱼死亡的有害物质进行监测。因此永川区人民法院以此鉴定结论“鱼池中甲鱼的死亡与永川区环境监测站做出的监测报告中的水质（pH、化学需氧量、氨氮、溶解氧、动植物油）之间不存在因果关系”就直接得出甲鱼死亡与被申请人排污水质无因果关系的判决是明显错误的。根据《中华人民共和国民事诉讼法》《最高人民法院关于民事诉讼证据的若干规定》第四条第（三）项的规定，因环境污染引起的损害赔偿诉讼，由加害人就法律规定的免责事由及其行为与损害结果之间不存在因果关系承担举证责任。本案应当由加害方证明排污与死亡之间无因果关系。现该鉴定结论不能支撑排污与死亡无因果关系，应当由被申请人承担举证不能的败诉责任，因此一审法院适用法律错误。

【案例小结】：本案中，申请人上诉、申请永川区检察院提起抗诉，包括重庆法院五分院院建议的再审，其核心理由均是鉴定结论是错误的，而本案重庆石松律师事务所接受委托后从本案的举证责任分配上找到了新的突破口，将一审法院错判的核心理由归结为即使鉴定结论是正确的，根据举证责任的分配，加害人也不能证明甲鱼死亡与排污无关。最终法院以适用法律错误予以了再审，本案也因此获得了改判。对举证责任的正确理解和对细节中剥离出来的举证责任倒置是本案获得再审改判的关键。

（6）实行过失相抵原则

所谓过失相抵，即在加害人依法应承担损害赔偿责任的前提下，如果受害人对于损害的发生也有过失，可以减轻加害人的赔偿责任。其基本含义是，当损害是部分由于受害人的过错所致，不得以受害人有过错为由而驳回赔偿请求，但他们应得的损害赔偿金应由法院酌情减至公平合理的程度。《民法通则》第一百三十一条也规定了过失相抵制度，即受害人对于损害的发生也有过错的，可以减轻侵害人的民事责任。

2. 处理环境污染纠纷的基本原则

① 要认真及时严肃地对待环境污染纠纷，积极进行调查处理，将纠纷解决于

萌芽或初级阶段，防止事态扩大和矛盾激化。

② 在调查过程中，一定要重证据重调查研究，依靠群众和专家，尊重科学技术，防止偏听偏信和主观臆断，去伪存真，避免片面性。

③ 要以调解为主。

④ 要既重视对污染受害人的经济赔偿，又重视对污染的治理，排除污染危害，实现保护环境的根本目的。

⑤ 环境纠纷涉及面广、比较复杂，要查清事实并求得圆满解决，必须与有关方面密切配合，通力协作。其中包括当事人的双方，当事人的上级主管机关和领导、公安机关、司法机关、环境监测和科研部门以及其他各有关单位等。要协调、理顺各方面的关系和责任，为纠纷的顺利解决创造有利条件。

对待跨地区环境污染纠纷，应当坚持依法公正处理，反对地方保护主义，提倡相互谅解和协作，共同与污染和破坏环境的行为作斗争。

（三）环境污染纠纷的解决途径

根据我国现行法律规定，环境污染纠纷的解决主要有以下 4 个途径。

1．双方当事人自行协商解决

因环境污染产生纠纷，一般都是由受害者先向排污单位反映，要求治理和加强管理，给予解决。这时由排污单位邀请居民（村民）代表，街道里弄（乡、村）代表参加进行协商，可使纠纷得到缓解和正确处理。如《中华人民共和国水法》第五十七条规定：“单位之间、个人之间、单位与个人之间发生的水事纠纷，应当协商解决；当事人不愿协商或者协商不成的，可以申请县级以上地方人民政府或者其授权的部门调解，也可以直接向人民法院提起民事诉讼。县级以上地方人民政府或者其授权的部门调解不成的，当事人可以向人民法院提起民事诉讼。”在实际生活中，常有当事人自行协商解决环境纠纷的事例。这里应当强调的是，当事人协商解决纠纷也必须遵守法律法规，必须遵守诚实信用的原则，而且一旦一方当事人发现不遵守法律，没有诚意，便应当及时地依照法定程序去解决，或者申请环境执法机关调解处理，或者直接诉诸法院，以便及时合理地解决纠纷。

2．环境执法行政机关调解处理

双方协商，长期不能缓解矛盾，污染纠纷通过来信、来访反映到环境行政主管部门和有关部门，由环保部门邀请有关单位和矛盾双方进行座谈予以调处。关于行政调解处理工作，需要注意以下 3 点。

① 这里的“处理”是环境执法机关对民事权益争议进行调解，没有处罚的意思。如果当事人不服，即意味着调处不成，在这种情况下，如果当事人向人民法院起诉，即构成民事诉讼案件，而不是行政诉讼案件，诉讼当事人仍是环境纠纷的双方当事人，不能把进行调解处理的环境执法机关当作被告。

② 对环境纠纷进行行政调处，以当事人的请求为前提，即进行行政调处必须根据当事人的请求；一方当事人请求的，应征得另一方当事人的同意，否则便无法进行调处。

③ 上述规定中虽然只明确了“赔偿责任和赔偿金额的纠纷”，但在实践中也包括排除危害的纠纷，因为这都是环境民事纠纷。

3．司法处理

当事人不服行政调处和仲裁处理，或矛盾已经发展到公私财产与人身权益受到危害，就要按司法程序解决矛盾，由人民法院按民事诉讼程序处理污染纠纷案件。可以是当事人向人民法院起诉，也可以是环境保护部门提请人民法院处理。

4．通过仲裁程序解决

仲裁程序解决是指由除环境纠纷双方之外的第三方进行判断和裁决的方式。这里需要指出的是我国目前还没有专门的环境纠纷仲裁的法律和机构，要采用这种方法解决环境纠纷，需要纠纷双方先行达成采用这种方法解决问题的协议，然后提交我国的仲裁机构进行仲裁。

综上所述，以上四种环境污染纠纷损害赔偿方式相互联系、相互补充的，各有优劣之处：

通过当事人协商解决纠纷简便、省事，既能解决问题，又能增进彼此之间的了解和团结，有利于共同行动保护环境。但是，矛盾是复杂的，在大多数情况下当事人不能协商解决，需要通过法律明确规定的程序解决。

由环保部门调解处理纠纷，有利于纠纷得到正确解决。因为环境行政执法机关对环境保护工作熟悉，拥有相应的监测技术手段，对环境状况及污染破坏环境的情况了解得比较及时和清楚，便于较快地查明事实，作出妥善的处理，维护国家、集体和受害者的合法权益。同时，在环境执法机关主持下进行调解处理，可以对当事人，特别是致害人进行法律宣传教育，促进当事人双方的互相谅解，增进团结。这种行政调解处理程序比司法程序简单、灵活，并能节省诉讼费和时间。目前在部分环境污染损害赔偿是通过各级环境行政执法机关调解的。

通过民事诉讼程序解决污染损害赔偿纠纷，虽然程序较行政调解处理复杂，但具有许多自己的优点。法院是国家专门的司法机关，审理案件有严格的程序，审判人员受过专门的法律训练，作出的审判书和调解书比较公正和周密，具有极大的权威性和强制力。

（四）环境污染纠纷调查处理程序

环境行政执法机关对环境污染纠纷要依据一定的程序进行，以使调处过程合法，并使纠纷得到有效的解决。

1. 登记审查

环境行政执法机关调处环境污染纠纷是以当事人的请求为前提的。环境执法人员接到当事人书面或口头申请，应先接受登记，接受是环境行政执法机关对群众的污染举报、检举揭发、控告的环境污染纠纷进行接待、接纳登记的活动。环境执法人员对于当事人书面或口头申报，不管是否有权管辖，反映的情况是否属实，是否符合立案的条件，都应认真接受下来，进行登记备案。然后对是否立案进行审查，审查的内容主要有以下几个方面。

（1）管辖权审查

首先审查是否属本部门管辖，其次审查级别管辖和地域管理问题。

① 县级环境保护行政执法机关负责调处本行政区内的环境污染纠纷；市级环境保护行政执法机关负责调处本辖区内的重大环境污染纠纷。

② 上级环境保护行政执法机关对所属下级环境保护行政执法机关管辖的环境纠纷有权处理；也可以把自己管辖的环境污染纠纷交下级环境保护行政执法机关处理。

③ 跨行政区域的环境污染纠纷，涉案各方面都有权管辖，但由被污染所在地（即污染发生地）的环境保护行政执法机关管辖，双方管辖发生争议的，由双方协商解决，协商不成的，由其共同的上级环境保护行政执法机关管辖。

（2）时效审查

《环境保护法》第六十六条规定："提起环境损害赔偿诉讼的时效期间为三年，从当事人知道或者应当知道其受到损害时起计算。"超过三年不追溯的，权利人将丧失胜诉权。调处环境污染纠纷也适用此时效期间的规定。

（3）审查有无具体的请求事项和事实依据

环境监察机构受理的污染纠纷调解申请，申请方必须引起纠纷的具体事项，还需提供相应的污染损害或污染影响的证据，以防捕风捉影。

2．立案受理

是否立案受理最迟应在接到申请之日起 7 日内作出决定。

对不符合受理条件的，告知当事人其解决问题的途径。

对符合立案受理条件的，正式立案受理。环境行政执法机关发出受理通知书，同时将受理通知书副本送达被申请人，要求其提出答辩，不答辩的，不影响调处。在以下情况下，即使环保部门有管辖权，也不应受理：

① 人民法院已经受理的环境污染纠纷；

② 其他有权管辖的部门已经受理的重大环境污染纠纷；

③ 下级环境保护行政执法机关已经受理的重大环境污染纠纷；

④ 上级环境保护行政执法机关或人民政府已经受理的重大环境污染纠纷；

⑤ 行为主体无法确定的环境污染纠纷；

⑥ 因时过境迁，证据无法收集，也不可能收集到的环境污染纠纷；

⑦ 超过法定期限的环境污染纠纷。

3．调查取证和鉴定

环保部门在案件受理后，除了对当事人双方提供的证据进行审核外，还要依法客观、公正、全面、及时地收集与案件有关的证据，调查核实污染事实，需要专业技术鉴定的，还要请相关部门（如环境监测站等）作出鉴定，这里特别要注意证据的合法性和有效性问题。

4．审理

对调查取得的证据、信息及当事人提供的证据进行汇总分析，理顺案情，辨明是非，分清责任。如果双方当事人都愿意接受调解，应召集双方当事人进行调解；当事人双方自愿达成协议的，应签订《环境污染纠纷调处协议书》，一式三份，在《环境污染纠纷调处协议书》上签字盖章后送双方当事人。如果有一方当事人不愿意接受调解，对双方又无违法行为需查处的，告知当事人可以通过民事诉讼途径解决环境污染纠纷，调处结束。

案例 5-5：环境污染纠纷调查处理

某市商业城居民李某向本地环保局提出申请，称华新娱乐城自营业以来，锅炉烟尘、噪声对其居住环境造成严重污染，要求环保部门进行处理，排除危害。市环保局受理后，进行了现场勘察，该娱乐城在李某住房隔墙建一燃煤锅炉，烟尘林格曼达 3 级，厂界噪声 71 dB（A），超过了国家规定标准，且该锅炉未经过环境影响评价书（表）审批，经研究决定，责令进行整改，达标后补办手续，并通知对李某提出的污染危害问题进行答辩。该娱乐城接到通知后，开始着手对锅炉除尘进行改造，由于未请专业人员设计，竟三改三败，同时对李某的污染危害未采取任何补救措施。李某只好租用其他房子居住，并提出要求该娱乐城赔偿损失 7 350 元。市环保局对该娱乐城处以 5 000 元罚款，责令停止使用。该娱乐城在环保部门的督促下，将燃煤锅炉闲置，启用燃油锅炉。李某再一次投诉环保部门，要求环保局处理纠纷，令该娱乐城赔偿一年多来的损失 26 050 元。理由为之前超标烟尘、噪声对全家人身体健康造成危害的住院检查及租房的费用等。

市环保局在通知该娱乐城召开了两次调解会，受害方李某认为，由于污染致使自己的住房无法居住，该娱乐城应按照自己在此期间所发生的两次租房租金，租房所开支的水、电安装费，全家开支的医疗、检查费及孩子送回老家上学多开支的费用，老人在老家由别人照顾所开支的费用总计 26 050 元进行赔偿。娱乐城则认为：李某所提出的孩子的医疗费及回家上学多支出的费用等不符合实际，因其孩子已在锅炉运行前回老家上学。同时，该娱乐城提出他们出巨资改用燃油锅炉，污染已不复存在，锅炉污染之事已接受了环保局的 5 000 元罚款，不可能再给居民赔偿。

市环保局鉴于这种情况，终止调解，并作出处理决定。李某以市环保局在污染纠纷处理中认定事实错误，处理不当，提起行政诉讼，要求法院裁决环保局撤销原处理决定，重新作出处理。市中级人民法院以环保部门处理污染纠纷所作决定不是具体行政行为，驳回起诉。李某上诉到河南省高级人民法院，高级人民法院裁决环保部门作出的处理决定属具体行政行为，要求市中级人民法院重新审理。

市中级人民法院择日开庭审理，在审理过程中，原告变更了诉讼请求，法院通知李某在7日内增补预交诉讼费，而李某逾期未交，市中级人民法院最后作出了原告自动撤诉的裁定。

【阅读材料】国内外“环境污染责任保险”

环境污染责任保险是以企业发生污染事故对第三者造成的损害依法应承担的赔偿责任为标的的保险。即排污单位作为投保人，依据保险合同按一定的费率向保险公司交纳保险费，就可能发生的环境风险事故在保险公司投保，一旦发生污染事故，由保险公司负责对污染受害者进行一定金额的赔偿。环境污染责任保险又称绿色保险，是从公众责任保险“第三者责任保险”中独立出来的特殊责任保险。

一、国外“环境污染责任保险”

美国：又称污染法律责任保险，保险人一般只对非故意的、突发性的环境污染事故所造成的人身、财产损害承担保险责任，对企业正常、累积的排污行为所致的污染损害也可予以特别承保。美国针对有毒物质和废弃物的处理所可能引发的损害赔偿责任实行强制保险制度。

德国：强制责任保险与财务担保相结合的制度。德国《环境责任法》规定，存在重大环境责任风险的“特定设施”的所有人，必须采取预先保障措施，包括与保险公司签订损害赔偿责任保险合同。（“特定设施”名录覆盖了所有行业，对于高环境风险的“特定设施”，都要求其所有者投保环境责任保险。）

法国和英国：以自愿保险为主、强制保险为辅。一般由企业自主决定是否就环境污染责任投保，但法律规定必须投保的则强制投保。

二、国内“环境污染责任保险”进展

环境污染责任保险是继“绿色信贷”之后的又一项环境经济政策。它将改变我国过去“企业违法污染获利，环境损害大家埋单”的局面，体现“谁污染、谁治理”政策。

20 世纪 90 年代初，部分城市推出“环境污染责任保险”产品，但市场成效不理想，20 世纪 90 年代中期相关保险产品就退出市场。

2007 年年底，由国家环境保护总局与中国保险监督管理委员会联合发布了《关于环境污染责任保险工作的指导意见》(以下简称《指导意见》)。2008 年环保部与保监会在苏州召开全国环境污染责任保险试点工作会议。江苏、湖北、湖南、河南、重庆、沈阳、深圳、宁波、苏州等省市作为试点地区，并初步确定以危险化学品企业、石化企业、危险废物处置企业、垃圾填埋场、污水处理厂和各类工业园区等作为主要对象试点。

2008 年 7 月，平安保险湖南分公司对昊华化工公司因事故引起的污染损害进行了赔付，这是《指导意见》发布后全国首例环境污染责任保险赔付案，引起了社会广泛关注。

2013 年，环境保护部与中国保险监督管理委员会联合发布《关于开展环境污染责任保险试点工作的指导意见》(环发〔2013〕10 号)，明确环境责任险试点工作开展行业范围。近年来，广东省也在积极研探加快推进环境污染责任保险试点工作。2012 年 6 月，广东省环境保护厅与中国保险监督管理委员会广东监管局联合发布《关于开展环境污染责任保险试点工作的指导意见》；2013 年 4 月，广东省环境保护厅召开环境污染责任保险试点座谈会。

2018 年 7 月，深圳市人居环境委印发了《深圳市环境污染强制责任保险试点企业名录》，正式启动环境污染强制责任保险试点工作。2018 年深圳将率先推行环境污染强制责任保险，并将其列为全市生态文明体制改革重点任务统筹推进，力争为全国推行环境污染强制责任保险制度提供可复制、可借鉴的经验。目前，已有电镀、石油库、危险化学品等十大行业的 1 066 家企业列入试点企业名录。

环境责任险的投保、评估、理赔流程见图 5-3、图 5-4 和图 5-5。

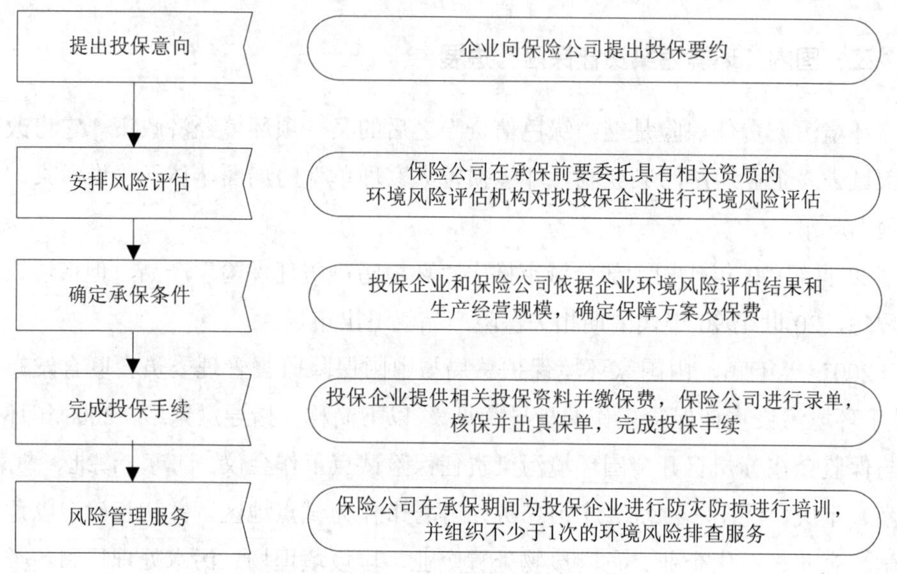

图 5-3 投保流程

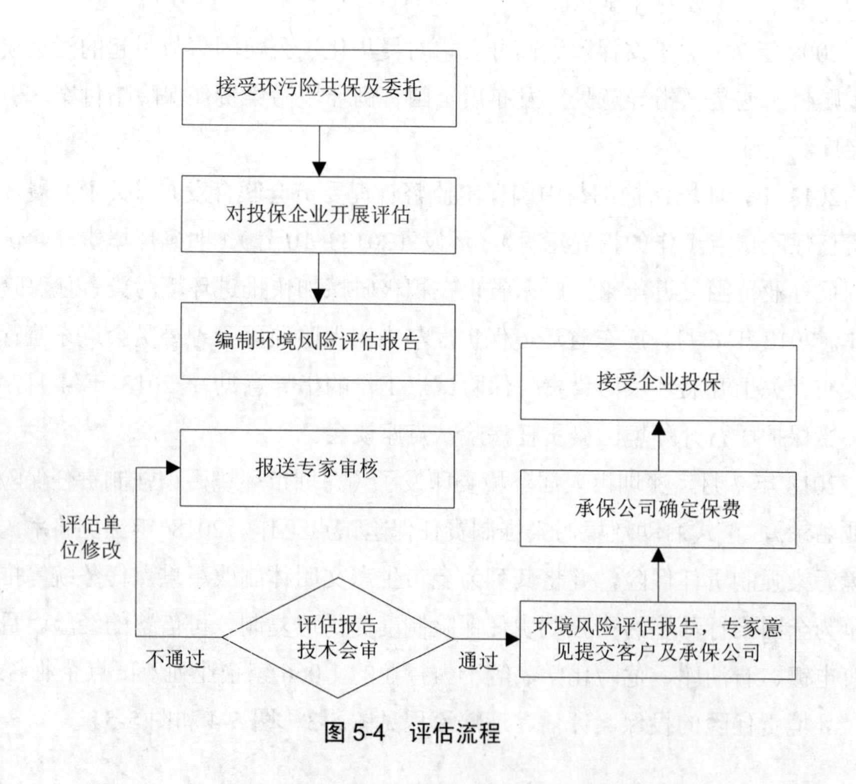

图 5-4 评估流程

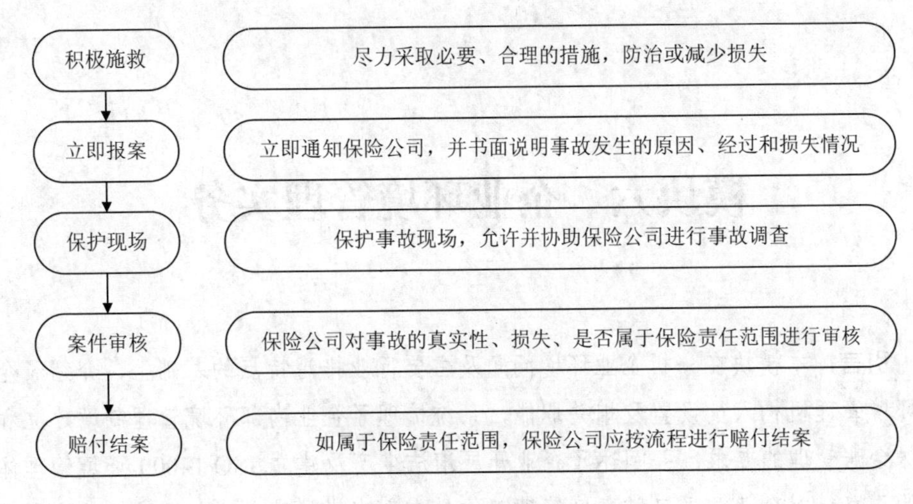

图 5-5　理赔流程

复习思考题

1. 何为企业环境风险？试述环境风险评价的内容和作用。
2. 试述环境应急预案编制的要求。
3. 环境污染责任险是什么？主要针对哪些高风险行业？
4. 突发环境污染事故可分为哪几级？试述环境污染事故调查程序。
5. 试论述环境污染纠纷的程序。

模块六　企业环境管理实务

引言：本模块在分析企业环境问题及主要行业排污特点的基础上，介绍了企业环境管理机构人员设置及相关职能，系统梳理了企业内部环境管理制度建立和环保台账管理的要求，并阐述了企业开展清洁生产及建立 ISO 14000 环境管理体系的思路，对企业开展日常环境管理工作具有现实指导意义，从而让企业实现预防为主、全过程控制的减污新方向。

一、企业环境问题

企业环境问题是环境问题的重要组成部分，主要表现在两个方面：一是环境污染，二是资源浪费。环境污染通常伴随企业的生产活动而产生，在生产过程中有些材料由于技术和经济的因素，有些原材料无法被回收利用而排放到环境中，一方面造成环境污染，另一方面降低了资源的利用效率。根据企业环境问题的行业特点，通过强化企业环境管理，以合理利用能源和资源为中心，结合企业技术改造，将是一条解决环境污染的有效途径。

（一）企业行业类型

按照《国民经济行业分类》（GB/T 4754—2017），中国的国民经济行业可以分为 20 个大类、97 个小类，见表 6-1。

由于行业特点不同，污染物的性质各不相同，所以不同行业排放的污染物和污染规律存在差异。但是，将各个行业的污染概括起来，主要分为水污染、大气污染、噪声污染和固体废物污染四大类。由于行业特点，每个行业的污染重点不同。污染比较严重的行业集中在制造业，其中，制革、化工、电镀、造纸、印染、冶炼、水泥等属于重污染工业群。

表 6-1　国民经济行业分类和代码

门类代码	类别名称	门类代码	类别名称
A	农、林、牧、渔业	K	房地产业
B	采矿业	L	租赁和商务服务业
C	制造业	M	科学研究和技术服务业
D	电力、热力、燃气及水生产和供应业	N	水利、环境和公共设施管理业
E	建筑业	O	居民服务、修理和其他服务业
F	批发和零售业	P	教育
G	交通运输、仓储和邮政业	Q	卫生和社会工作
H	住宿和餐饮业	R	文化、体育和娱乐业
I	信息传输、软件和信息技术服务业	S	公共管理、社会保障和社会组织
J	金融业	T	国际组织

（二）各行业污染特点

1. 纺织印染行业污染特点

纺织废水主要包括印染废水、化纤生产废水、洗毛废水、麻脱胶废水和化纤浆粕废水 5 种。纺织废水含有纤维原料本身的夹带物及加工中所用的浆料、油剂、染料和化学助剂等，具有 COD 变化大、pH 高、色度大、有机物含量高等特点，还会含有大量有毒物质如偶氮染料、甲醛、荧光增白剂和柔软剂等。聚乙烯醇和聚丙烯类浆料不易生物降解；含氯漂白剂污染严重；一些芳香胺染料具有致癌性；染料中具有有害重金属；含甲醛的各类整理剂和印染助剂对人体具有毒害作用等。另外，纺织行业锅炉也会排放大量燃烧废气、二氧化硫和烟尘，使用梭织机过程还会造成较严重的噪声污染，厂内噪声高达 90～106 dB（A）。

2. 化工行业污染特点

化工行业是一个多行业、多品种的工业部门，包括化工原料、化肥、无机盐、农药、燃料、有机原料、化学试剂、涂料、日化等 20 多个行业。化工产品的品种繁多，因此，化工行业排放的废水、废气、废渣，不仅所含污染物复杂，而且具有较高的毒性，化学废渣一般都视为危险废物。

3．造纸行业污染特点

造纸工业是能耗高、物耗高、环境污染严重的行业之一。造纸工业主要是废水污染，污水中含有高浓度有机污染物、悬浮物、色度等；废气污染主要是燃料燃烧废气和硫醇臭气；废渣主要是黑液回收后的废泥。

4．制革行业污染特点

制革工业主要是水污染，制革工业中只有 20%的原料转化成皮革，80%转化成副产品和废物。制革过程中大部分的蛋白质和油脂被废弃，进入废渣和污水中，导致污水中的 COD 和 BOD 浓度很高。因此，制革污水是一种高浓度的有机污水。同时，制革污水中含有大量化工原料，如硫化钠、铬鞣剂、表面活性剂、盐、燃料、酸、碱等。

5．电镀行业污染特点

电镀行业主要以污水和重金属污染为主，有少量的废气和废渣产生。电镀过程中，清洗、酸洗、碱洗、滚洗等产生大量的清洗废水。电镀废水的成分很复杂，含有铬、镉、铜、锌、金、银等多种有毒的重金属元素和剧毒的氰化钠。酸洗过程中氢氟酸的使用造成氟污染。目前，由于非金属材料电镀新技术的应用，电镀废水中还含有各种有机污染物和有机溶剂。电镀污水一般呈酸性，含多种重金属、氢化物和有机物。

6．食品工业污染特点

食品工业是以农、牧、渔、林业产品为主要原料的加工业。食品工业污水主要来自 3 个生产阶段：原料清洗、原料加工和产品成型。污水含有大量的有机物、悬浮物和各种食品添加剂，污水的化学成分比较复杂。食品工业产品众多，其原料、工艺、规模差异很大，水中含有多种致病微生物。污水中含有高浓度的有机物，会造成水体的富营养化。

7．电力行业污染特点

电力行业中对环境污染最大的是火力发电厂。火力发电厂使用的燃料主要有煤、石油和天然气。燃煤电厂的大气污染主要来自煤炭储运、煤粉磨制、锅炉燃烧、气力输灰。废气中对环境造成危害的污染物主要有烟尘、二氧化硫和氮氧化物。

8．钢铁工业污染特点

钢铁工业中污水、废气、废渣的产生量都很大，尤其是废气量更大。一个年产 100 万 t 的钢铁厂，二氧化硫的年排放量在 10 万 t 以上，粉尘的排放量达几十万吨。生产过程中的焦化、烧结、炼铁、炼钢工艺会产生有毒有害的废气，装卸、运输等环节会产生含尘废气。钢铁行业的污水主要来自冷却水、清洗水和除尘冲渣水。钢铁工业的废渣包括冶炼渣、燃料渣、尘泥等，数量很大。

9．有色金属行业污染特点

有色金属行业的污染主要有废水、废气和废渣。

有色金属冶炼工业污水排放量大，污染源复杂，污染物种类繁多，污染物的毒性大。污水的主要来源为设备冷却水、冲渣水、除尘污水等。污水中的污染指标主要有重金属、悬浮物、酚、氰化物、氟化物、油类和 pH 等。

10．建材工业污染特点

建材工业主要包括水泥、玻璃、建筑陶瓷以及制砖业。建材工业行业众多，产品繁杂。建材工业主要是废气污染。在生产过程中，各种窑炉产生大量含尘废气，油毡、砖瓦行业还会产生含氟及氧化沥青等废气。建材行业废气排放量大，废气成分复杂，废气中以无机污染物为主。

11．石油行业污染特点

石油工业包括采油、炼油和石油化工 3 大类：

①采油过程中会产生大量的含油污水，包括洗井水、采油过程排放的地下高盐污水、油水分离后不达标的回注污水；废渣主要是采油泄漏的落地原油；废气主要是采油过程中泄漏的天然气。

②炼油污水中含有废油、COD、硫、酚、氰、酸碱、重金属和碳氢化合物等有毒有害物质。炼油过程会产生、泄漏和蒸发含烃化合物，燃料燃烧会产生废气。废渣主要是白土废渣、酸碱废液、废催化剂和污水处理污泥等。

③石化行业工艺复杂，污染物种类繁多，污水中含有多种重金属如汞、镉、铬、砷、钒、镍、铜、硒及其化合物。固体废物的成分也很复杂，主要有废酸碱液、反应废物、污水处理厂污泥、废催化剂、废气净化产生的非白土、吸附剂和合成分子筛等。

12. 制药行业污染特点

医药产品可分为抗生素、化学制药和中草药 3 类。该行业的特点是产品品种多、生产工序多、原料流失高。不同的药品生产过程中，原料、生产工艺和生产设备的差异很大，废水的成分和浓度也有很大的差异。废水中还有多种有毒有害物质，如硝基类化合物、苯胺类化合物、哌嗪类、氟、汞、铬、铜以及有机溶剂乙醇、苯、氯仿、石油醚等有机物以及金属和废酸碱等污染物。医药生产过程中产生的废气主要是反应尾气，一般含有氯化氢、氨气原料、苯、甲醇、盐酸等溶剂废气，此外还产生燃料燃烧烟尘和粉剂生产粉尘污染。

13. 机械加工工业污染特点

机械工业是我国国民经济的主要行业，约有 90 个大类，几千种产品。城市中的修车和洗车业的污染也属于机械工业污染类型。机械加工的污水主要含有废乳化液、废表面活性剂，设备及零配件清洗、产品实验时产生的含油废水是机械污水的主要来源。机械加工车间的切、削、刨等工艺会产生大量粉尘。产品的表面喷涂工艺会造成含有有机溶剂（苯、甲苯、稀料、丙酮、甲酚）及沥青烟的大气污染。

二、企业环境管理

企业环境管理是指企业运用行政、教育、法律、经济和技术等手段，对生产建设活动的全过程及其对生态的影响进行综合调节、控制和管理，使生产与环境协调发展，以求经济效益、社会效益与环境效益的统一。企业环境管理具有突出的综合性、全过程性和专业性。企业环境管理是企业管理的一个重要组成部分，也是我国环境管理的主要内容之一，在企业中重视全过程的环境管理，是企业实现全方位可持续发展的要求。

（一）企业环境管理机构与人员

企业环境管理体制中，企业生产的领导者同时也必须是环境保护的责任者；工业企业既是生产单位，又应是工业污染的防治单位。企业环境管理要同企业生产经营管理紧密结合，渗透到企业的各项管理之中。企业环境管理的基础在基层，企业的环境管理要落实到车间与岗位，建立厂部、车间和班组的企业环境管理网络，明确相应的管理人员及职责，分级管理。

1. 企业环境管理机构的设置

大型企业环保机构一般应由综合管理、环境监测、环境科研三个方面的专职机构组成。这三个方面是一个有机的整体，缺少哪方面都难以有效地实施企业环境保护工作。企业环境管理机构是综合性的管理结构，是归口管理环境的职能机构。环境监测机构是担负对环境污染进行监视和检测任务的技术部门，是环境管理部门掌握环境状况的耳目和助手。环境科研机构是负责企业环境科研工作的，担负着解决企业污染治理的重任。一些中小型企业会将以上三方面合并为一个机构。

企业环保机构的主要职责是环境管理。有的企业还把环保机构的环境管理职能概括为“规划、组织协调、监督、考核”。规划是根据国内外环保科技发展及本企业的污染情况，制订污染控制以及改善环境质量的计划。组织协调是明确职能科室环保职责范围后，环保科在生产副总直接领导下进行组织协调工作，把这些单位的环保工作在统一的目标下联系起来，防止脱节，如环境保护计划的综合平衡、环境控制指标的协调、综合项目的组织等。监督、考核是监督本企业执行环境保护法律法规及环境管理制度情况，通过监测对污染源进行监控。

2. 企业环境管理人员

目前我国企业环境管理体制具有如下特点：一人主管，分工负责；职能科室，各有专责；落实基层，监督考核。企业环境管理人员基本配置见图 6-1。

“一人主管，分工负责”。公司总经理是企业环境问题的领导责任承担者。一般情况下，公司总经理是法定责任者（在环境保护方面负有法律责任），而环保副总代为主管具体环保工作，其他副总在自己分管的范围内负责有关的环保工作。

“职能科室，各有专责”是指企业领导下的各职能科室，除环保机构主要负责企业的环境管理工作外，其他各职能科室也要在自己的岗位责任制中，明确应负的环境保护责任。

“落实基层，监督考核”是环保机构要负的主要责任。

近年来，各企业面对日益严格的环境法规和标准都不同程度地加强了环境方面的管理，特别是很多大型工业企业在不断强化环境管理的同时健全了管理体制，在最高管理层中大都建立了环境安全部门，在主要决策者中有专人负责这方面的工作，从组织结构上保证可持续发展战略的实施。

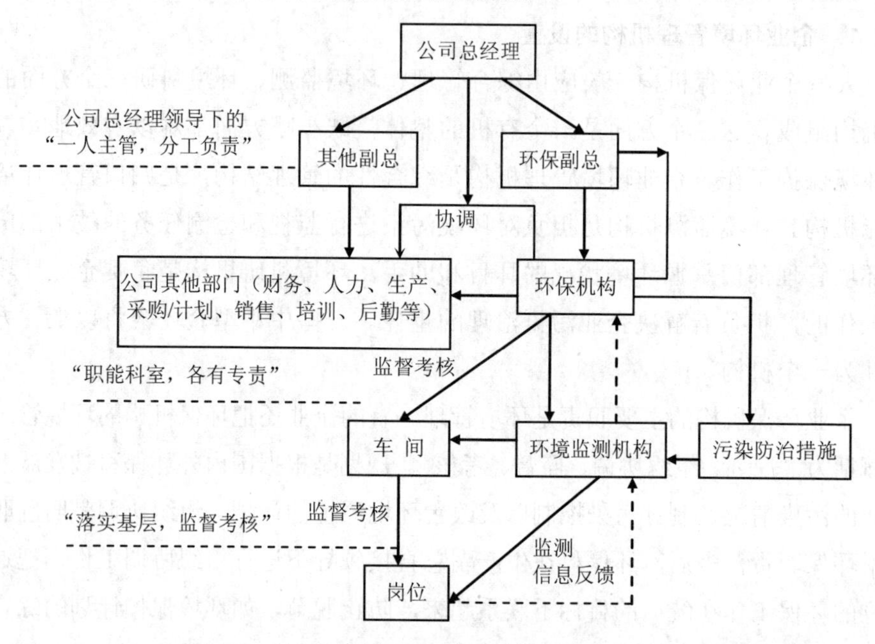

图 6-1 工业企业环境管理体制及环境保护机构分工

企业环境管理体制中相关人员机构与职责见表 6-2。

表 6-2 企业环境管理体制中相关人员机构与职责

名 称	职 责
主管负责人	① 认真贯彻执行国家、省、市制定的环保法规和环保标准，组织制定全厂近期、远期环境保护规划，并按计划实施； ② 负责审批全厂环保岗位制度、工作和年度计划，组织全厂环保工作的实施，协调内外各有关部门之间的关系
安全环保科	① 贯彻执行国家与地方制定的有关环境保护法律与政策，协调生产建设与保护环境的关系，处理生产中发生的环境问题，制定可操作的环保管理制度和责任制； ② 建立各污染源档案和环保设施的运行记录； ③ 负责监督检查环保设施的运行状况、治理效果、存在问题，安排落实环保设施的日常维持和维修； ④ 负责组织制订和实施环保设施出现故障的应急计划；

名　称	职　责
安全环保科	⑤ 负责组织制定和实施日常监督检查中发现问题的纠正措施及预防潜在环境问题发生的预防措施； ⑥ 负责收集国内外先进的环保治理技术，不断改善和完善各项污染治理工艺和技术，提高环境保护水平； ⑦ 做好环境保护知识的宣传工作和环保技能的培训工作，提高工作人员的环保意识和能力，保证各项环保措施的正常有效实施； ⑧ 安排各污染源的监测工作； ⑨ 负责污染事故调查、处理及上报工作； ⑩ 配合当地环保行政主管部门的工作
设备部门	① 负责更新、改造能耗大、污染严重、转化率低的陈旧设备； ② 做好设备的维护维修工作，杜绝设备泄漏污染事故； ③ 订购设备必须严格执行验收制度，防止污染设备进厂
工艺部门	① 负责改善产生污染环境的落后工艺，不用或少用有害有毒的物料，降低原材料的消费定额； ② 对排气和排水中的有害物质制定净化回收工艺，推广无污染、少污染新工艺，防止引进新工艺又产生新污染
能源部门	负责降低煤耗、油耗、气耗，提高能源利用率，从节能中求环境效益，改变燃料结构，开发新的能源，因地制宜地利用日光能、风力、地热、潮汐能等可再生资源
物资部门	① 负责对产生污染的原材料实行环境管理，防止厂内运输和仓库保管过程中出现溢漏污染事故； ② 开展综合利用，做好废旧物资资源的回收工作，生产上不需要的物资，特别是化工原料和有毒废渣必须妥善处理、无害化处理
产品设计部门	① 负责对污染产品实行限期更新换代制度，研制或推广无污染、少污染的新产品； ② 产品设计中取消产生严重污染的技术要求，在设计排放污染的产品时，同时配套设计净化处理设备
基建部门	负责建设项目的环境管理，贯彻执行“三同时”制度和《建设项目环境保护管理办法》，在项目建设前期做好环境影响评价，力争在建设过程中不破坏生态环境，在竣工投产后不污染环境
生产部门	① 负责合理组织生产，产生相同污染物的作业点，如烟尘、粉尘、废水、噪声、电磁波辐射等，应集中生产，以便对产生的污染物进行集中治理； ② 用水量大的作业点应合理布局，以便使工业用水实行闭路循环，一水多用，串级使用，提高水重复利用率，降低废水排放量； ③ 在净化处理装置发生故障时，有关生产设备应停止运转，以免产生的污染物未经处理排入环境
兼职环保员	负责督察环保设施运行情况，了解和掌握车间废水、废气、噪声和固体废物产生及排放情况，并记录在案，出现问题及时向厂长、安全环保科汇报

（二）企业环境管理制度及环保台账

1. 企业基本环境管理制度

企业要结合本单位实际情况，建立健全企业内部环境管理制度，并作为企业领导和全体职工必须遵守的一种规范和准则，“有规可循、违规必究、执规必严”是环境管理计划得以顺利实施的重要保证。各项规章制度要体现环境管理的任务、内容和准则，使环境管理的特点及要求渗透到企业的各项管理工作中。企业应建立健全以下最基本的环境管理制度：

① 企业环境规划管理制度：把环境保护纳入企业的规划管理中，在制定、执行、检查并调整企业发展规划的整个过程中，把生产产品的目标与控制污染的目标结合起来，制定好环境保护规划，对企业的环境保护工作加强指导。

② 企业污染减排制度：企业污染减排制度是企业环境管理的重要内容。首先，企业要有恰当的环境目标，根据区域环境目标及行业的污染控制指标，提出本企业在各阶段的减排环境目标；其次，进行污染源调查，分析主要污染源及主要污染物；最后，将主要污染物削减总量进行分解，分配到主要污染源，研究综合防治措施，并组合成各种方案，运用系统分析等方法，选取最优的方案，并提出所需的投资、设备、器材等。

③ 企业环境保护设施设备运行管理制度，包括企业环境保护设施设备操作规程、交接班制度、台账制度、环境保护设施设备维护保养管理制度、环境保护设施设备运转巡查制度等。

④ 企业环境风险应急管理制度，包括环境风险管理、环境事故应急报告、综合环境事件应急预案和有关专项预案等。

⑤ 企业环境监督员管理制度，包括企业环境管理总负责人和企业环境监督员工作职责、工作规范等。

⑥ 企业环境综合管理制度，包括企业各部门环境职责分工、环境报告制度、环境监测制度、尾矿库或渣场环境管理制度、危险废物环境管理制度、环境宣传教育和培训制度等。

⑦ 其他企业环境管理制度，例如，环保奖罚管理制度、环保卫生管理制度、污染物排放及环保统计工作管理制度、化验室安全环保管理制度、“跑、冒、滴、

漏”管理制度等。

以上制度应作为企业基本环境管理制度，以企业内部文件形式下发到各车间、部门，纳入环境保护管理档案，在企业内公示、张贴，在日常生产中贯彻落实到位。

2. 企业环保台账管理

企业环境管理台账和资料见表 6-3。表中所列企业环境管理档案应分年度分类装订，资料台账完善整齐，装订规范，排污许可证齐全，监测记录连续完善，指标符合环境管理要求，能全面反映企业在环保方面的情况。根据《排污单位环境管理台账及排污许可证执行报告技术规范　总则（试行）》（HJ 944—2018），环境管理台账记录要求如下：

（1）一般原则

排污单位应建立环境管理台账记录制度，落实环境管理台账记录的责任单位和责任人，明确工作职责，并对环境管理台账的真实性、完整性和规范性负责。一般按日或按批次进行记录，异常情况应按次记录。

（2）记录形式

分为电子台账和纸质台账两种形式。

（3）记录内容

包括基本信息、生产设施运行管理信息、污染防治设施运行管理信息、监测记录信息及其他环境管理信息等，参照 HJ 944—2018 的附录 A。生产设施、污染防治设施、排放口编码应与排污许可证副本中载明的编码一致。

①基本信息：包括排污单位生产设施基本信息、污染防治设施基本信息。

• 生产设施基本信息：主要技术参数及设计值等。

• 污染防治设施基本信息：主要技术参数及设计值；对于防渗漏、防泄漏等污染防治措施，还应记录落实情况及问题整改情况等。

②生产设施运行管理信息：包括主体工程、公用工程、辅助工程、储运工程等单元的生产设施运行管理信息。

• 正常工况：运行状态、生产负荷、主要产品产量、原辅料及燃料等。

• 非正常工况：起止时间、产品产量、原辅料及燃料消耗量、事件原因、应对措施、是否报告等。

对于无实际产品、燃料消耗、非正常工况的辅助工程及储运工程的相关生产设施，仅记录正常工况下的运行状态和生产负荷信息。

③污染防治设施运行管理信息

· 正常情况：运行情况、主要药剂添加情况等。

· 异常情况：起止时间、污染物排放浓度、异常原因、应对措施、是否报告等。

④监测记录信息

按照 HJ 819 及各行业自行监测技术指南规定执行。监测质量控制按照 HJ/T 373 和 HJ 819 等规定执行。

⑤其他环境管理信息

无组织废气污染防治措施管理维护信息：管理维护时间及主要内容等。

其他信息：法律法规、标准规范确定的其他信息，企业自主记录的环境管理信息。

（4）记录频次

①基本信息：对于未发生变化的基本信息，按年记录，1 次/年；对于发生变化的基本信息，在发生变化时记录 1 次。

②生产设施运行管理信息

a. 正常工况：

➢ 运行状态：一般按日或批次记录，1 次/日或批次。

➢ 生产负荷：一般按日或批次记录，1 次/日或批次。

➢ 产品产量：连续生产的，按日记录，1 次/日。非连续生产的，按照生产周期记录，1 次/周期；周期小于 1 天的，按日记录，1 次/日。

➢ 原辅料：按照采购批次记录，1 次/批。

➢ 燃料：按照采购批次记录，1 次/批。

b. 非正常工况：按照工况期记录，1 次/工况期。

③污染防治设施运行管理信息

a. 正常情况：

➢ 运行情况：按日记录，1 次/日。

➢ 主要药剂添加情况：按日或批次记录，1 次/日或批次。

➢ DCS 曲线图：按月记录，1 次/月。

b. 异常情况：按照异常情况期记录，1 次/异常情况期。

④监测记录信息：按照 HJ 819 及各行业自行监测技术指南规定执行。

⑤其他环境管理信息

废气无组织污染防治措施管理信息：按日记录，1 次/日。

特殊时段环境管理信息：对于停产或错峰生产的，原则上仅对停产或错峰生产的起止日期各记录 1 次。

其他信息：依据法律法规、标准规范或实际生产运行规律等确定记录频次。

（5）记录存储及保存

①纸质存储：应将纸质台账存放于保护袋、卷夹或保护盒等保存介质中；由专人签字、定点保存；应采取防光、防热、防潮、防细菌及防污染等措施；如有破损应及时修补，并留存备查；保存时间原则上不低于 3 年。

②电子化存储：应存放于电子存储介质中，并进行数据备份；可在排污许可管理信息平台填报并保存；由专人定期维护管理；保存时间原则上不低于 3 年。

表 6-3　工业企业环境管理台账和资料

项目	主要内容
企业基本情况	① 企业基本情况简介及经济发展概况； ② 年度工业污染源普查表； ③ 年度排污申报登记表； ④ 排污许可证（正本、副本、年检情况）； ⑤ 主要污染物（要注明污染物种类、年度排放量、何种工艺产生等）及污染治理情况（废水、废气、噪声要分别列明，可参考本单位环境影响评价报告或治理方案等内容编写）； ⑥ 企业环保工作年度总结； ⑦ 企业生产经营、产业结构变化情况，有无不符合国家有关政策要求的生产工艺、生产设施情况； ⑧ 淘汰、技改或关停计划及其落实情况； ⑨ 企业生产工艺流程图； ⑩ 企业厂区平面图，需反映企业厂区及周边情况，并标注主要污染源位置（废水、废气、噪声）、污染物排放口位置、雨水口位置、雨水和污水管线等

项目		主要内容
建设项目资料		① 环境影响评价报告书（报告表或登记表）及批复（包括新建、改建、扩建项目）； ② 试生产申请及批复文件； ③ 环保“三同时”验收资料（包括竣工验收申请、竣工监测验收报告、验收意见，下达给企业的污染物排放总量等）； ④ 环保设施设计、施工资料
日常环保工作开展情况	企业环保制度	① 企业环境管理机构设置网络图； ② 各部门、岗位工作职责； ③ 环境管理工作人员专业技术培训情况； ④ 污染治理设施操作人员上岗培训情况； ⑤ 企业制定的环保管理制度； ⑥ 污染治理设施工艺流程及操作规程； ⑦ 自动化监控设备操作规程； ⑧ 适用于本企业的环保法律、法规、规章制度、标准及相关政策文件汇编
	环保设施运行	① 污水处理设施运行统计报表及相关资料（主要包括污水处理量、药剂使用量、用电量、主要用电设备及用电负荷、设施运行情况、进出口污染物浓度监测情况等）； ② 废气处理设施运行统计报表及相关资料（主要包括废气处理量、药剂使用量、用电量、主要用电设备及用电负荷、设施运行情况、进出口污染物浓度监测情况等）； 统计报表的表格形式由企业根据自身环保设施情况自行制定，一般按月度统计，汇总出整年度情况，建立企业环保设施运行情况台账。企业环保设施每天运行记录原始资料，整理后按年度装订，保存于企业备查。 ③ 自动化监控设备验收文件（废水、废气）； ④ 自动化监控设备专业化运行委托合同（自行运行的，需包含日常运行记录）； ⑤ 自动化监控设备维护委托合同（自行维护的，需包含日常维护、检修记录等）； ⑥ 环保设施启动、损坏、停运、检修等情况上报环保部门的报告； ⑦ 排污口规范化建设情况（验收文件及图片）
	固体废物处置	① 工业固体废物处置情况统计表（列明年度工业固体废物种类、产生量及综合利用、处置利用方式、处置利用量等）； ② 年度工业固体废物申报登记表； ③ 危险废物处置情况统计表（按危险废物分类列明年度各类危险废物产生量、处理处置量等）； ④ 工业固体废物及危险废物委托协议或合同； ⑤ 受委托单位危险废物经营许可证复印件； ⑥ 危险废物转移联单按年度装订，复印件报有关环保部门，原件保存于企业备查

<table>
<tr><th colspan="2">项目</th><th>主要内容</th></tr>
<tr><td rowspan="2">日常环保工作开展情况</td><td>应急预案</td><td>① 企业制定的防范环境风险事故的应急预案；
② 企业风险源汇总表（包括危险废物、辐射源、危化品及容易引发环境安全事故的隐患等）；
③ 实施的环境污染事故应急演练记录及声像资料；
④ 发生环境污染事故的处置情况及总结材料</td></tr>
<tr><td>其他环保资料</td><td>① ISO 14000 环境管理体系建立情况；
② 清洁生产审核开展情况，项目进展、验收情况等；
③ 企业主要产品及产量年度统计表，主要原辅材料年度使用情况统计表，并附主要产品销售单据，主要原辅材料购置单据等；
④ 企业用水（注明自来水、自备水、循环用水量、总用水量）、用煤、用电情况年度统计表（按月列表）及耗费票据、煤质分析报告等；
⑤ 环保工作取得的成绩及获得的各类环保荣誉</td></tr>
</table>

三、企业清洁生产

随着工业化发展速度的加快，末端治理这一污染控制模式的种种弊端逐渐显露出来。人们逐渐认识到，仅依靠开发更有效的污染控制技术所能实现的环境改善十分有限，关心产品和生产过程对环境的影响，依靠改进生产工艺和加强管理等措施来消除污染更为有效，于是清洁生产战略应运而生。清洁生产是环境保护战略具有重大意义的创新，是工业可持续发展的必然选择。

（一）清洁生产含义

1．清洁生产概念

清洁生产在不同的发展阶段或不同的国家有不同的提法，如“污染预防”“废物最小化”“源削减”“无废工艺”等，但其基本内涵是一致的，即对生产过程、产品及服务采用污染预防的战略来减少污染物的产生。

联合国环境规划署关于清洁生产的定义如下：清洁生产是一种新的创造性思想，该思想将整体预防的环境战略持续应用于生产过程、产品和服务中，以增加生态效率和减少人类及环境的风险。对生产过程，要求节约原材料和能源，淘汰有毒原材料，削减所有废物的数量和毒性；对产品，要求减少从原材料提炼到产品最终处置的全生命周期的不利影响；对服务，要求将环境因素纳入设计和所提供的服务中。

清洁生产除强调“预防”外，还体现了以下两层含义：①可持续性：清洁生产是一个相对的、不断的持续进行的过程；②防止污染物转移：将气、水、土地等环境介质作为一个整体，避免末端治理中污染物在不同介质之间进行转移。

2．开展清洁生产的意义

清洁生产是一种全新的发展战略，它借助于各种相关理论和技术，在产品的整个生命周期的各个环节采取“预防”措施，通过将生产技术、生产过程、经营管理及产品等方面与物流、能量、信息等要素有机结合起来，并优化运行方式，从而实现最小的环境影响、最少的资源和能源使用、最佳的管理模式以及最优化的经济增长水平。更重要的是，环境作为经济的载体，良好的环境可更好地支撑经济的发展，并为社会经济活动提供所必需的资源和能源，从而实现经济的可持续发展。

清洁生产是一个系统工程。一方面它提倡通过工艺改造、设备更新、废弃物回收利用等途径，实现“节能、降耗、减污、增效”，从而降低生产成本，提高企业的综合效益；另一方面它强调提高企业的管理水平，提高包括管理人员、工程技术人员、操作工人在内的所有员工在经济观念、环境意识、参与管理意识、技术水平、职业道德等方面的素质。同时，清洁生产还可有效改善操作工人的劳动环境和操作条件，减轻生产过程对员工健康的影响，为企业树立良好的社会形象，促进公众对其产品的支持，提高企业的市场竞争力。

（二）清洁生产审核

1．清洁生产审核概念

清洁生产审核是指按照一定程序，对生产和服务过程进行调查和诊断，找出能耗高、物耗高、污染重的原因，提出减少有毒有害物料的使用、产生，降低能耗、物耗以及废物产生的方案，进而选定技术可行、经济合算及符合环境保护的清洁生产方案的过程。生产全过程要求采用无毒、低毒的原材料和无污染、少污染的工艺和设备进行工业生产；对产品的整个生命周期过程则要求从产品的原材料选用到使用后的处理和处置不构成或减少对人类健康和环境危害。

2. 清洁生产审核作用

① 通过工艺改造、设备更新、废物回收利用等途径，实现“节能、降耗、减污、增效”；

② 降低生产成本，提高组织的综合效益；

③ 提高组织的管理水平，提高包括管理人员、工程技术人员、操作工人在内的所有员工的管理意识、环境意识、经济观念、技术水平；

④ 清洁生产还可有效改善操作工人的劳动环境和操作条件，减轻生产过程对员工健康的影响；

⑤ 为组织树立良好的社会形象，促进公众对其产品的支持，提高组织的市场竞争力。

3. 清洁生产审核范围与对象

清洁生产审核分为强制性清洁生产审核和自愿性清洁生产审核。实施强制性清洁生产审核的企业有：

① 污染物排放超过国家和地方排放标准，或者污染物排放总量超过地方人民政府核定的排放总量控制指标的污染严重企业（简称“双超企业”）；

② 生产中使用或排放有毒有害物质的重点企业（简称“双有企业”），有毒有害物质是指被列入《危险货物品名表》（GB 12268）、《危险化学品名录》《危险废物名录》和《剧毒化学品名录》中的剧毒、强腐蚀性、强刺激性、放射性（不包括核电设施和军工核设施）、致癌、致畸等物质。

案例 6-1： 某化工厂自参加国家清洁生产培训以来，进行了不间断的清洁生产，各级领导清洁生产意识不断得到增强，克服了资金和技术方面的困难，分批分期实施了己二酸和氯化苯生产工艺审核提出的替代方案，取得了明显的经济效益和环境效益，积累了进行清洁生产的经验，增强了持续深入开展清洁生产的信心，其成功经验表现在：

① 培育了清洁生产意识：该企业 2009 年 7 月首次开展对己二酸生产工艺清洁生产审核，年底完成了清洁生产审核报告，通过实施无/低费方案取得的效果，使企业领导认识到：生产工艺中存在很多“降耗、节能、减污”的机会，实施清洁生产对降低消耗、增加收益、减轻污染有着重要的意义，树立了开展清洁生产

的信心，在完成己二酸产品清洁生产审核后，2010 年年初相继对氯化苯生产工艺进行了清洁生产审核，当年提出了审核报告，目前已起步对烧碱、乙烯两个产品进行清洁生产审核，做到清洁生产审核工作不间断地进行。

② 克服了资金技术障碍：就全国企业实施清洁生产情况来看，资金和技术尤其资金短缺，是影响实施清洁生产普遍存在的关键障碍，该企业不是消极地等待外部条件，而着眼自身，努力寻求多种途径克服资金和技术的困难。

按照先易后难的原则，优先实施无/低费或中费方案，将获取的收益弥补实施高费方案的资金短缺；依靠企业技术人员和员工的努力，完成替代方案中设备改进或制造及安装任务，节省工程投资；把清洁生产替代方案，纳入企业设备检修或生产工艺技术改造中一并解决；带着实施清洁生产中的技术难点，到同行业中调查和收集先进技术、信息，克服实施清洁生产中的技术障碍。

截至 2012 年，分期分批完成了己二酸和氯化苯两个产品清洁生产审核提出的 24 项替代方案。

③ 调整了环保机构：为了巩固清洁生产成果，该企业针对清洁生产审核发现生产管理中存在的缺陷，调整了环保机构。实施清洁生产后，为了在生产工艺过程中控制污染物的产生，调整环保处为生产环保处，环保管理不仅监督尾端污染物排放情况，更重要的是把环保管理内容渗透到生产管理之中，互为补充，相互促进，取得了环保与生产的内在统一。

④ 完善健全了管理制度：针对清洁生产审核发现的生产工艺中“跑、冒、漏”及物料流失等问题，完善了设备完好率、运转率和定期检修制度以及修订了原料消耗定额等规章，并将每个员工工作优劣与奖金、工资挂钩，实行守章者有奖、违章者受罚、按月评定、奖惩兑现。运用行政管理制度和经济鼓励相结合的手段，增强了员工的工作责任感和学习技术的积极性，它对巩固清洁生产成果具有重要的作用。

4．清洁生产奖励政策

国家和地方对进行清洁生产的企业实行一定的政策支持和资金扶持，无论是强制性实施还是自愿性实施的企业，只要通过清洁生产审核评估/验收，其清洁生产审核费用、实施清洁生产方案费用均优先享受地方各级政府固定资产投资、技术改造资金、清洁生产专项资金、污染减排专项资金和环保专项资金的支持。

（1）广东省鼓励政策

申请部门：广东省经济和信息化委员会。

奖励方式：被广东省经济和信息化委员会、环保厅和科技厅认定为“广东省清洁生产企业”的企业可获奖励5万元，并获得“广东省清洁生产企业”称号。

（2）深圳市鼓励政策

申请部门：深圳市经济贸易和信息化委员会。

奖励方式：清洁生产审核资助项目；清洁生产企业奖励资金；能源审计费用补贴（50%，≤5万元）；节能补助（15%，≤100万元）；节能贴息（按项目贷款全额贴息，一般≤300万元，重点≤600万元）；鹏城减废行动（先进2万元，卓越10万元）；对通过自愿性清洁生产审核验收的企业，给予表彰（“深圳市清洁生产企业”称号）和奖励（5万元）。

（3）东莞市鼓励政策

申请部门及依据：东莞市对外贸易经济合作局，《东莞市节能与清洁生产专项资金管理暂行办法》。

奖励方式：对通过市级自愿性清洁生产审核验收，获得“东莞市清洁生产企业”称号的，给予一次性奖励10万元，市级清洁生产企业，通过省经济和信息化委员会组织的审查，获得“广东省清洁生产企业”称号的，再给予一次性奖励20万元。

（4）惠州市鼓励政策

申请部门及依据：惠州市经济和信息化局，《惠州市节能专项资金管理暂行办法》。

奖励方式：对自愿开展清洁生产审核的企业，经验收合格，获得“惠州市清洁生产企业”称号，节能降耗、减污效果显著的，给予奖励；对单个项目补助金额原则上不超过项目实施单位自筹资金的50%，最高补助金额不超过40万元。

（5）中山市鼓励政策

申请部门及依据：中山市经济和信息化局，《中山市工业发展专项资金节能与清洁生产项目资助实施细则》。

奖励方式：自愿性开展清洁生产审核并获得“广东省清洁生产企业”称号的单位，一次性补贴 8 万元；自愿性开展清洁生产审核并获得“中山市清洁生产企业”称号的单位，一次性补贴 3 万元。

（6）江门市鼓励政策

申请部门及依据：江门市经济和信息化局，《江门市节能专项资金管理规程》。

奖励方式：自愿性开展清洁生产审核并获得“广东省清洁生产企业”称号的单位，一次性给予 3 万～5 万元奖励；自愿性开展清洁生产审核并获得“江门市清洁生产企业”称号的单位，一次性给予 1 万～2 万元奖励。

5. 清洁生产审核思路

清洁生产审核思路可用一句话概括，即判明废物产生的部位，分析废物产生的原因，提出方案以减少或消除废物。清洁生产审核思路可从以下三方面开展，具体见图 6-2。

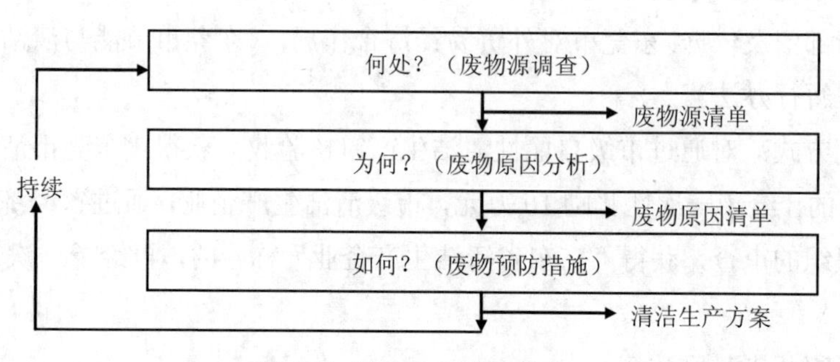

图 6-2 清洁生产审核思路

① 废物在哪里产生？通过现场调查和物料平衡找出废物的产生部位并确定产生量，列出污染源（废物）清单。

② 为什么会产生废物？对废物产生的原因进行分析，这要求分析产品生产过程的每一个环节，如原辅材料和能源、技术工艺、设备、过程控制、管理、员工、产品、废物等。

③ 如何消除这些废物？针对每一个废物产生原因，设计相应的清洁生产方案，包括无/低费方案和中高费方案，方案可以是一个、几个甚至几十个，通过实

施这些清洁生产方案来消除这些废物的产生原因，从而减少废物产生。

审核思路中提出要分析污染物产生的原因和提出预防或减少污染产生的方案，这两项工作该如何去做呢？为此需要分析生产过程中污染物产生的主要途径，这也是清洁生产与末端治理的重要区别之一。

抛开生产过程千差万别的企业个性，概括出企业生产的共性，有如图 6-3 所示的生产过程。

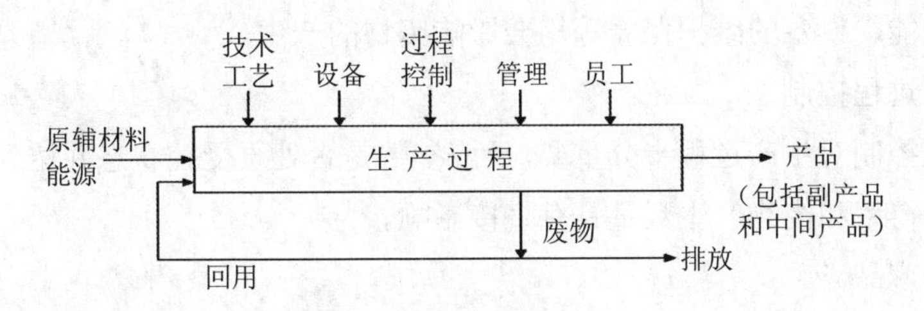

图 6-3　企业生产过程

从图 6-3 可以看出，一个生产和服务过程可抽象成 8 个方面，即原辅材料和能源、技术工艺、设备、过程控制、管理、员工等 6 个方面的输入，得出产品和废物的输出。不得不产生的废物，要优先采用回收和循环使用措施，剩余部分才向外界环境排放。从清洁生产的角度看，废物产生的原因与这 8 个方面都可能相关，这 8 个方面中的某几个方面直接导致废物的产生。

根据上述生产过程框图，对废物的产生原因分析要针对以下 8 个方面进行：

（1）原辅材料和能源

原辅材料本身所具有的特性，如纯度、毒性、难降解性等，在一定程度上决定了产品及其生产过程对环境的危害，因而选择对环境无害的原辅材料是清洁生产所要考虑的重要方面。有些能源在使用过程中直接产生废物，而有些则间接产生废物，因此节约能源、使用二次能源和清洁能源将有利于减少污染的产生。除原辅材料和能源本身所具有的特性外，原辅材料的储存、发放、运输、投入方式和投入量等都决定了废物产生的种类和数量。

（2）技术工艺

生产过程的技术工艺水平基本上决定了废物产生的数量和种类，先进技术可以提高原材料的利用效率，从而减少废物的产生。结合技术改造预防污染是实现清洁生产的重要途径。连续生产能力差、生产稳定性差、工艺条件过严等都可能导致废物的产生。

（3）设备

设备作为技术工艺的具体体现在生产过程中也具有重要作用，设备的搭配、自身的功能、设备的维护保养等均会影响废物的产生。

（4）过程控制

过程控制对生产过程十分重要，反应参数是否处于受控状态并达到优化水平，对产品的得率和废物产生数量具有直接影响。

（5）产品

产品本身决定了生产过程，同时产品性能、种类的变化往往要求生产过程作出相应的调整，因而也会影响废物的种类和数量。此外，包装方式和用材、体积大小、报废后的处置方式以及产品储运和搬运过程等，都是在分析和研究产品相关的环境问题时应加以考虑的因素。

（6）管理

我国目前大部分企业的管理现状和水平，也是导致物料、能源的浪费和废物增加的一个主要原因。加强管理是组织发展的永恒主题，任何管理上的松懈和遗漏，如岗位操作过程不够完善、缺乏有效的奖惩制度等，都会影响废物的产生。通过组织的“自我决策、自我控制、自我管理”方式，可把环境管理融入组织全面管理之中。

（7）员工

任何生产过程，无论其自动化程度多高，从广义上讲均需要人的参与，因而员工素养的提高和积极性的激励也是有效控制生产过程废物产生的重要因素。缺乏专业技术人员、缺乏熟练的操作工人和优良的管理人员以及员工缺乏积极性和进取精神等都可能导致废物的增加。

（8）废物

废物本身所具有的特性和状态直接关系到它是否可再用和循环使用，只有当它离开生产过程才称其为废物，否则仍为生产过程中的有用物质，对这些应尽可能回收，以减少废物排放的数量。

废物产生的数量往往与能源和资源利用率密切相关。清洁生产审核的一个重要内容就是通过提高能源和资源利用率，减少废物产生量，达到环境与经济“双赢”目的。当然，以上对生产过程 8 个方面的划分并不是绝对的，在许多情况下存在着相互交叉和渗透的情况。例如，一套设备可能就决定了技术工艺水平，过程控制不仅与仪器仪表有关，还与员工及管理有很大的关系等，但 8 个方面仍各有侧重点，原因分析时应归结到主要原因上。

注意对于每一个污染源都要从以上 8 个方面进行原因分析并针对原因提出相应的解决方案，但这并不是说每个污染源都存在这 8 个方面的原因，它可能是其中的一个或几个。

6. 清洁生产审核主要程序

组织实施清洁生产审核是推行清洁生产的重要组成和有效途径。基于我国清洁生产审核示范项目的经验，并根据国外有关废物最小化评价和废物排放审核方法与实施的经验，国家清洁生产中心开发了我国的清洁生产审核程序，包括 7 个阶段、35 个步骤。

（1）筹划和组织

重点是取得企业高层领导的支持与参与，组建清洁生产审核小组，制订审核工作计划和宣传清洁生产思想。取得组织高层领导的支持和参与是清洁生产审核准备阶段的重要工作。审核过程需要调动组织各个部门和全体员工积极参加，涉及各部门之间的配合，需要投入一定的物力和财力，需要领导的发动和督促，这些首先都需要取得高层领导对审核工作的大力支持。这既是顺利实施审核工作的保证，也是审核提出的清洁生产方案做到切合实际、实施起来容易取得成效的关键。从实际来看，越是领导支持的组织，审核工作的进展越顺利，审核成果也越明显。

（2）预评估

预评估，是从生产全过程出发，对企业现状进行调研和考察，摸清污染现状和产污重点并通过定性比较或定量分析，确定审核重点。工作重点是评价企业的产污排污状况，确定审核重点，并针对审核重点设置清洁生产目标。审核领导小组根据所获取的信息，列出企业的主要问题，从中选出若干问题或环节作为备选审核重点。备选重点的条件：污染严重的环节或部位；消耗大的环节或部位；环境及公众压力大的环节或问题；严重影响或威胁正常生产构成生产"瓶颈"的部位；在区域环境质量改善中起重点作用的环节等。一般以消耗大或污染较重的环节或部位作为清洁生产审核备选重点，一般为 3～5 个。最后根据各备选重点的废物排放量、毒性和消耗等情况，进行对比、分析、论证后选定审核重点。通常是污染最严重、消耗最大的部位定位第一轮审核重点，同时要综合考虑资金、技术、企业经营目标、年度计划等综合因素。审核重点确定后，由审核领导小组制定明确的清洁生产目标，即审核重点实行清洁生产后要达到的要求，包括近期目标和中长期目标。

（3）评估

建立审核重点物料平衡，进行废物产生原因分析。本阶段的工作重点是实测输入输出物流，建立物料平衡，分析废物产生原因。在摸清组织产污排污状况并与国内外同类型组织比较之后，初步分析出产污原因，并对执行环保法律法规和标准的状况进行评价。评估阶段针对审核重点展开工作，此阶段工作主要包括物料输入输出的实测、物料平衡、废物产生原因的分析等 3 项内容。物料输入输出实测和平衡的目的是准确判明物料流失和污染物产生的部位和数量，通过数据反复衡算准确得出污染源清单，针对每个产生部位的每种污染物仍然要求全面地分析产生的原因。

（4）方案产生和筛选

针对废物产生原因，提出相应的清洁生产方案并进行筛选，编制组织清洁生产中期审核报告。第 3 阶段针对审核重点在物料平衡的基础上分析出污染物产生的原因，接下来应针对这些原因提出切实可行的清洁生产方案，包括无/低费和中高费方案。审核重点清洁生产方案既要体现污染预防的思想，又要保证审核的成效性和预定清洁生产目标的完成，因此，方案的产生是审核过程的一个关键环节，这一阶段提出的方案要尽可能得多，其可行性将在第 5 阶段加以研究。

（5）可行性分析

对筛选出的中高费清洁生产方案进行可行性评估是在结合市场调查和收集与方案相关的资料基础上，对方案进行技术、环境、经济的一系列可行性分析和比较，对照各投资方案的技术工艺、设备、运行、资源利用率、环境健康、投资回收期、内部收益率等多项指标结果，以确定最佳可行的推荐方案。

（6）方案实施

实施方案，并分析、跟踪验证方案的实施效果。推荐方案只有经实施后，才能达到预期的目的，获得显著的经济效益和环境效益，使组织真正从清洁生产审核中获利，因此方案的实施在整个审核过程中占有相当的分量。推荐方案的立项、设计、施工、验收等，都需按照国家、地方或部门的有关程序和规定执行。在方案可分别实施且不影响生产的条件下，可对方案实施顺序进行优化，先实施某项或某几项方案，然后利用方案实施后的收益作为其他方案的启动资金，使方案滚动实施。

（7）持续清洁生产

制订计划、措施，在组织中持续推行清洁生产，编制组织清洁生产审核报告。

清洁生产审核 7 个阶段的工作中第 2 阶段的预评估、第 3 阶段的评估、第 4 阶段方案产生和筛选以及第6阶段的方案实施作为审核过程中富有特色而且又是工作重点的阶段充分体现出上述审核思路。第 4 阶段通过广泛调研、专家咨询等方法产生清洁生产方案包括无/低费和中高费方案，无/低费方案一旦可行和有效，要求尽快加以实施，中高费方案待可行性认证挑选出最佳的实施方案后，第六阶段安排实施。由此可见，针对审核重点展开的持续审核过程仍贯穿了清洁生产的审核思路。

组织清洁生产审核是一项系统而细致的工作，在整个审核过程中应注重充分发动全体员工的参与积极性，解放思想、克服障碍、严格按审核程序办事，以取得清洁生产的实际成效并巩固下来。

整个清洁生产审核过程分为两个时段，即第一时段审核和第二时段审核。

第一时段审核包括筹划与组织、预评估、评估和方案产生与筛选等 4 个阶段。第一时段审核完成后应总结阶段性成果，提交清洁生产审核中期报告，以利于清洁生产审核的深入进行。

第二时段审核包括可行性分析、方案实施和持续清洁生产 3 个阶段。第二时段审核完成后应对清洁生产审核全过程进行总结，提交清洁生产审核报告，并展开下一阶段清洁生产工作。

组织清洁生产审核工作程序见图 6-4。

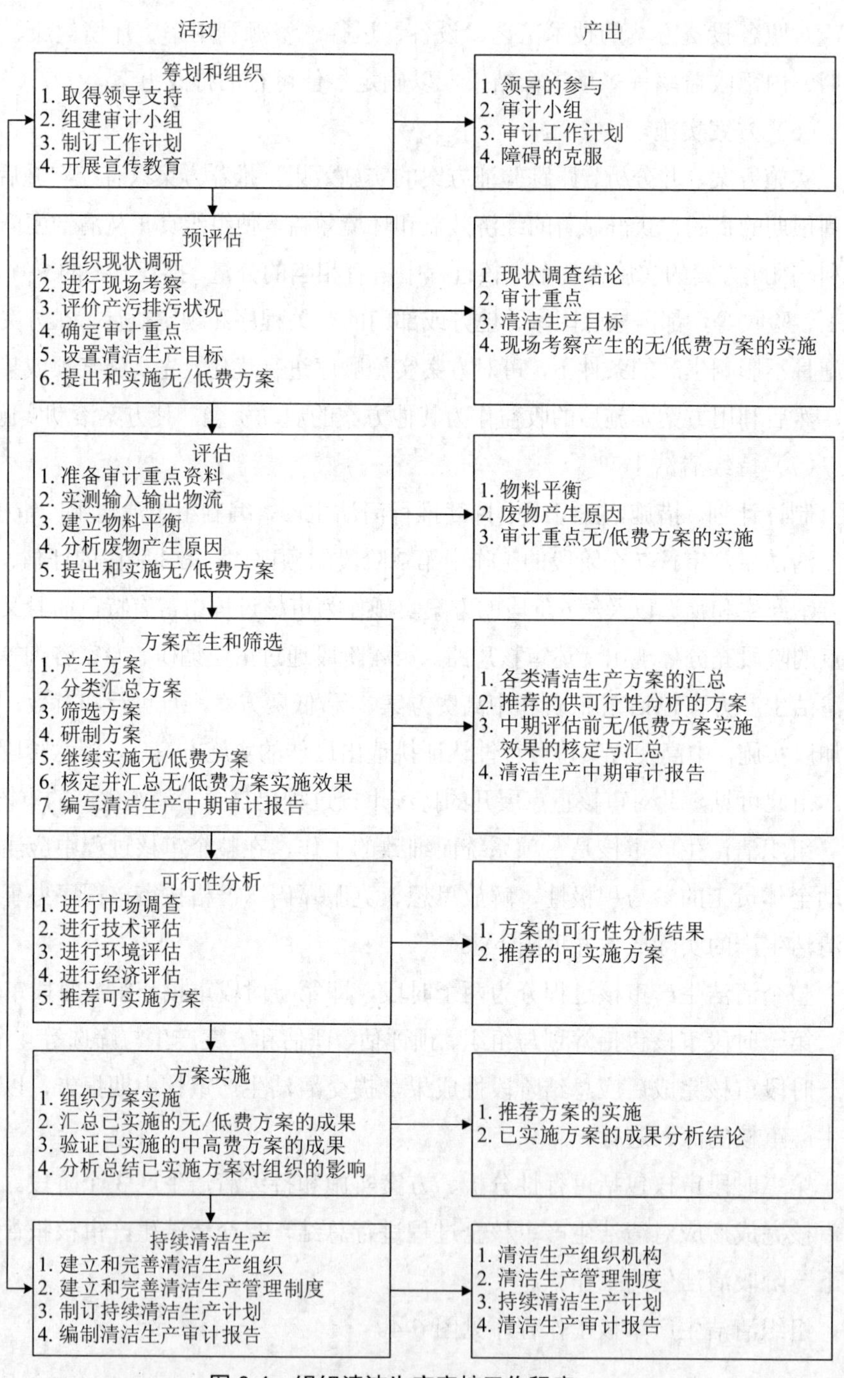

图 6-4 组织清洁生产审核工作程序

四、ISO 14000 环境管理体系

1991 年 7 月，国际标准化组织（ISO）成立了“环境战略咨询组”（SAGE），把环境管理标准化问题提上议事日程，经过一年多的工作，SAGE 向 ISO 提出建议：要向质量管理一样，针对环境也制定一套管理标准，以加强组织获得和衡量改善环境的能力。根据 SAGE 的建议，ISO 于 1993 年 6 月正式成立一个专门机构 TC207（环境管理技术委员会），着手制定环境管理领域的国际标准，即 ISO 14000 环境管理系列标准。

1996 年，ISO 首批颁布了与环境管理体系及其审核有关的 5 个标准，引起了各国政府和产业界的高度重视。到 1997 年年底，标准颁布仅一年时间，全世界就有 1 491 家企业通过 ISO 14001 标准的认证；到 1998 年年底，通过认证的企业达到 5 017 家；到 1999 年年底，通过认证的企业已超过一万家。为了更加清晰和明确 ISO 14001 标准的要求，ISO 对该标准进行了修订，并于 2004 年 11 月 15 日颁布了新版标准 ISO 14001：2004 环境管理体系要求及使用指南。ISO 14000 系列标准的标准号分配见表 6-4。

表 6-4　ISO 14000 系列标准标准号分配

类别	名　称	标准号
SC1	环境管理体系（EMS）	14001—14009
SC2	环境审核（EA）	14010—14019
SC3	环境标志（EL）	14020—14029
SC4	环境行为评价（EPE）	14030—14039
SC5	生命周期评估（LCA）	14040—14049
SC6	术语和定义（T&D）	14050—14059
WG1	产品标准中的环境指标（EAPS）	14060
	备用	14061—14100

我国政府对环境管理工作十分重视，已经颁布的 5 个标准，均已等同转化为国家标准，它们分别是：

GB/T 24001—1996 idt ISO 14001　环境管理体系　规范及使用指南

GB/T 24004—1996 idt ISO 14004　环境管理体系　原则、体系和支持技术通用指南

GB/T 24010—1996 idt ISO 14010　环境审核体系　通用原则

GB/T 24011—1996 idt ISO 14011　环境审核体系　审核程序　环境管理体系审核

GB/T 24012—1996 idt ISO 14012　环境审核指南　环境审核员资格要求

其中，ISO 14001 是这一系列标准的核心，它不仅是对环境管理体系建立和对环境管理体系进行审核或评审的依据，也是制定 ISO 14000 系列其他标准的依据。

（一）ISO 14001 标准的内容和适用范围

ISO 14001 标准是 ISO 14000 系列标准的主体标准。ISO 14001 是组织规划、实施、检查、评审环境管理运作系统的规范性标准，该系统包括 5 个一级要素，17 个二级要素，具体见表 6-5。

表 6-5　ISO 14001 标准要素对照

一级要素	二级要素	对应戴明循环（PDCA）
环境方针	环境方针	PLAN
策划	环境因素	
	法律法规和其他要求	
	目标、指标和方案	
实施与运行	资源、作用、职责和权限	DO
	能力、培训和意识	
	信息交流	
	文件	
	文件控制	
	运行控制	
	应急准备和响应	
检查	监测和测量	CHECK
	合规性评价	
	不符合、纠正措施和预防措施	
	记录控制	
	内部审核	
管理评审		ACTION

该体系适用于任何类型和规模的组织，并适用于各种地理、文化和社会条件。这样一个体系可供组织建立一套机制，通过环境管理体系的持续改进实现组织环境绩效的持续改进。该标准的总目的是支持环境保护和污染预防，协调它们与社会需求和经济需求的关系。

（二）ISO 14001 环境管理体系的运行模式

环境管理体系围绕环境方针的要求展开环境管理，管理的内容包括制定环境方针、实施并实现环境方针所要求的相关内容、对环境方针的实施情况与实现程度进行评审并予以保持等。这一环境管理体系模式遵循了传统的查理斯·戴明的 PDCA 运行模式（见图 6-5），即规划（PLAN）、实施（DO）、检查（CHECK）和改进（ACTION）。ISO 14000 环境管理体系强调持续改进，PDCA 运行模式的循环过程是一个开环系统，通过管理评审等手段提出新一轮要求与目标，实现环境绩效的改进与提高。

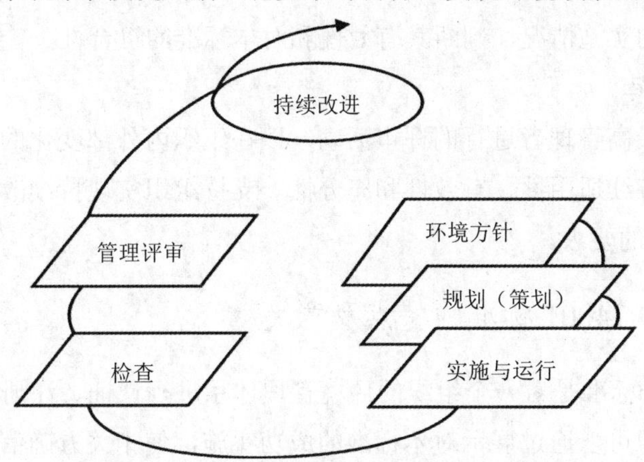

图 6-5　ISO 14001 环境管理体系的运行模式

1．环境方针

环境方针是组织环境管理的宗旨与核心，由组织的最高管理者制定，并以文件的方式表述出环境管理的意图与原则。

2．规划

从组织环境管理现状出发，明确管理重点，识别并评价出重要环境因素；准确获取组织适用的法律与其他要求；根据组织所确定的重要环境因素和技术经济条件，确定组织的环境目标和指标要求；并提出明确的环境管理方案。

3. 实施与运行

明确组织各职能与层次的机构与职责，任命环境管理代表；实施必要的培训，提高员工环境保护意识和工作技能；及时有效地沟通和交流有关环境因素和环境管理体系的信息，注重相关方所关注的环境问题；形成环境管理体系文件并纳入严格的文件管理；确保与重大因素有关运行与活动均能按文件规定的要求进行，使组织的各类环境因素得到有效控制；对于潜在的紧急事件和事故采取有效的预防措施和应急响应。

4. 检查和纠正措施

对由重大环境影响的活动与运行的关键特性进行监测，及时发现问题并及时采取纠正与预防措施解决问题；环境管理活动应有相应的记录以追溯环境管理体系实施与运行。组织还要定期进行环境管理体系的内部审计，从整体上了解组织环境管理体系的实施情况，判断其有效性和对本标准的符合性。

5. 管理评审

由组织的最高管理者进行的评审活动，以在组织内外部变化的条件下确保环境管理体系的持续适用性、有效性和充分性。支持组织实现持续改进，持续满足ISO 14001标准的要求。

（三）ISO 14001标准的特点及意义

ISO 14001 标准是对一个组织的环境管理体系进行认证、注册和自我声明的依据，一个组织可以通过展示对本标准的成功实施，使相关方确信它已建立了妥善的环境管理体系。ISO 14001 标准的特点是：

① ISO 14001 标准不是强制的，而是自愿采用的。是否建立和保持环境管理体系，是否进行环境管理体系认证审计都取决于组织自身的意愿，不能以行政或其他方式要求或迫使组织实施，实施过程中也不应改变组织原有的法律责任。

② ISO 14000 系列标准同 ISO 9000 标准有很好的兼容性，使企业在采用ISO 14000系列标准时，能与原有的管理体系有效协调。

③ ISO 14001 标准具有广泛适用性和灵活性。它可适用于任何类型与规模，处于不同地理、文化和社会条件下的组织。

④“预防为主”是贯穿 ISO 14000 系列标准的主导思想，它要求企业必须承诺污染预防，并在体系中加以落实。

⑤ 持续改进是 ISO 14000 系列标准的灵魂，组织通过实施标准，建立起不断改进的机制，在持续改进中，实现自己对社会的承诺，最终达到改善环境绩效的目的。

实施 ISO 14000 系列标准具有以下重要意义：

① 可协调环境保护和可持续发展的关系，统一世界各国环境管理的标准，加强国际合作；

② 使企业将环境效益和经济效益结合起来，改革工艺，改进产品性能（绿色产品）和服务品质，预防污染、节能降耗、减少企业成本，对改善管理体系和组织的环境行为具有潜在的持续作用；

③ 减少世界贸易中的非关税壁垒，促进世界贸易；

④ 可提高企业环境管理水平，减少环境责任事故的发生；

⑤ 可帮助企业满足有关环境法规的要求，改善企业形象及企业与当地社区的关系，吸引投资者，提高企业竞争力。

在中国实施 ISO 14000 系列标准，应遵循以下 4 条原则：

① 符合国际标准基本要求的原则。为与国际接轨，便于国家间的相互认可，中国实施 ISO 14000 系列标准，应当符合国际标准的基本要求，按国际标准规范操作程序。

② 结合中国环境保护工作实际的原则。中国的环境保护工作与其他国家的环境保护工作有不少共同点，但也有自己的特点，应把中国现行的环境管理制度与国际标准结合起来，只有这样才能有效地促进中国的环境保护工作。

③ 实行统一管理原则。环境保护工作涉及社会、经济的方方面面，政策性较强，对 ISO 14000 系列标准的实施必须实行统一管理，方便企业。保证我国环境管理体系认证工作有序、健康发展。

④ 坚持积极、稳妥、适时、到位的原则。

（四）建立环境管理体系步骤

1. 最高管理者决定

环境管理体系的建立和实施需要组织人、财、物等资源，因此，必须首先得到最高管理者（层）的明确承诺和支持，同时，由最高管理者任命环境管理者代表，授权其负责建立和维护体系，保证此项工作的领导作用。

2．建立完整的组织机构

组建一个推进环境管理体系建立和维护的领导班和工作组。企业应在原有组织机构的基础上，组建一个由各有关职能和生产部门负责人组成的领导班对此项工作进行协调和管理，此外由某个部门（如负责环保工作的部门）为主体，其他有关部门的有关人员参加，组成一个工作组，承担具体工作。明确各个部门的职责，形成一个完整的组织机构，保证该工作的顺利开展。

3．人员培训

对企业有关人员进行培训，包括环境意识、标准、内审员和与建立体系有关的，如初始环境评审和文件编写方法和要求等多方面的培训，使企业人员了解和有能力从事环境管理体系的建立实施与维护工作。

4．初始环境评审

初始环境评审是对组织环境现状的初始调查，包括正确识别企业活动、产品、服务中产生的环境因素，并判别出具有和可能具有重大影响的重要环境因素；识别组织应遵守的法律和其他要求；评审组织的现行管理体系和制度，如环境管理、质量管理、行政管理等，以及如何与ISO 14001标准相结合。

5．体系策划

在初始环境评审的基础上，对环境管理体系的建立进行策划，以确保环境管理体系的建立有明确要求。

6．文件编写

同ISO 9000一样，ISO 14001环境管理体系要求文件化，可分为手册、程序文件、作业指导书等层次。企业应根据ISO 14001标准的要求，结合自身的特点和基础编制出一套适合的体系文件，满足体系有效运行的要求。

7．体系试运行

体系文件完稿并正式颁布，该体系按文件的要求开始试运行。其目的是通过体系实际运行，发现文件和实际实施中存在的问题，并加以整改，使体系逐步达到适用性、有效性和充分性要求。

8．企业内部审核

根据 ISO 14001 标准的要求，企业应对体系的运行情况进行审核。由经过培训的内审员通过企业的活动、服务和产品对标准各要素的执行情况进行审核、发现问题，及时纠正。

9．管理评审

根据标准的要求，在内审的基础上，由最高管理者组织有关人员对环境管理体系从宏观上进行评审，以把握体系的持续适用性、有效性和充分性。

企业建立环境管理体系的一般步骤见图 6-6。

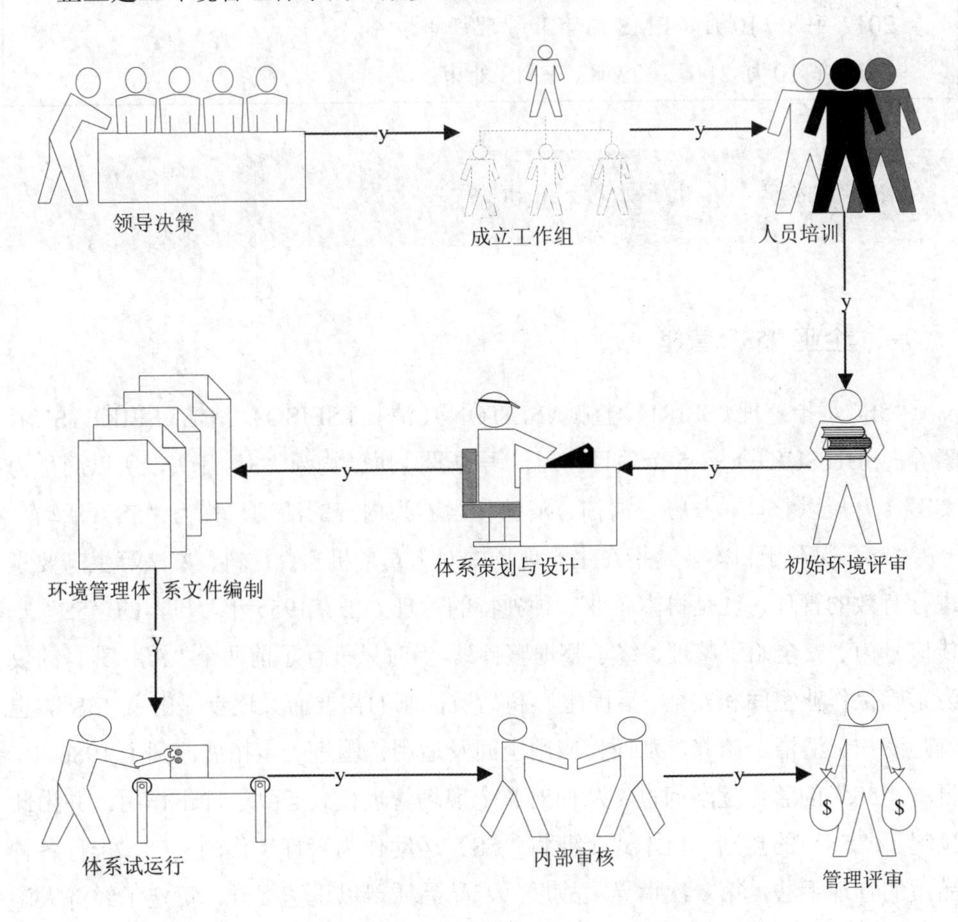

图 6-6　企业建立环境管理体系的一般步骤

案例 6-2：某公司推行环境管理体系历程

2011 年年底，公司提出实施 ISO 14001；

2012 年年初，总部成立 ISO 14001 领导小组和工作组；

2012 年 3—4 月，初始环境评审；

2012 年 4—5 月，体系策划和文件编写；

2012 年 6 月 5 日，体系试运行；

2012 年 8—10 月，EMS 内审和管理评审；

2012 年 10 月 21 日、22 日，EMS 外审。

【阅读材料】企业环境管理动态

一、企业“5S”管理

“5S”是指整理（SEIRI）、整顿（SEITON）、清扫（SEISO）、清洁（SEIKETSU）、素养（SHITSUKE）等 5 个项目，因日语的罗马拼音均为“S”开头，所以简称为“5S”。开展以整理、整顿、清扫、清洁和素养为内容的活动，称为“5S”活动。

“5S”起源于日本，是指在生产现场中对人员、机器、材料、方法等生产要素进行有效的管理，这是日本企业一种独特的管理办法。1955 年，日本的“5S”宣传口号为“安全始于整理，终于整理整顿”。当时只推行了前两个“S”，其目的仅为了确保作业空间和安全。后因生产和品质控制的需要而又逐步提出了“3S”，也就是清扫、清洁、修养，从而使应用空间及适用范围进一步拓展，到了 1986 年，日本“5S”的著作逐渐问世，从而对整个现场管理模式起到了冲击作用，并由此掀起了“5S”的热潮。日本式企业将“5S”运动作为管理工作的基础，推行各种品质的管理手法，第二次世界大战后，产品品质得以迅速提升，奠定了经济大国的地位，而在丰田公司的倡导推行下，“5S”对于塑造企业的形象、降低成本、交货准时、安全生产、高度的标准化、创造令人心旷神怡的工作场所、现场改善等方面发挥了巨大作用，逐渐被各国的管理界所认识。随着世界经济的发展，“5S”已经成为工厂管理的一股新潮流。根据企业进一步发展的需要，有的企业在“5S”的基础上增加了安全（Safety），形成了“6S”；有的企业再增加节约（Save），形成了“7S”，但是万变不离其宗，都是从“5S”里衍生出来的。

企业“5S”管理推行可按以下 11 个步骤进行：

步骤 1：成立推行组织：为有效地推进“5S”活动，需要建立一个“5S”推行委员会。推行委员会的责任人包括“5S”委员会、推进事务局、各部分负责人以及部门“5S”代表等，不同的责任人承担不同的职责。其中，一般由企业的总经理担任“5S”委员会的委员长，从全局的角度推进“5S”的实施。

步骤 2：拟定推行方针及目标：结合企业具体情况制定方针，作为指导原则并具有号召力，方针一旦制定，要广为宣传；目标制定要同企业的具体情况相结合，作为活动努力的方向及便于活动过程中的成果检查。

步骤 3：拟订工作计划及实施方法：包括日程计划（作为推行及控制的依据）、资料及借鉴他厂做法、“5S”活动实施办法、与不需要的物品区分方法、“5S”活动评比的方法、“5S”活动奖惩办法、相关规定（“5S”时间等）、工作计划等，让大家对整个过程有一个整体的了解，相互配合造就一种团队作战精神。

步骤 4：教育：教育是非常重要的，让员工了解“5S”活动能给工作及自己带来好处从而主动地去做，与被别人强迫着去做其效果是完全不同的。教育形式要多样化，讲课、放录像、观摩他厂案例或样板区域、学习推行手册等方式均可视情况加以使用。教育内容可以包括：① 每个部门对全员进行教育；②“5S”现场管理法的内容及目的；③“5S”现场管理法的实施方法；④“5S”现场管理法的评比方法；⑤ 新进员工的“5S”现场管理法训练。

步骤 5：活动前的宣传造势：“5S”活动要全员重视、参与才能取得良好的效果，可以通过以下方法对“5S”活动进行宣传：① 最高主管发表宣言（晨会、内部报刊等）；② 海报、内部报刊宣传；③ 宣传栏。

步骤 6：实施：包括作业准备、全体上下彻底大扫除、地面画线及物品标志标准、“5S 日常确认表”及实施等。

步骤 7：活动评比办法确定：可根据困难系数、人数系数、面积系数等进行评分。

步骤 8：查核：包括查核、问题点质疑与解答、各种活动及比赛（如征文活动等）。

步骤9：评比及奖惩：依“5S”活动竞赛办法进行评比，公布成绩，实施奖惩。

步骤 10：检讨与修正：各责任部门依缺点项目进行改善，不断提高。

步骤 11：纳入定期管理活动中：对标准化、制度化的完善，实施各种“5S”现场管理法强化月活动。

需要强调的一点是，企业因其背景、架构、企业文化、人员素质的不同，推行时可能会有各种不同的问题出现，推行办要根据实施过程中所遇到的具体问题，采取可行的对策，才能取得满意的效果。

二、企业 EHS 管理

环境、职业健康安全管理体系，简称 EHS 管理体系，EHS 是环境（Environment）、健康（Health）、安全（Safety）的缩写。EHS 管理体系是环境管理体系（EMS）和职业健康安全管理体系（OHSMS）两体系的整合。

EHS 管理体系是现代工业发展到一定阶段的必然产物，国际上的重大事故对安全工作的深化发展与完善起到了巨大的推动作用，工业界普遍认识到石油、石化、化工行业是高风险行业，必须更进一步采取有效措施和建立完善的安全、环境与健康管理系统，以减少或避免重大事故和重大环境污染事件的发生。

1991 年，壳牌公司颁布健康、安全、环境（EHS）方针指南。同年，在荷兰海牙召开了第一届油气勘探、开发的健康、安全、环境（EHS）国际会议。1994 年，在印度尼西亚的雅加达召开了油气开发专业的安全、环境与健康国际会议，EHS 活动在全球范围内迅速展开。EHS 作为一个新型的安全、环境与健康管理体系，得到了世界上许多现代大公司的共同认可，从而成为现代公司共同遵守的行为准则。美国杜邦公司是当今西方世界 200 家大型化工公司中的第一大公司，该公司在海外 50 多个国家和地区中设有 200 多家子公司，联合公司雇员约有 20 万人。杜邦公司推行 EHS 管理，企业经营管理和安全管理都达到国际一流水平。

企业 EHS 管理体系建立实施的主要步骤如下：

① EHS 管理体系建立的准备：主要包括领导决策、成立体系建立组织机构、宣传和培训。

② 初始风险评价（初始状态评审）：建立 EHS 管理体系的基础，其主要目的是了解组织健康、安全与环境管理现状，为组织建立 EHS 管理体系搜集信息并提供依据。

③ EHS 管理体系的策划与设计：保障建立体系的组织领导、办事机构和资源；依据初始评价制定组织的承诺；确定组织的方针和目标；依据标准要求，结合组织健康、安全与环境管理实际，确定体系建立的总体设计方案。

④ EHS 管理体系文件的编制：包括编写 EHS 管理手册、EHS 程序文件、EHS 作业文件（两书一表）等，以及相关的文件控制。

⑤ EHS 管理体系的实施：包括勘察设计阶段、施工阶段及生产过程的 EHS 管理工作实施。

⑥ EHS 管理体系的管理评审，并持续改进。

企业建立推行 EHS 管理体系，目的是保护生态环境，改进企业工作场所的健康性和安全性，改善劳动条件，维护员工的合法利益。它的推行和实施，对增强工厂的凝聚力，完善工厂的内部管理，提升工厂形象，将对创造更好的社会、经济和环境效益起到极大的推动作用。

复习思考题

1．企业环境问题是怎样产生的？试举例说明某行业污染特点。

2．企业通常要建立哪些内部环境管理制度？应如何建立管理台账？

3．企业为什么要开展清洁生产审核？其审核思路和程序是怎样的？

4．ISO 14000 环境管理体系的运行模式和建立步骤是怎样的？

附　录

附录1　中华人民共和国环境保护法

中华人民共和国环境保护法

（1989年12月26日第七届全国人民代表大会常务委员会第十一次会议通过，2014年4月24日第十二届全国人民代表大会常务委员会第八次会议修订）

第一章　总　则

第一条　为保护和改善环境，防治污染和其他公害，保障公众健康，推进生态文明建设，促进经济社会可持续发展，制定本法。

第二条　本法所称环境，是指影响人类生存和发展的各种天然的和经过人工改造的自然因素的总体，包括大气、水、海洋、土地、矿藏、森林、草原、湿地、野生生物、自然遗迹、人文遗迹、自然保护区、风景名胜区、城市和乡村等。

第三条　本法适用于中华人民共和国领域和中华人民共和国管辖的其他海域。

第四条　保护环境是国家的基本国策。

国家采取有利于节约和循环利用资源、保护和改善环境、促进人与自然和谐的经济、技术政策和措施，使经济社会发展与环境保护相协调。

第五条　环境保护坚持保护优先、预防为主、综合治理、公众参与、损害担责的原则。

第六条 一切单位和个人都有保护环境的义务。

地方各级人民政府应当对本行政区域的环境质量负责。

企业事业单位和其他生产经营者应当防止、减少环境污染和生态破坏，对所造成的损害依法承担责任。

公民应当增强环境保护意识，采取低碳、节俭的生活方式，自觉履行环境保护义务。

第七条 国家支持环境保护科学技术研究、开发和应用，鼓励环境保护产业发展，促进环境保护信息化建设，提高环境保护科学技术水平。

第八条 各级人民政府应当加大保护和改善环境、防治污染和其他公害的财政投入，提高财政资金的使用效益。

第九条 各级人民政府应当加强环境保护宣传和普及工作，鼓励基层群众性自治组织、社会组织、环境保护志愿者开展环境保护法律法规和环境保护知识的宣传，营造保护环境的良好风气。

教育行政部门、学校应当将环境保护知识纳入学校教育内容，培养学生的环境保护意识。

新闻媒体应当开展环境保护法律法规和环境保护知识的宣传，对环境违法行为进行舆论监督。

第十条 国务院环境保护主管部门，对全国环境保护工作实施统一监督管理；县级以上地方人民政府环境保护主管部门，对本行政区域环境保护工作实施统一监督管理。

县级以上人民政府有关部门和军队环境保护部门，依照有关法律的规定对资源保护和污染防治等环境保护工作实施监督管理。

第十一条 对保护和改善环境有显著成绩的单位和个人，由人民政府给予奖励。

第十二条 每年6月5日为环境日。

第二章 监督管理

第十三条 县级以上人民政府应当将环境保护工作纳入国民经济和社会发展

规划。

国务院环境保护主管部门会同有关部门，根据国民经济和社会发展规划编制国家环境保护规划，报国务院批准并公布实施。

县级以上地方人民政府环境保护主管部门会同有关部门，根据国家环境保护规划的要求，编制本行政区域的环境保护规划，报同级人民政府批准并公布实施。

环境保护规划的内容应当包括生态保护和污染防治的目标、任务、保障措施等，并与主体功能区规划、土地利用总体规划和城乡规划等相衔接。

第十四条 国务院有关部门和省、自治区、直辖市人民政府组织制定经济、技术政策，应当充分考虑对环境的影响，听取有关方面和专家的意见。

第十五条 国务院环境保护主管部门制定国家环境质量标准。

省、自治区、直辖市人民政府对国家环境质量标准中未做规定的项目，可以制定地方环境质量标准；对国家环境质量标准中已作规定的项目，可以制定严于国家环境质量标准的地方环境质量标准。地方环境质量标准应当报国务院环境保护主管部门备案。

国家鼓励开展环境基准研究。

第十六条 国务院环境保护主管部门根据国家环境质量标准和国家经济、技术条件，制定国家污染物排放标准。

省、自治区、直辖市人民政府对国家污染物排放标准中未做规定的项目，可以制定地方污染物排放标准；对国家污染物排放标准中已作规定的项目，可以制定严于国家污染物排放标准的地方污染物排放标准。地方污染物排放标准应当报国务院环境保护主管部门备案。

第十七条 国家建立、健全环境监测制度。国务院环境保护主管部门制定监测规范，会同有关部门组织监测网络，统一规划国家环境质量监测站（点）的设置，建立监测数据共享机制，加强对环境监测的管理。

有关行业、专业等各类环境质量监测站（点）的设置应当符合法律法规规定和监测规范的要求。

监测机构应当使用符合国家标准的监测设备，遵守监测规范。监测机构及其负责人对监测数据的真实性和准确性负责。

第十八条 省级以上人民政府应当组织有关部门或者委托专业机构，对环境状况进行调查、评价，建立环境资源承载能力监测预警机制。

第十九条 编制有关开发利用规划，建设对环境有影响的项目，应当依法进行环境影响评价。

未依法进行环境影响评价的开发利用规划，不得组织实施；未依法进行环境影响评价的建设项目，不得开工建设。

第二十条 国家建立跨行政区域的重点区域、流域环境污染和生态破坏联合防治协调机制，实行统一规划、统一标准、统一监测、统一的防治措施。

前款规定以外的跨行政区域的环境污染和生态破坏的防治，由上级人民政府协调解决，或者由有关地方人民政府协商解决。

第二十一条 国家采取财政、税收、价格、政府采购等方面的政策和措施，鼓励和支持环境保护技术装备、资源综合利用和环境服务等环境保护产业的发展。

第二十二条 企业事业单位和其他生产经营者，在污染物排放符合法定要求的基础上，进一步减少污染物排放的，人民政府应当依法采取财政、税收、价格、政府采购等方面的政策和措施予以鼓励和支持。

第二十三条 企业事业单位和其他生产经营者，为改善环境，依照有关规定转产、搬迁、关闭的，人民政府应当予以支持。

第二十四条 县级以上人民政府环境保护主管部门及其委托的环境监察机构和其他负有环境保护监督管理职责的部门，有权对排放污染物的企业事业单位和其他生产经营者进行现场检查。被检查者应当如实反映情况，提供必要的资料。实施现场检查的部门、机构及其工作人员应当为被检查者保守商业秘密。

第二十五条 企业事业单位和其他生产经营者违反法律法规规定排放污染物，造成或者可能造成严重污染的，县级以上人民政府环境保护主管部门和其他负有环境保护监督管理职责的部门，可以查封、扣押造成污染物排放的设施、设备。

第二十六条 国家实行环境保护目标责任制和考核评价制度。县级以上人民政府应当将环境保护目标完成情况纳入对本级人民政府负有环境保护监督管理职责的部门及其负责人和下级人民政府及其负责人的考核内容，作为对其考核评价的重要依据。考核结果应当向社会公开。

第二十七条 县级以上人民政府应当每年向本级人民代表大会或者人民代表

大会常务委员会报告环境状况和环境保护目标完成情况，对发生的重大环境事件应当及时向本级人民代表大会常务委员会报告，依法接受监督。

第三章　保护和改善环境

第二十八条　地方各级人民政府应当根据环境保护目标和治理任务，采取有效措施，改善环境质量。

未达到国家环境质量标准的重点区域、流域的有关地方人民政府，应当制定限期达标规划，并采取措施按期达标。

第二十九条　国家在重点生态功能区、生态环境敏感区和脆弱区等区域划定生态保护红线，实行严格保护。

各级人民政府对具有代表性的各种类型的自然生态系统区域，珍稀、濒危的野生动植物自然分布区域，重要的水源涵养区域，具有重大科学文化价值的地质构造、著名溶洞和化石分布区、冰川、火山、温泉等自然遗迹，以及人文遗迹、古树名木，应当采取措施予以保护，严禁破坏。

第三十条　开发利用自然资源，应当合理开发，保护生物多样性，保障生态安全，依法制定有关生态保护和恢复治理方案并予以实施。

引进外来物种以及研究、开发和利用生物技术，应当采取措施，防止对生物多样性的破坏。

第三十一条　国家建立、健全生态保护补偿制度。

国家加大对生态保护地区的财政转移支付力度。有关地方人民政府应当落实生态保护补偿资金，确保其用于生态保护补偿。

国家指导受益地区和生态保护地区人民政府通过协商或者按照市场规则进行生态保护补偿。

第三十二条　国家加强对大气、水、土壤等的保护，建立和完善相应的调查、监测、评估和修复制度。

第三十三条　各级人民政府应当加强对农业环境的保护，促进农业环境保护新技术的使用，加强对农业污染源的监测预警，统筹有关部门采取措施，防治土壤污染和土地沙化、盐渍化、贫瘠化、石漠化、地面沉降以及防治植被破坏、水土流失、水体富营养化、水源枯竭、种源灭绝等生态失调现象，推广植物病虫害的综合防治。

县级、乡级人民政府应当提高农村环境保护公共服务水平，推动农村环境综合整治。

第三十四条 国务院和沿海地方各级人民政府应当加强对海洋环境的保护。向海洋排放污染物、倾倒废弃物，进行海岸工程和海洋工程建设，应当符合法律法规规定和有关标准，防止和减少对海洋环境的污染损害。

第三十五条 城乡建设应当结合当地自然环境的特点，保护植被、水域和自然景观，加强城市园林、绿地和风景名胜区的建设与管理。

第三十六条 国家鼓励和引导公民、法人和其他组织使用有利于保护环境的产品和再生产品，减少废弃物的产生。

国家机关和使用财政资金的其他组织应当优先采购和使用节能、节水、节材等有利于保护环境的产品、设备和设施。

第三十七条 地方各级人民政府应当采取措施，组织对生活废弃物的分类处置、回收利用。

第三十八条 公民应当遵守环境保护法律法规，配合实施环境保护措施，按照规定对生活废弃物进行分类放置，减少日常生活对环境造成的损害。

第三十九条 国家建立、健全环境与健康监测、调查和风险评估制度；鼓励和组织开展环境质量对公众健康影响的研究，采取措施预防和控制与环境污染有关的疾病。

第四章 防治污染和其他公害

第四十条 国家促进清洁生产和资源循环利用。

国务院有关部门和地方各级人民政府应当采取措施，推广清洁能源的生产和使用。

企业应当优先使用清洁能源，采用资源利用率高、污染物排放量少的工艺、设备以及废弃物综合利用技术和污染物无害化处理技术，减少污染物的产生。

第四十一条 建设项目中防治污染的设施，应当与主体工程同时设计、同时施工、同时投产使用。防治污染的设施应当符合经批准的环境影响评价文件的要求，不得擅自拆除或者闲置。

第四十二条 排放污染物的企业事业单位和其他生产经营者，应当采取措施，防治在生产建设或者其他活动中产生的废气、废水、废渣、医疗废物、粉尘、恶臭气体、放射性物质以及噪声、振动、光辐射、电磁辐射等对环境的污染和危害。

排放污染物的企业事业单位，应当建立环境保护责任制度，明确单位负责人和相关人员的责任。

重点排污单位应当按照国家有关规定和监测规范安装使用监测设备，保证监测设备正常运行，保存原始监测记录。

严禁通过暗管、渗井、渗坑、灌注或者篡改、伪造监测数据，或者不正常运行防治污染设施等逃避监管的方式违法排放污染物。

第四十三条 排放污染物的企业事业单位和其他生产经营者，应当按照国家有关规定缴纳排污费。排污费应当全部专项用于环境污染防治，任何单位和个人不得截留、挤占或者挪作他用。

依照法律规定征收环境保护税的，不再征收排污费。

第四十四条 国家实行重点污染物排放总量控制制度。重点污染物排放总量控制指标由国务院下达，省、自治区、直辖市人民政府分解落实。企业事业单位在执行国家和地方污染物排放标准的同时，应当遵守分解落实到本单位的重点污染物排放总量控制指标。

对超过国家重点污染物排放总量控制指标或者未完成国家确定的环境质量目标的地区，省级以上人民政府环境保护主管部门应当暂停审批其新增重点污染物排放总量的建设项目环境影响评价文件。

第四十五条 国家依照法律规定实行排污许可管理制度。

实行排污许可管理的企业事业单位和其他生产经营者应当按照排污许可证的要求排放污染物；未取得排污许可证的，不得排放污染物。

第四十六条 国家对严重污染环境的工艺、设备和产品实行淘汰制度。任何单位和个人不得生产、销售或者转移、使用严重污染环境的工艺、设备和产品。

禁止引进不符合我国环境保护规定的技术、设备、材料和产品。

第四十七条 各级人民政府及其有关部门和企业事业单位，应当依照《中华人民共和国突发事件应对法》的规定，做好突发环境事件的风险控制、应急准备、应急处置和事后恢复等工作。

县级以上人民政府应当建立环境污染公共监测预警机制，组织制定预警方案；环境受到污染，可能影响公众健康和环境安全时，依法及时公布预警信息，启动应急措施。

企业事业单位应当按照国家有关规定制定突发环境事件应急预案，报环境保护主管部门和有关部门备案。在发生或者可能发生突发环境事件时，企业事业单位应当立即采取措施处理，及时通报可能受到危害的单位和居民，并向环境保护主管部门和有关部门报告。

突发环境事件应急处置工作结束后，有关人民政府应当立即组织评估事件造成的环境影响和损失，并及时将评估结果向社会公布。

第四十八条 生产、储存、运输、销售、使用、处置化学物品和含有放射性物质的物品，应当遵守国家有关规定，防止污染环境。

第四十九条 各级人民政府及其农业等有关部门和机构应当指导农业生产经营者科学种植和养殖，科学合理施用农药、化肥等农业投入品，科学处置农用薄膜、农作物秸秆等农业废弃物，防止农业面源污染。

禁止将不符合农用标准和环境保护标准的固体废物、废水施入农田。施用农药、化肥等农业投入品及进行灌溉，应当采取措施，防止重金属和其他有毒有害物质污染环境。

畜禽养殖场、养殖小区、定点屠宰企业等的选址、建设和管理应当符合有关法律法规规定。从事畜禽养殖和屠宰的单位和个人应当采取措施，对畜禽粪便、尸体和污水等废弃物进行科学处置，防止污染环境。

县级人民政府负责组织农村生活废弃物的处置工作。

第五十条 各级人民政府应当在财政预算中安排资金，支持农村饮用水水源地保护、生活污水和其他废弃物处理、畜禽养殖和屠宰污染防治、土壤污染防治和农村工矿污染治理等环境保护工作。

第五十一条 各级人民政府应当统筹城乡建设污水处理设施及配套管网，固体废物的收集、运输和处置等环境卫生设施，危险废物集中处置设施、场所以及其他环境保护公共设施，并保障其正常运行。

第五十二条 国家鼓励投保环境污染责任保险。

第五章　信息公开和公众参与

第五十三条　公民、法人和其他组织依法享有获取环境信息、参与和监督环境保护的权利。

各级人民政府环境保护主管部门和其他负有环境保护监督管理职责的部门，应当依法公开环境信息、完善公众参与程序，为公民、法人和其他组织参与和监督环境保护提供便利。

第五十四条　国务院环境保护主管部门统一发布国家环境质量、重点污染源监测信息及其他重大环境信息。省级以上人民政府环境保护主管部门定期发布环境状况公报。

县级以上人民政府环境保护主管部门和其他负有环境保护监督管理职责的部门，应当依法公开环境质量、环境监测、突发环境事件以及环境行政许可、行政处罚、排污费的征收和使用情况等信息。

县级以上地方人民政府环境保护主管部门和其他负有环境保护监督管理职责的部门，应当将企业事业单位和其他生产经营者的环境违法信息记入社会诚信档案，及时向社会公布违法者名单。

第五十五条　重点排污单位应当如实向社会公开其主要污染物的名称、排放方式、排放浓度和总量、超标排放情况，以及防治污染设施的建设和运行情况，接受社会监督。

第五十六条　对依法应当编制环境影响报告书的建设项目，建设单位应当在编制时向可能受影响的公众说明情况，充分征求意见。

负责审批建设项目环境影响评价文件的部门在收到建设项目环境影响报告书后，除涉及国家秘密和商业秘密的事项外，应当全文公开；发现建设项目未充分征求公众意见的，应当责成建设单位征求公众意见。

第五十七条　公民、法人和其他组织发现任何单位和个人有污染环境和破坏生态行为的，有权向环境保护主管部门或者其他负有环境保护监督管理职责的部门举报。

公民、法人和其他组织发现地方各级人民政府、县级以上人民政府环境保护主管部门和其他负有环境保护监督管理职责的部门不依法履行职责的，有权向其上级机关或者监察机关举报。

接受举报的机关应当对举报人的相关信息予以保密，保护举报人的合法权益。

第五十八条 对污染环境、破坏生态，损害社会公共利益的行为，符合下列条件的社会组织可以向人民法院提起诉讼：

（一）依法在设区的市级以上人民政府民政部门登记；

（二）专门从事环境保护公益活动连续五年以上且无违法记录。

符合前款规定的社会组织向人民法院提起诉讼，人民法院应当依法受理。

提起诉讼的社会组织不得通过诉讼谋取经济利益。

第六章 法律责任

第五十九条 企业事业单位和其他生产经营者违法排放污染物，受到罚款处罚，被责令改正，拒不改正的，依法作出处罚决定的行政机关可以自责令改正之日的次日起，按照原处罚数额按日连续处罚。

前款规定的罚款处罚，依照有关法律法规按照防治污染设施的运行成本、违法行为造成的直接损失或者违法所得等因素确定的规定执行。

地方性法规可以根据环境保护的实际需要，增加第一款规定的按日连续处罚的违法行为的种类。

第六十条 企业事业单位和其他生产经营者超过污染物排放标准或者超过重点污染物排放总量控制指标排放污染物的，县级以上人民政府环境保护主管部门可以责令其采取限制生产、停产整治等措施；情节严重的，报经有批准权的人民政府批准，责令停业、关闭。

第六十一条 建设单位未依法提交建设项目环境影响评价文件或者环境影响评价文件未经批准，擅自开工建设的，由负有环境保护监督管理职责的部门责令停止建设，处以罚款，并可以责令恢复原状。

第六十二条 违反本法规定，重点排污单位不公开或者不如实公开环境信息的，由县级以上地方人民政府环境保护主管部门责令公开，处以罚款，并予以公告。

第六十三条 企业事业单位和其他生产经营者有下列行为之一，尚不构成犯罪的，除依照有关法律法规规定予以处罚外，由县级以上人民政府环境保护主管部门或者其他有关部门将案件移送公安机关，对其直接负责的主管人员和其他直接责任人员，处十日以上十五日以下拘留；情节较轻的，处五日以上十日以下拘留：

（一）建设项目未依法进行环境影响评价，被责令停止建设，拒不执行的；

（二）违反法律规定，未取得排污许可证排放污染物，被责令停止排污，拒不执行的；

（三）通过暗管、渗井、渗坑、灌注或者篡改、伪造监测数据，或者不正常运行防治污染设施等逃避监管的方式违法排放污染物的；

（四）生产、使用国家明令禁止生产、使用的农药，被责令改正，拒不改正的。

第六十四条 因污染环境和破坏生态造成损害的，应当依照《中华人民共和国侵权责任法》的有关规定承担侵权责任。

第六十五条 环境影响评价机构、环境监测机构以及从事环境监测设备和防治污染设施维护、运营的机构，在有关环境服务活动中弄虚作假，对造成的环境污染和生态破坏负有责任的，除依照有关法律法规规定予以处罚外，还应当与造成环境污染和生态破坏的其他责任者承担连带责任。

第六十六条 提起环境损害赔偿诉讼的时效期间为三年，从当事人知道或者应当知道其受到损害时起计算。

第六十七条 上级人民政府及其环境保护主管部门应当加强对下级人民政府及其有关部门环境保护工作的监督。发现有关工作人员有违法行为，依法应当给予处分的，应当向其任免机关或者监察机关提出处分建议。

依法应当给予行政处罚，而有关环境保护主管部门不给予行政处罚的，上级人民政府环境保护主管部门可以直接做出行政处罚的决定。

第六十八条 地方各级人民政府、县级以上人民政府环境保护主管部门和其他负有环境保护监督管理职责的部门有下列行为之一的，对直接负责的主管人员和其他直接责任人员给予记过、记大过或者降级处分；造成严重后果的，给予撤职或者开除处分，其主要负责人应当引咎辞职：

（一）不符合行政许可条件准予行政许可的；

（二）对环境违法行为进行包庇的；

（三）依法应当作出责令停业、关闭的决定而未作出的；

（四）对超标排放污染物、采用逃避监管的方式排放污染物、造成环境事故以及不落实生态保护措施造成生态破坏等行为，发现或者接到举报未及时查处的；

（五）违反本法规定，查封、扣押企业事业单位和其他生产经营者的设施、设备的；

（六）篡改、伪造或者指使篡改、伪造监测数据的；

（七）应当依法公开环境信息而未公开的；

（八）将征收的排污费截留、挤占或者挪作他用的；

（九）法律法规规定的其他违法行为。

第六十九条 违反本法规定，构成犯罪的，依法追究刑事责任。

第七章 附 则

第七十条 本法自 2015 年 1 月 1 日起施行。

附录2 中华人民共和国水污染防治法

中华人民共和国水污染防治法

（1984年5月11日第六届全国人民代表大会常务委员会第五次会议通过 根据1996年5月15日第八届全国人民代表大会常务委员会第十九次会议《关于修改〈中华人民共和国水污染防治法〉的决定》第一次修正 2008年2月28日第十届全国人民代表大会常务委员会第三十二次会议修订 2017年6月27日第十二届全国人民代表大会常务委员会第二十八次会议《关于修改〈中华人民共和国水污染防治法〉的决定》第二次修正）

第一章 总 则

第一条 为了保护和改善环境，防治水污染，保护水生态，保障饮用水安全，维护公众健康，推进生态文明建设，促进经济社会可持续发展，制定本法。

第二条 本法适用于中华人民共和国领域内的江河、湖泊、运河、渠道、水库等地表水体以及地下水体的污染防治。

海洋污染防治适用《中华人民共和国海洋环境保护法》。

第三条 水污染防治应当坚持预防为主、防治结合、综合治理的原则，优先保护饮用水水源，严格控制工业污染、城镇生活污染，防治农业面源污染，积极推进生态治理工程建设，预防、控制和减少水环境污染和生态破坏。

第四条 县级以上人民政府应当将水环境保护工作纳入国民经济和社会发展规划。

地方各级人民政府对本行政区域的水环境质量负责，应当及时采取措施防治水污染。

第五条 省、市、县、乡建立“河长制”，分级分段组织领导本行政区域内江河、湖泊的水资源保护、水域岸线管理、水污染防治、水环境治理等工作。

第六条 国家实行水环境保护目标责任制和考核评价制度，将水环境保护目标完成情况作为对地方人民政府及其负责人考核评价的内容。

第七条 国家鼓励、支持水污染防治的科学技术研究和先进适用技术的推广应用，加强水环境保护的宣传教育。

第八条 国家通过财政转移支付等方式，建立健全对位于饮用水水源保护区区域和江河、湖泊、水库上游地区的水环境生态保护补偿机制。

第九条 县级以上人民政府环境保护主管部门对水污染防治实施统一监督管理。

交通主管部门的海事管理机构对船舶污染水域的防治实施监督管理。

县级以上人民政府水行政、国土资源、卫生、建设、农业、渔业等部门以及重要江河、湖泊的流域水资源保护机构，在各自的职责范围内，对有关水污染防治实施监督管理。

第十条 排放水污染物，不得超过国家或者地方规定的水污染物排放标准和重点水污染物排放总量控制指标。

第十一条 任何单位和个人都有义务保护水环境，并有权对污染损害水环境的行为进行检举。

县级以上人民政府及其有关主管部门对在水污染防治工作中做出显著成绩的单位和个人给予表彰和奖励。

第二章 水污染防治的标准和规划

第十二条 国务院环境保护主管部门制定国家水环境质量标准。

省、自治区、直辖市人民政府可以对国家水环境质量标准中未做规定的项目，制定地方标准，并报国务院环境保护主管部门备案。

第十三条 国务院环境保护主管部门会同国务院水行政主管部门和有关省、自治区、直辖市人民政府，可以根据国家确定的重要江河、湖泊流域水体的使用功能以及有关地区的经济、技术条件，确定该重要江河、湖泊流域的省界水体适用的水环境质量标准，报国务院批准后施行。

第十四条 国务院环境保护主管部门根据国家水环境质量标准和国家经济、技术条件，制定国家水污染物排放标准。

省、自治区、直辖市人民政府对国家水污染物排放标准中未做规定的项目，可以制定地方水污染物排放标准；对国家水污染物排放标准中已做规定的项目，可以制定严于国家水污染物排放标准的地方水污染物排放标准。地方水污染物排放标准须报国务院环境保护主管部门备案。

向已有地方水污染物排放标准的水体排放污染物的，应当执行地方水污染物排放标准。

第十五条 国务院环境保护主管部门和省、自治区、直辖市人民政府，应当根据水污染防治的要求和国家或者地方的经济、技术条件，适时修订水环境质量标准和水污染物排放标准。

第十六条 防治水污染应当按流域或者按区域进行统一规划。国家确定的重要江河、湖泊的流域水污染防治规划，由国务院环境保护主管部门会同国务院经济综合宏观调控、水行政等部门和有关省、自治区、直辖市人民政府编制，报国务院批准。

前款规定外的其他跨省、自治区、直辖市江河、湖泊的流域水污染防治规划，根据国家确定的重要江河、湖泊的流域水污染防治规划和本地实际情况，由有关省、自治区、直辖市人民政府环境保护主管部门会同同级水行政等部门和有关市、县人民政府编制，经有关省、自治区、直辖市人民政府审核，报国务院批准。

省、自治区、直辖市内跨县江河、湖泊的流域水污染防治规划，根据国家确定的重要江河、湖泊的流域水污染防治规划和本地实际情况，由省、自治区、直辖市人民政府环境保护主管部门会同同级水行政等部门编制，报省、自治区、直辖市人民政府批准，并报国务院备案。

经批准的水污染防治规划是防治水污染的基本依据，规划的修订须经原批准机关批准。

县级以上地方人民政府应当根据依法批准的江河、湖泊的流域水污染防治规划，组织制定本行政区域的水污染防治规划。

第十七条 有关市、县级人民政府应当按照水污染防治规划确定的水环境质量改善目标的要求，制定限期达标规划，采取措施按期达标。

有关市、县级人民政府应当将限期达标规划报上一级人民政府备案，并向社会公开。

第十八条 市、县级人民政府每年在向本级人民代表大会或者其常务委员会报告环境状况和环境保护目标完成情况时，应当报告水环境质量限期达标规划执行情况，并向社会公开。

第三章 水污染防治的监督管理

第十九条 新建、改建、扩建直接或者间接向水体排放污染物的建设项目和其他水上设施，应当依法进行环境影响评价。

建设单位在江河、湖泊新建、改建、扩建排污口的，应当取得水行政主管部门或者流域管理机构同意；涉及通航、渔业水域的，环境保护主管部门在审批环境影响评价文件时，应当征求交通、渔业主管部门的意见。

建设项目的水污染防治设施，应当与主体工程同时设计、同时施工、同时投入使用。水污染防治设施应当符合经批准或者备案的环境影响评价文件的要求。

第二十条 国家对重点水污染物排放实施总量控制制度。

重点水污染物排放总量控制指标，由国务院环境保护主管部门在征求国务院有关部门和各省、自治区、直辖市人民政府意见后，会同国务院经济综合宏观调控部门报国务院批准并下达实施。

省、自治区、直辖市人民政府应当按照国务院的规定削减和控制本行政区域的重点水污染物排放总量。具体办法由国务院环境保护主管部门会同国务院有关部门规定。

省、自治区、直辖市人民政府可以根据本行政区域水环境质量状况和水污染防治工作的需要，对国家重点水污染物之外的其他水污染物排放实行总量控制。

对超过重点水污染物排放总量控制指标或者未完成水环境质量改善目标的地区，省级以上人民政府环境保护主管部门应当会同有关部门约谈该地区人民政府的主要负责人，并暂停审批新增重点水污染物排放总量的建设项目的环境影响评价文件。约谈情况应当向社会公开。

第二十一条 直接或者间接向水体排放工业废水和医疗污水以及其他按照规定应当取得排污许可证方可排放的废水、污水的企业事业单位和其他生产经营者，应当取得排污许可证；城镇污水集中处理设施的运营单位，也应当取得排污许可证。排污许可证应当明确排放水污染物的种类、浓度、总量和排放去向等要求。

排污许可的具体办法由国务院规定。

禁止企业事业单位和其他生产经营者无排污许可证或者违反排污许可证的规定向水体排放前款规定的废水、污水。

第二十二条 向水体排放污染物的企业事业单位和其他生产经营者，应当按照法律、行政法规和国务院环境保护主管部门的规定设置排污口；在江河、湖泊设置排污口的，还应当遵守国务院水行政主管部门的规定。

第二十三条 实行排污许可管理的企业事业单位和其他生产经营者应当按照国家有关规定和监测规范，对所排放的水污染物自行监测，并保存原始监测记录。重点排污单位还应当安装水污染物排放自动监测设备，与环境保护主管部门的监控设备联网，并保证监测设备正常运行。具体办法由国务院环境保护主管部门规定。

应当安装水污染物排放自动监测设备的重点排污单位名录，由设区的市级以上地方人民政府环境保护主管部门根据本行政区域的环境容量、重点水污染物排放总量控制指标的要求以及排污单位排放水污染物的种类、数量和浓度等因素，商同级有关部门确定。

第二十四条 实行排污许可管理的企业事业单位和其他生产经营者应当对监测数据的真实性和准确性负责。

环境保护主管部门发现重点排污单位的水污染物排放自动监测设备传输数据异常，应当及时进行调查。

第二十五条 国家建立水环境质量监测和水污染物排放监测制度。国务院环境保护主管部门负责制定水环境监测规范，统一发布国家水环境状况信息，会同国务院水行政等部门组织监测网络。

第二十六条 国家确定的重要江河、湖泊流域的水资源保护工作机构负责监测其所在流域的省界水体的水环境质量状况，并将监测结果及时报国务院环境保护主管部门和国务院水行政主管部门；有经国务院批准成立的流域水资源保护领导机构的，应当将监测结果及时报告流域水资源保护领导机构。

第二十七条 国务院有关部门和县级以上地方人民政府开发、利用和调节、调度水资源时，应当统筹兼顾，维持江河的合理流量和湖泊、水库以及地下水体的合理水位，保障基本生态用水，维护水体的生态功能。

第二十八条 国务院环境保护主管部门应当会同国务院水行政等部门和有关省、自治区、直辖市人民政府，建立重要江河、湖泊的流域水环境保护联合协调机制，实行统一规划、统一标准、统一监测、统一的防治措施。

第二十九条 国务院环境保护主管部门和省、自治区、直辖市人民政府环境保护主管部门应当会同同级有关部门根据流域生态环境功能需要，明确流域生态环境保护要求，组织开展流域环境资源承载能力监测、评价，实施流域环境资源承载能力预警。

县级以上地方人民政府应当根据流域生态环境功能需要，组织开展江河、湖泊、湿地保护与修复，因地制宜建设人工湿地、水源涵养林、沿河沿湖植被缓冲带和隔离带等生态环境治理与保护工程，整治黑臭水体，提高流域环境资源承载能力。

从事开发建设活动，应当采取有效措施，维护流域生态环境功能，严守生态保护红线。

第三十条 环境保护主管部门和其他依照本法规定行使监督管理权的部门，有权对管辖范围内的排污单位进行现场检查，被检查的单位应当如实反映情况，提供必要的资料。检查机关有义务为被检查的单位保守在检查中获取的商业秘密。

第三十一条 跨行政区域的水污染纠纷，由有关地方人民政府协商解决，或者由其共同的上级人民政府协调解决。

第四章 水污染防治措施

第一节 一般规定

第三十二条 国务院环境保护主管部门应当会同国务院卫生主管部门，根据对公众健康和生态环境的危害和影响程度，公布有毒有害水污染物名录，实行风险管理。

排放前款规定名录中所列有毒有害水污染物的企业事业单位和其他生产经营者，应当对排污口和周边环境进行监测，评估环境风险，排查环境安全隐患，并公开有毒有害水污染物信息，采取有效措施防范环境风险。

第三十三条 禁止向水体排放油类、酸液、碱液或者剧毒废液。

禁止在水体清洗装贮过油类或者有毒污染物的车辆和容器。

第三十四条 禁止向水体排放、倾倒放射性固体废物或者含有高放射性和中放射性物质的废水。

向水体排放含低放射性物质的废水，应当符合国家有关放射性污染防治的规定和标准。

第三十五条 向水体排放含热废水，应当采取措施，保证水体的水温符合水环境质量标准。

第三十六条 含病原体的污水应当经过消毒处理；符合国家有关标准后，方可排放。

第三十七条 禁止向水体排放、倾倒工业废渣、城镇垃圾和其他废弃物。

禁止将含有汞、镉、砷、铬、铅、氰化物、黄磷等的可溶性剧毒废渣向水体排放、倾倒或者直接埋入地下。

存放可溶性剧毒废渣的场所，应当采取防水、防渗漏、防流失的措施。

第三十八条 禁止在江河、湖泊、运河、渠道、水库最高水位线以下的滩地和岸坡堆放、存贮固体废物和其他污染物。

第三十九条 禁止利用渗井、渗坑、裂隙、溶洞，私设暗管，篡改、伪造监测数据，或者不正常运行水污染防治设施等逃避监管的方式排放水污染物。

第四十条 化学品生产企业以及工业集聚区、矿山开采区、尾矿库、危险废物处置场、垃圾填埋场等的运营、管理单位，应当采取防渗漏等措施，并建设地下水水质监测井进行监测，防止地下水污染。

加油站等的地下油罐应当使用双层罐或者采取建造防渗池等其他有效措施，并进行防渗漏监测，防止地下水污染。

禁止利用无防渗漏措施的沟渠、坑塘等输送或者存贮含有毒污染物的废水、含病原体的污水和其他废弃物。

第四十一条 多层地下水的含水层水质差异大的，应当分层开采；对已受污染的潜水和承压水，不得混合开采。

第四十二条 兴建地下工程设施或者进行地下勘探、采矿等活动，应当采取防护性措施，防止地下水污染。

报废矿井、钻井或者取水井等，应当实施封井或者回填。

第四十三条 人工回灌补给地下水，不得恶化地下水质。

第二节 工业水污染防治

第四十四条 国务院有关部门和县级以上地方人民政府应当合理规划工业布局，要求造成水污染的企业进行技术改造，采取综合防治措施，提高水的重复利用率，减少废水和污染物排放量。

第四十五条 排放工业废水的企业应当采取有效措施，收集和处理产生的全部废水，防止污染环境。含有毒有害水污染物的工业废水应当分类收集和处理，不得稀释排放。

工业集聚区应当配套建设相应的污水集中处理设施，安装自动监测设备，与环境保护主管部门的监控设备联网，并保证监测设备正常运行。

向污水集中处理设施排放工业废水的，应当按照国家有关规定进行预处理，达到集中处理设施处理工艺要求后方可排放。

第四十六条 国家对严重污染水环境的落后工艺和设备实行淘汰制度。

国务院经济综合宏观调控部门会同国务院有关部门，公布限期禁止采用的严重污染水环境的工艺名录和限期禁止生产、销售、进口、使用的严重污染水环境的设备名录。

生产者、销售者、进口者或者使用者应当在规定的期限内停止生产、销售、进口或者使用列入前款规定的设备名录中的设备。工艺的采用者应当在规定的期限内停止采用列入前款规定的工艺名录中的工艺。

依照本条第二款、第三款规定被淘汰的设备，不得转让给他人使用。

第四十七条 国家禁止新建不符合国家产业政策的小型造纸、制革、印染、染料、炼焦、炼硫、炼砷、炼汞、炼油、电镀、农药、石棉、水泥、玻璃、钢铁、火电以及其他严重污染水环境的生产项目。

第四十八条 企业应当采用原材料利用效率高、污染物排放量少的清洁工艺，并加强管理，减少水污染物的产生。

第三节 城镇水污染防治

第四十九条 城镇污水应当集中处理。

县级以上地方人民政府应当通过财政预算和其他渠道筹集资金，统筹安排建设城镇污水集中处理设施及配套管网，提高本行政区域城镇污水的收集率和处理率。

国务院建设主管部门应当会同国务院经济综合宏观调控、环境保护主管部门，根据城乡规划和水污染防治规划，组织编制全国城镇污水处理设施建设规划。县级以上地方人民政府组织建设、经济综合宏观调控、环境保护、水行政等部门编制本行政区域的城镇污水处理设施建设规划。县级以上地方人民政府建设主管部门应当按照城镇污水处理设施建设规划，组织建设城镇污水集中处理设施及配套管网，并加强对城镇污水集中处理设施运营的监督管理。

城镇污水集中处理设施的运营单位按照国家规定向排污者提供污水处理的有偿服务，收取污水处理费用，保证污水集中处理设施的正常运行。收取的污水处理费用应当用于城镇污水集中处理设施的建设运行和污泥处理处置，不得挪作他用。

城镇污水集中处理设施的污水处理收费、管理以及使用的具体办法，由国务院规定。

第五十条 向城镇污水集中处理设施排放水污染物，应当符合国家或者地方规定的水污染物排放标准。

城镇污水集中处理设施的运营单位，应当对城镇污水集中处理设施的出水水质负责。

环境保护主管部门应当对城镇污水集中处理设施的出水水质和水量进行监督检查。

第五十一条 城镇污水集中处理设施的运营单位或者污泥处理处置单位应当安全处理处置污泥，保证处理处置后的污泥符合国家标准，并对污泥的去向等进行记录。

第四节 农业和农村水污染防治

第五十二条 国家支持农村污水、垃圾处理设施的建设，推进农村污水、垃圾集中处理。

地方各级人民政府应当统筹规划建设农村污水、垃圾处理设施，并保障其正常运行。

第五十三条 制定化肥、农药等产品的质量标准和使用标准，应当适应水环境保护要求。

第五十四条 使用农药，应当符合国家有关农药安全使用的规定和标准。

运输、存贮农药和处置过期失效农药，应当加强管理，防止造成水污染。

第五十五条 县级以上地方人民政府农业主管部门和其他有关部门，应当采取措施，指导农业生产者科学、合理地施用化肥和农药，推广测土配方施肥技术和高效低毒低残留农药，控制化肥和农药的过量使用，防止造成水污染。

第五十六条 国家支持畜禽养殖场、养殖小区建设畜禽粪便、废水的综合利用或者无害化处理设施。

畜禽养殖场、养殖小区应当保证其畜禽粪便、废水的综合利用或者无害化处理设施正常运转，保证污水达标排放，防止污染水环境。

畜禽散养密集区所在地县、乡级人民政府应当组织对畜禽粪便污水进行分户收集、集中处理利用。

第五十七条 从事水产养殖应当保护水域生态环境，科学确定养殖密度，合理投饵和使用药物，防止污染水环境。

第五十八条 农田灌溉用水应当符合相应的水质标准，防止污染土壤、地下水和农产品。

禁止向农田灌溉渠道排放工业废水或者医疗污水。向农田灌溉渠道排放城镇污水以及未综合利用的畜禽养殖废水、农产品加工废水的，应当保证其下游最近的灌溉取水点的水质符合农田灌溉水质标准。

第五节 船舶水污染防治

第五十九条 船舶排放含油污水、生活污水，应当符合船舶污染物排放标准。从事海洋航运的船舶进入内河和港口的，应当遵守内河的船舶污染物排放标准。

船舶的残油、废油应当回收，禁止排入水体。

禁止向水体倾倒船舶垃圾。

船舶装载运输油类或者有毒货物，应当采取防止溢流和渗漏的措施，防止货物落水造成水污染。

进入中华人民共和国内河的国际航线船舶排放压载水的，应当采用压载水处理装置或者采取其他等效措施，对压载水进行灭活等处理。禁止排放不符合规定的船舶压载水。

第六十条 船舶应当按照国家有关规定配置相应的防污设备和器材，并持有合法有效的防止水域环境污染的证书与文书。

船舶进行涉及污染物排放的作业，应当严格遵守操作规程，并在相应的记录簿上如实记载。

第六十一条 港口、码头、装卸站和船舶修造厂所在地市、县级人民政府应当统筹规划建设船舶污染物、废弃物的接收、转运及处理处置设施。

港口、码头、装卸站和船舶修造厂应当备有足够的船舶污染物、废弃物的接收设施。从事船舶污染物、废弃物接收作业，或者从事装载油类、污染危害性货物船舱清洗作业的单位，应当具备与其运营规模相适应的接收处理能力。

第六十二条 船舶及有关作业单位从事有污染风险的作业活动，应当按照有关法律法规和标准，采取有效措施，防止造成水污染。海事管理机构、渔业主管部门应当加强对船舶及有关作业活动的监督管理。

船舶进行散装液体污染危害性货物的过驳作业，应当编制作业方案，采取有效的安全和污染防治措施，并报作业地海事管理机构批准。

禁止采取冲滩方式进行船舶拆解作业。

第五章 饮用水水源和其他特殊水体保护

第六十三条 国家建立饮用水水源保护区制度。饮用水水源保护区分为一级保护区和二级保护区；必要时，可以在饮用水水源保护区外围划定一定的区域作为准保护区。

饮用水水源保护区的划定，由有关市、县人民政府提出划定方案，报省、自治区、直辖市人民政府批准；跨市、县饮用水水源保护区的划定，由有关市、县人民政府协商提出划定方案，报省、自治区、直辖市人民政府批准；协商不成的，由省、自治区、直辖市人民政府环境保护主管部门会同同级水行政、国土资源、卫生、建设等部门提出划定方案，征求同级有关部门的意见后，报省、自治区、直辖市人民政府批准。

跨省、自治区、直辖市的饮用水水源保护区，由有关省、自治区、直辖市人民政府商有关流域管理机构划定；协商不成的，由国务院环境保护主管部门会同同级水行政、国土资源、卫生、建设等部门提出划定方案，征求国务院有关部门的意见后，报国务院批准。

国务院和省、自治区、直辖市人民政府可以根据保护饮用水水源的实际需要，调整饮用水水源保护区的范围，确保饮用水安全。有关地方人民政府应当在饮用水水源保护区的边界设立明确的地理界标和明显的警示标志。

第六十四条 在饮用水水源保护区内，禁止设置排污口。

第六十五条 禁止在饮用水水源一级保护区内新建、改建、扩建与供水设施和保护水源无关的建设项目；已建成的与供水设施和保护水源无关的建设项目，由县级以上人民政府责令拆除或者关闭。

禁止在饮用水水源一级保护区内从事网箱养殖、旅游、游泳、垂钓或者其他可能污染饮用水水体的活动。

第六十六条 禁止在饮用水水源二级保护区内新建、改建、扩建排放污染物的建设项目；已建成的排放污染物的建设项目，由县级以上人民政府责令拆除或者关闭。

在饮用水水源二级保护区内从事网箱养殖、旅游等活动的，应当按照规定采取措施，防止污染饮用水水体。

第六十七条 禁止在饮用水水源准保护区内新建、扩建对水体污染严重的建设项目；改建建设项目，不得增加排污量。

第六十八条 县级以上地方人民政府应当根据保护饮用水水源的实际需要，在准保护区内采取工程措施或者建造湿地、水源涵养林等生态保护措施，防止水污染物直接排入饮用水水体，确保饮用水安全。

第六十九条 县级以上地方人民政府应当组织环境保护等部门，对饮用水水源保护区、地下水型饮用水源的补给区及供水单位周边区域的环境状况和污染风险进行调查评估，筛查可能存在的污染风险因素，并采取相应的风险防范措施。

饮用水水源受到污染可能威胁供水安全的，环境保护主管部门应当责令有关企业事业单位和其他生产经营者采取停止排放水污染物等措施，并通报饮用水供水单位和供水、卫生、水行政等部门；跨行政区域的，还应当通报相关地方人民政府。

第七十条 单一水源供水城市的人民政府应当建设应急水源或者备用水源，有条件的地区可以开展区域联网供水。

县级以上地方人民政府应当合理安排、布局农村饮用水水源，有条件的地区可以采取城镇供水管网延伸或者建设跨村、跨乡镇联片集中供水工程等方式，发展规模集中供水。

第七十一条 饮用水供水单位应当做好取水口和出水口的水质检测工作。发现取水口水质不符合饮用水水源水质标准或者出水口水质不符合饮用水卫生标准的，应当及时采取相应措施，并向所在地市、县级人民政府供水主管部门报告。供水主管部门接到报告后，应当通报环境保护、卫生、水行政等部门。

饮用水供水单位应当对供水水质负责，确保供水设施安全可靠运行，保证供水水质符合国家有关标准。

第七十二条 县级以上地方人民政府应当组织有关部门监测、评估本行政区域内饮用水水源、供水单位供水和用户水龙头出水的水质等饮用水安全状况。

县级以上地方人民政府有关部门应当至少每季度向社会公开一次饮用水安全状况信息。

第七十三条 国务院和省、自治区、直辖市人民政府根据水环境保护的需要，可以规定在饮用水水源保护区内，采取禁止或者限制使用含磷洗涤剂、化肥、农药以及限制种植养殖等措施。

第七十四条 县级以上人民政府可以对风景名胜区水体、重要渔业水体和其他具有特殊经济文化价值的水体划定保护区，并采取措施，保证保护区的水质符合规定用途的水环境质量标准。

第七十五条 在风景名胜区水体、重要渔业水体和其他具有特殊经济文化价值的水体的保护区内，不得新建排污口。在保护区附近新建排污口，应当保证保护区水体不受污染。

第六章 水污染事故处置

第七十六条 各级人民政府及其有关部门，可能发生水污染事故的企业事业单位，应当依照《中华人民共和国突发事件应对法》的规定，做好突发水污染事故的应急准备、应急处置和事后恢复等工作。

第七十七条 可能发生水污染事故的企业事业单位，应当制定有关水污染事故的应急方案，做好应急准备，并定期进行演练。

生产、储存危险化学品的企业事业单位，应当采取措施，防止在处理安全生产事故过程中产生的可能严重污染水体的消防废水、废液直接排入水体。

第七十八条 企业事业单位发生事故或者其他突发性事件，造成或者可能造成水污染事故的，应当立即启动本单位的应急方案，采取隔离等应急措施，防止水污染物进入水体，并向事故发生地的县级以上地方人民政府或者环境保护主管部门报告。环境保护主管部门接到报告后，应当及时向本级人民政府报告，并抄送有关部门。

造成渔业污染事故或者渔业船舶造成水污染事故的，应当向事故发生地的渔业主管部门报告，接受调查处理。其他船舶造成水污染事故的，应当向事故发生地的海事管理机构报告，接受调查处理；给渔业造成损害的，海事管理机构应当通知渔业主管部门参与调查处理。

第七十九条 市、县级人民政府应当组织编制饮用水安全突发事件应急预案。

饮用水供水单位应当根据所在地饮用水安全突发事件应急预案，制定相应的突发事件应急方案，报所在地市、县级人民政府备案，并定期进行演练。

饮用水水源发生水污染事故，或者发生其他可能影响饮用水安全的突发性事件，饮用水供水单位应当采取应急处理措施，向所在地市、县级人民政府报告，并向社会公开。有关人民政府应当根据情况及时启动应急预案，采取有效措施，保障供水安全。

第七章 法律责任

第八十条 环境保护主管部门或者其他依照本法规定行使监督管理权的部门，不依法作出行政许可或者办理批准文件的，发现违法行为或者接到对违法行为的举报后不予查处的，或者有其他未依照本法规定履行职责的行为的，对直接负责的主管人员和其他直接责任人员依法给予处分。

第八十一条 以拖延、围堵、滞留执法人员等方式拒绝、阻挠环境保护主管部门或者其他依照本法规定行使监督管理权的部门的监督检查，或者在接受监督检查时弄虚作假的，由县级以上人民政府环境保护主管部门或者其他依照本法规定行使监督管理权的部门责令改正，处二万元以上二十万元以下的罚款。

第八十二条 违反本法规定，有下列行为之一的，由县级以上人民政府环境保护主管部门责令限期改正，处二万元以上二十万元以下的罚款；逾期不改正的，责令停产整治：

（一）未按照规定对所排放的水污染物自行监测，或者未保存原始监测记录的；

（二）未按照规定安装水污染物排放自动监测设备，未按照规定与环境保护主管部门的监控设备联网，或者未保证监测设备正常运行的；

（三）未按照规定对有毒有害水污染物的排污口和周边环境进行监测，或者未公开有毒有害水污染物信息的。

第八十三条 违反本法规定，有下列行为之一的，由县级以上人民政府环境保护主管部门责令改正或者责令限制生产、停产整治，并处十万元以上一百万元以下的罚款；情节严重的，报经有批准权的人民政府批准，责令停业、关闭：

（一）未依法取得排污许可证排放水污染物的；

（二）超过水污染物排放标准或者超过重点水污染物排放总量控制指标排放水污染物的；

（三）利用渗井、渗坑、裂隙、溶洞，私设暗管，篡改、伪造监测数据，或者不正常运行水污染防治设施等逃避监管的方式排放水污染物的；

（四）未按照规定进行预处理，向污水集中处理设施排放不符合处理工艺要求的工业废水的。

第八十四条 在饮用水水源保护区内设置排污口的，由县级以上地方人民政府责令限期拆除，处十万元以上五十万元以下的罚款；逾期不拆除的，强制拆除，所需费用由违法者承担，处五十万元以上一百万元以下的罚款，并可以责令停产整治。

除前款规定外，违反法律、行政法规和国务院环境保护主管部门的规定设置排污口的，由县级以上地方人民政府环境保护主管部门责令限期拆除，处二万元以上十万元以下的罚款；逾期不拆除的，强制拆除，所需费用由违法者承担，处十万元以上五十万元以下的罚款；情节严重的，可以责令停产整治。

未经水行政主管部门或者流域管理机构同意，在江河、湖泊新建、改建、扩建排污口的，由县级以上人民政府水行政主管部门或者流域管理机构依据职权，依照前款规定采取措施、给予处罚。

第八十五条 有下列行为之一的，由县级以上地方人民政府环境保护主管部门责令停止违法行为，限期采取治理措施，消除污染，处以罚款；逾期不采取治理措施的，环境保护主管部门可以指定有治理能力的单位代为治理，所需费用由违法者承担：

（一）向水体排放油类、酸液、碱液的；

（二）向水体排放剧毒废液，或者将含有汞、镉、砷、铬、铅、氰化物、黄磷等的可溶性剧毒废渣向水体排放、倾倒或者直接埋入地下的；

（三）在水体清洗装贮过油类、有毒污染物的车辆或者容器的；

（四）向水体排放、倾倒工业废渣、城镇垃圾或者其他废弃物，或者在江河、湖泊、运河、渠道、水库最高水位线以下的滩地、岸坡堆放、存贮固体废物或者其他污染物的；

（五）向水体排放、倾倒放射性固体废物或者含有高放射性、中放射性物质的废水的；

（六）违反国家有关规定或者标准，向水体排放含低放射性物质的废水、热废水或者含病原体的污水的；

（七）未采取防渗漏等措施，或者未建设地下水水质监测井进行监测的；

（八）加油站等的地下油罐未使用双层罐或者采取建造防渗池等其他有效措施，或者未进行防渗漏监测的；

（九）未按照规定采取防护性措施，或者利用无防渗漏措施的沟渠、坑塘等输送或者存贮含有毒污染物的废水、含病原体的污水或者其他废弃物的。

有前款第三项、第四项、第六项、第七项、第八项行为之一的，处二万元以上二十万元以下的罚款。有前款第一项、第二项、第五项、第九项行为之一的，处十万元以上一百万元以下的罚款；情节严重的，报经有批准权的人民政府批准，责令停业、关闭。

第八十六条 违反本法规定，生产、销售、进口或者使用列入禁止生产、销售、进口、使用的严重污染水环境的设备名录中的设备，或者采用列入禁止采用的严重污染水环境的工艺名录中的工艺的，由县级以上人民政府经济综合宏观调控部门责令改正，处五万元以上二十万元以下的罚款；情节严重的，由县级以上人民政府经济综合宏观调控部门提出意见，报请本级人民政府责令停业、关闭。

第八十七条 违反本法规定，建设不符合国家产业政策的小型造纸、制革、印染、染料、炼焦、炼硫、炼砷、炼汞、炼油、电镀、农药、石棉、水泥、玻璃、钢铁、火电以及其他严重污染水环境的生产项目的，由所在地的市、县人民政府责令关闭。

第八十八条 城镇污水集中处理设施的运营单位或者污泥处理处置单位，处理处置后的污泥不符合国家标准，或者对污泥去向等未进行记录的，由城镇排水主管部门责令限期采取治理措施，给予警告；造成严重后果的，处十万元以上二十万元以下的罚款；逾期不采取治理措施的，城镇排水主管部门可以指定有治理能力的单位代为治理，所需费用由违法者承担。

第八十九条 船舶未配置相应的防污染设备和器材，或者未持有合法有效的防止水域环境污染的证书与文书的，由海事管理机构、渔业主管部门按照职责分工责令限期改正，处二千元以上二万元以下的罚款；逾期不改正的，责令船舶临时停航。

船舶进行涉及污染物排放的作业，未遵守操作规程或者未在相应的记录簿上如实记载的，由海事管理机构、渔业主管部门按照职责分工责令改正，处二千元以上二万元以下的罚款。

第九十条 违反本法规定，有下列行为之一的，由海事管理机构、渔业主管部门按照职责分工责令停止违法行为，处一万元以上十万元以下的罚款；造成水污染的，责令限期采取治理措施，消除污染，处二万元以上二十万元以下的罚款；逾期不采取治理措施的，海事管理机构、渔业主管部门按照职责分工可以指定有治理能力的单位代为治理，所需费用由船舶承担：

（一）向水体倾倒船舶垃圾或者排放船舶的残油、废油的；

（二）未经作业地海事管理机构批准，船舶进行散装液体污染危害性货物的过驳作业的；

（三）船舶及有关作业单位从事有污染风险的作业活动，未按照规定采取污染防治措施的；

（四）以冲滩方式进行船舶拆解的；

（五）进入中华人民共和国内河的国际航线船舶，排放不符合规定的船舶压载水的。

第九十一条 有下列行为之一的，由县级以上地方人民政府环境保护主管部门责令停止违法行为，处十万元以上五十万元以下的罚款；并报经有批准权的人民政府批准，责令拆除或者关闭：

（一）在饮用水水源一级保护区内新建、改建、扩建与供水设施和保护水源无关的建设项目的；

（二）在饮用水水源二级保护区内新建、改建、扩建排放污染物的建设项目的；

（三）在饮用水水源准保护区内新建、扩建对水体污染严重的建设项目，或者改建建设项目增加排污量的。

在饮用水水源一级保护区内从事网箱养殖或者组织进行旅游、垂钓或者其他可能污染饮用水水体的活动的，由县级以上地方人民政府环境保护主管部门责令停止违法行为，处二万元以上十万元以下的罚款。个人在饮用水水源一级保护区内游泳、垂钓或者从事其他可能污染饮用水水体的活动的，由县级以上地方人民政府环境保护主管部门责令停止违法行为，可以处五百元以下的罚款。

第九十二条 饮用水供水单位供水水质不符合国家规定标准的，由所在地市、县级人民政府供水主管部门责令改正，处二万元以上二十万元以下的罚款；情节严重的，报经有批准权的人民政府批准，可以责令停业整顿；对直接负责的主管人员和其他直接责任人员依法给予处分。

第九十三条 企业事业单位有下列行为之一的，由县级以上人民政府环境保护主管部门责令改正；情节严重的，处二万元以上十万元以下的罚款：

（一）不按照规定制定水污染事故的应急方案的；

（二）水污染事故发生后，未及时启动水污染事故的应急方案，采取有关应急措施的。

第九十四条 企业事业单位违反本法规定，造成水污染事故的，除依法承担赔偿责任外，由县级以上人民政府环境保护主管部门依照本条第二款的规定处以罚款，责令限期采取治理措施，消除污染；未按照要求采取治理措施或者不具备治理能力的，由环境保护主管部门指定有治理能力的单位代为治理，所需费用由违法者承担；对造成重大或者特大水污染事故的，还可以报经有批准权的人民政府批准，责令关闭；对直接负责的主管人员和其他直接责任人员可以处上一年度从本单位取得的收入百分之五十以下的罚款；有《中华人民共和国环境保护法》第六十三条规定的违法排放水污染物等行为之一，尚不构成犯罪的，由公安机关对直接负责的主管人员和其他直接责任人员处十日以上十五日以下的拘留；情节较轻的，处五日以上十日以下的拘留。

对造成一般或者较大水污染事故的，按照水污染事故造成的直接损失的百分之二十计算罚款；对造成重大或者特大水污染事故的，按照水污染事故造成的直接损失的百分之三十计算罚款。

造成渔业污染事故或者渔业船舶造成水污染事故的，由渔业主管部门进行处罚；其他船舶造成水污染事故的，由海事管理机构进行处罚。

第九十五条 企业事业单位和其他生产经营者违法排放水污染物，受到罚款处罚，被责令改正的，依法作出处罚决定的行政机关应当组织复查，发现其继续违法排放水污染物或者拒绝、阻挠复查的，依照《中华人民共和国环境保护法》的规定按日连续处罚。

第九十六条 因水污染受到损害的当事人，有权要求排污方排除危害和赔偿损失。

由于不可抗力造成水污染损害的，排污方不承担赔偿责任；法律另有规定的除外。

水污染损害是由受害人故意造成的，排污方不承担赔偿责任。水污染损害是由受害人重大过失造成的，可以减轻排污方的赔偿责任。

水污染损害是由第三人造成的，排污方承担赔偿责任后，有权向第三人追偿。

第九十七条 因水污染引起的损害赔偿责任和赔偿金额的纠纷，可以根据当事人的请求，由环境保护主管部门或者海事管理机构、渔业主管部门按照职责分工调解处理；调解不成的，当事人可以向人民法院提起诉讼。当事人也可以直接向人民法院提起诉讼。

第九十八条 因水污染引起的损害赔偿诉讼，由排污方就法律规定的免责事由及其行为与损害结果之间不存在因果关系承担举证责任。

第九十九条 因水污染受到损害的当事人人数众多的，可以依法由当事人推选代表人进行共同诉讼。

环境保护主管部门和有关社会团体可以依法支持因水污染受到损害的当事人向人民法院提起诉讼。

国家鼓励法律服务机构和律师为水污染损害诉讼中的受害人提供法律援助。

第一百条 因水污染引起的损害赔偿责任和赔偿金额的纠纷，当事人可以委托环境监测机构提供监测数据。环境监测机构应当接受委托，如实提供有关监测数据。

第一百零一条 违反本法规定，构成犯罪的，依法追究刑事责任。

第八章 附 则

第一百零二条 本法中下列用语的含义：

（一）水污染，是指水体因某种物质的介入，而导致其化学、物理、生物或者放射性等方面特性的改变，从而影响水的有效利用，危害人体健康或者破坏生态环境，造成水质恶化的现象。

（二）水污染物，是指直接或者间接向水体排放的，能导致水体污染的物质。

（三）有毒污染物，是指那些直接或者间接被生物摄入体内后，可能导致该生物或者其后代发病、行为反常、遗传异变、生理机能失常、机体变形或者死亡的污染物。

（四）污泥，是指污水处理过程中产生的半固态或者固态物质。

（五）渔业水体，是指划定的鱼虾类的产卵场、索饵场、越冬场、洄游通道和鱼虾贝藻类的养殖场的水体。

第一百零三条 本法自2018年1月1日起施行。

附录3 中华人民共和国大气污染防治法

中华人民共和国大气污染防治法

（1987年9月5日第六届全国人民代表大会常务委员会第二十二次会议通过 根据1995年8月29日第八届全国人民代表大会常务委员会第十五次会议《关于修改〈中华人民共和国大气污染防治法〉的决定》第一次修正 2000年4月29日第九届全国人民代表大会常务委员会第十五次会议第一次修订 2015年8月29日第十二届全国人民代表大会常务委员会第十六次会议第二次修订 根据2018年10月26日第十三届全国人民代表大会常务委员会第六次会议《关于修改〈中华人民共和国野生动物保护法〉等十五部法律的决定》第二次修正）

第一章 总 则

第一条 为保护和改善环境，防治大气污染，保障公众健康，推进生态文明建设，促进经济社会可持续发展，制定本法。

第二条 防治大气污染，应当以改善大气环境质量为目标，坚持源头治理，规划先行，转变经济发展方式，优化产业结构和布局，调整能源结构。

防治大气污染，应当加强对燃煤、工业、机动车船、扬尘、农业等大气污染的综合防治，推行区域大气污染联合防治，对颗粒物、二氧化硫、氮氧化物、挥发性有机物、氨等大气污染物和温室气体实施协同控制。

第三条 县级以上人民政府应当将大气污染防治工作纳入国民经济和社会发展规划，加大对大气污染防治的财政投入。

地方各级人民政府应当对本行政区域的大气环境质量负责，制定规划，采取措施，控制或者逐步削减大气污染物的排放量，使大气环境质量达到规定标准并逐步改善。

第四条 国务院生态环境主管部门会同国务院有关部门，按照国务院的规定，对省、自治区、直辖市大气环境质量改善目标、大气污染防治重点任务完成情况进行考核。省、自治区、直辖市人民政府制定考核办法，对本行政区域内地方大气环境质量改善目标、大气污染防治重点任务完成情况实施考核。考核结果应当向社会公开。

第五条 县级以上人民政府生态环境主管部门对大气污染防治实施统一监督管理。

县级以上人民政府其他有关部门在各自职责范围内对大气污染防治实施监督管理。

第六条 国家鼓励和支持大气污染防治科学技术研究，开展对大气污染来源及其变化趋势的分析，推广先进适用的大气污染防治技术和装备，促进科技成果转化，发挥科学技术在大气污染防治中的支撑作用。

第七条 企业事业单位和其他生产经营者应当采取有效措施，防止、减少大气污染，对所造成的损害依法承担责任。

公民应当增强大气环境保护意识，采取低碳、节俭的生活方式，自觉履行大气环境保护义务。

第二章 大气污染防治标准和限期达标规划

第八条 国务院生态环境主管部门或者省、自治区、直辖市人民政府制定大气环境质量标准，应当以保障公众健康和保护生态环境为宗旨，与经济社会发展相适应，做到科学合理。

第九条 国务院生态环境主管部门或者省、自治区、直辖市人民政府制定大气污染物排放标准，应当以大气环境质量标准和国家经济、技术条件为依据。

第十条 制定大气环境质量标准、大气污染物排放标准，应当组织专家进行审查和论证，并征求有关部门、行业协会、企业事业单位和公众等方面的意见。

第十一条 省级以上人民政府生态环境主管部门应当在其网站上公布大气环境质量标准、大气污染物排放标准，供公众免费查阅、下载。

第十二条 大气环境质量标准、大气污染物排放标准的执行情况应当定期进行评估，根据评估结果对标准适时进行修订。

第十三条 制定燃煤、石油焦、生物质燃料、涂料等含挥发性有机物的产品、烟花爆竹以及锅炉等产品的质量标准，应当明确大气环境保护要求。

制定燃油质量标准，应当符合国家大气污染物控制要求，并与国家机动车船、非道路移动机械大气污染物排放标准相互衔接，同步实施。

前款所称非道路移动机械，是指装配有发动机的移动机械和可运输工业设备。

第十四条 未达到国家大气环境质量标准城市的人民政府应当及时编制大气环境质量限期达标规划，采取措施，按照国务院或者省级人民政府规定的期限达到大气环境质量标准。

编制城市大气环境质量限期达标规划，应当征求有关行业协会、企业事业单位、专家和公众等方面的意见。

第十五条 城市大气环境质量限期达标规划应当向社会公开。直辖市和设区的市的大气环境质量限期达标规划应当报国务院生态环境主管部门备案。

第十六条 城市人民政府每年在向本级人民代表大会或者其常务委员会报告环境状况和环境保护目标完成情况时，应当报告大气环境质量限期达标规划执行情况，并向社会公开。

第十七条 城市大气环境质量限期达标规划应当根据大气污染防治的要求和经济、技术条件适时进行评估、修订。

第三章 大气污染防治的监督管理

第十八条 企业事业单位和其他生产经营者建设对大气环境有影响的项目，应当依法进行环境影响评价、公开环境影响评价文件；向大气排放污染物的，应当符合大气污染物排放标准，遵守重点大气污染物排放总量控制要求。

第十九条 排放工业废气或者本法第七十八条规定名录中所列有毒有害大气污染物的企业事业单位、集中供热设施的燃煤热源生产运营单位以及其他依法实行排污许可管理的单位，应当取得排污许可证。排污许可的具体办法和实施步骤由国务院规定。

第二十条 企业事业单位和其他生产经营者向大气排放污染物的，应当依照法律法规和国务院生态环境主管部门的规定设置大气污染物排放口。

禁止通过偷排、篡改或者伪造监测数据、以逃避现场检查为目的的临时停产、非紧急情况下开启应急排放通道、不正常运行大气污染防治设施等逃避监管的方式排放大气污染物。

第二十一条 国家对重点大气污染物排放实行总量控制。

重点大气污染物排放总量控制目标，由国务院生态环境主管部门在征求国务院有关部门和各省、自治区、直辖市人民政府意见后，会同国务院经济综合主管部门报国务院批准并下达实施。

省、自治区、直辖市人民政府应当按照国务院下达的总量控制目标，控制或者削减本行政区域的重点大气污染物排放总量。

确定总量控制目标和分解总量控制指标的具体办法，由国务院生态环境主管部门会同国务院有关部门规定。省、自治区、直辖市人民政府可以根据本行政区域大气污染防治的需要，对国家重点大气污染物之外的其他大气污染物排放实行总量控制。

国家逐步推行重点大气污染物排污权交易。

第二十二条 对超过国家重点大气污染物排放总量控制指标或者未完成国家下达的大气环境质量改善目标的地区，省级以上人民政府生态环境主管部门应当会同有关部门约谈该地区人民政府的主要负责人，并暂停审批该地区新增重点大气污染物排放总量的建设项目环境影响评价文件。约谈情况应当向社会公开。

第二十三条 国务院生态环境主管部门负责制定大气环境质量和大气污染源的监测和评价规范，组织建设与管理全国大气环境质量和大气污染源监测网，组织开展大气环境质量和大气污染源监测，统一发布全国大气环境质量状况信息。

县级以上地方人民政府生态环境主管部门负责组织建设与管理本行政区域大气环境质量和大气污染源监测网，开展大气环境质量和大气污染源监测，统一发布本行政区域大气环境质量状况信息。

第二十四条 企业事业单位和其他生产经营者应当按照国家有关规定和监测规范，对其排放的工业废气和本法第七十八条规定名录中所列有毒有害大气污染物进行监测，并保存原始监测记录。其中，重点排污单位应当安装、使用大气污染物排放自动监测设备，与生态环境主管部门的监控设备联网，保证监测设备正常运行并依法公开排放信息。监测的具体办法和重点排污单位的条件由国务院生态环境主管部门规定。

重点排污单位名录由设区的市级以上地方人民政府生态环境主管部门按照国

务院生态环境主管部门的规定，根据本行政区域的大气环境承载力、重点大气污染物排放总量控制指标的要求以及排污单位排放大气污染物的种类、数量和浓度等因素，商有关部门确定，并向社会公布。

第二十五条 重点排污单位应当对自动监测数据的真实性和准确性负责。生态环境主管部门发现重点排污单位的大气污染物排放自动监测设备传输数据异常，应当及时进行调查。

第二十六条 禁止侵占、损毁或者擅自移动、改变大气环境质量监测设施和大气污染物排放自动监测设备。

第二十七条 国家对严重污染大气环境的工艺、设备和产品实行淘汰制度。

国务院经济综合主管部门会同国务院有关部门确定严重污染大气环境的工艺、设备和产品淘汰期限，并纳入国家综合性产业政策目录。

生产者、进口者、销售者或者使用者应当在规定期限内停止生产、进口、销售或者使用列入前款规定目录中的设备和产品。工艺的采用者应当在规定期限内停止采用列入前款规定目录中的工艺。

被淘汰的设备和产品，不得转让给他人使用。

第二十八条 国务院生态环境主管部门会同有关部门，建立和完善大气污染损害评估制度。

第二十九条 生态环境主管部门及其环境执法机构和其他负有大气环境保护监督管理职责的部门，有权通过现场检查监测、自动监测、遥感监测、远红外摄像等方式，对排放大气污染物的企业事业单位和其他生产经营者进行监督检查。被检查者应当如实反映情况，提供必要的资料。实施检查的部门、机构及其工作人员应当为被检查者保守商业秘密。

第三十条 企业事业单位和其他生产经营者违反法律法规规定排放大气污染物，造成或者可能造成严重大气污染，或者有关证据可能灭失或者被隐匿的，县级以上人民政府生态环境主管部门和其他负有大气环境保护监督管理职责的部门，可以对有关设施、设备、物品采取查封、扣押等行政强制措施。

第三十一条 生态环境主管部门和其他负有大气环境保护监督管理职责的部门应当公布举报电话、电子邮箱等，方便公众举报。

生态环境主管部门和其他负有大气环境保护监督管理职责的部门接到举报

的，应当及时处理并对举报人的相关信息予以保密；对实名举报的，应当反馈处理结果等情况，查证属实的，处理结果依法向社会公开，并对举报人给予奖励。

举报人举报所在单位的，该单位不得以解除、变更劳动合同或者其他方式对举报人进行打击报复。

第四章 大气污染防治措施

第一节 燃煤和其他能源污染防治

第三十二条 国务院有关部门和地方各级人民政府应当采取措施，调整能源结构，推广清洁能源的生产和使用；优化煤炭使用方式，推广煤炭清洁高效利用，逐步降低煤炭在一次能源消费中的比重，减少煤炭生产、使用、转化过程中的大气污染物排放。

第三十三条 国家推行煤炭洗选加工，降低煤炭的硫分和灰分，限制高硫分、高灰分煤炭的开采。新建煤矿应当同步建设配套的煤炭洗选设施，使煤炭的硫分、灰分含量达到规定标准；已建成的煤矿除所采煤炭属于低硫分、低灰分或者根据已达标排放的燃煤电厂要求不需要洗选的以外，应当限期建成配套的煤炭洗选设施。

禁止开采含放射性和砷等有毒有害物质超过规定标准的煤炭。

第三十四条 国家采取有利于煤炭清洁高效利用的经济、技术政策和措施，鼓励和支持洁净煤技术的开发和推广。

国家鼓励煤矿企业等采用合理、可行的技术措施，对煤层气进行开采利用，对煤矸石进行综合利用。从事煤层气开采利用的，煤层气排放应当符合有关标准规范。

第三十五条 国家禁止进口、销售和燃用不符合质量标准的煤炭，鼓励燃用优质煤炭。

单位存放煤炭、煤矸石、煤渣、煤灰等物料，应当采取防燃措施，防止大气污染。

第三十六条 地方各级人民政府应当采取措施，加强民用散煤的管理，禁止销售不符合民用散煤质量标准的煤炭，鼓励居民燃用优质煤炭和洁净型煤，推广节能环保型炉灶。

第三十七条 石油炼制企业应当按照燃油质量标准生产燃油。

禁止进口、销售和燃用不符合质量标准的石油焦。

第三十八条 城市人民政府可以划定并公布高污染燃料禁燃区，并根据大气环境质量改善要求，逐步扩大高污染燃料禁燃区范围。高污染燃料的目录由国务院生态环境主管部门确定。

在禁燃区内，禁止销售、燃用高污染燃料；禁止新建、扩建燃用高污染燃料的设施，已建成的，应当在城市人民政府规定的期限内改用天然气、页岩气、液化石油气、电或者其他清洁能源。

第三十九条 城市建设应当统筹规划，在燃煤供热地区，推进热电联产和集中供热。在集中供热管网覆盖地区，禁止新建、扩建分散燃煤供热锅炉；已建成的不能达标排放的燃煤供热锅炉，应当在城市人民政府规定的期限内拆除。

第四十条 县级以上人民政府市场监督管理部门应当会同生态环境主管部门对锅炉生产、进口、销售和使用环节执行环境保护标准或者要求的情况进行监督检查；不符合环境保护标准或者要求的，不得生产、进口、销售和使用。

第四十一条 燃煤电厂和其他燃煤单位应当采用清洁生产工艺，配套建设除尘、脱硫、脱硝等装置，或者采取技术改造等其他控制大气污染物排放的措施。

国家鼓励燃煤单位采用先进的除尘、脱硫、脱硝、脱汞等大气污染物协同控制的技术和装置，减少大气污染物的排放。

第四十二条 电力调度应当优先安排清洁能源发电上网。

第二节 工业污染防治

第四十三条 钢铁、建材、有色金属、石油、化工等企业生产过程中排放粉尘、硫化物和氮氧化物的，应当采用清洁生产工艺，配套建设除尘、脱硫、脱硝等装置，或者采取技术改造等其他控制大气污染物排放的措施。

第四十四条 生产、进口、销售和使用含挥发性有机物的原材料和产品的，其挥发性有机物含量应当符合质量标准或者要求。

国家鼓励生产、进口、销售和使用低毒、低挥发性有机溶剂。

第四十五条 产生含挥发性有机物废气的生产和服务活动，应当在密闭空间或者设备中进行，并按照规定安装、使用污染防治设施；无法密闭的，应当采取措施减少废气排放。

第四十六条 工业涂装企业应当使用低挥发性有机物含量的涂料，并建立台账，记录生产原料、辅料的使用量、废弃量、去向以及挥发性有机物含量。台账保存期限不得少于三年。

第四十七条 石油、化工以及其他生产和使用有机溶剂的企业，应当采取措施对管道、设备进行日常维护、维修，减少物料泄漏，对泄漏的物料应当及时收集处理。

储油储气库、加油加气站、原油成品油码头、原油成品油运输船舶和油罐车、气罐车等，应当按照国家有关规定安装油气回收装置并保持正常使用。

第四十八条 钢铁、建材、有色金属、石油、化工、制药、矿产开采等企业，应当加强精细化管理，采取集中收集处理等措施，严格控制粉尘和气态污染物的排放。

工业生产企业应当采取密闭、围挡、遮盖、清扫、洒水等措施，减少内部物料的堆存、传输、装卸等环节产生的粉尘和气态污染物的排放。

第四十九条 工业生产、垃圾填埋或者其他活动产生的可燃性气体应当回收利用，不具备回收利用条件的，应当进行污染防治处理。

可燃性气体回收利用装置不能正常作业的，应当及时修复或者更新。在回收利用装置不能正常作业期间确需排放可燃性气体的，应当将排放的可燃性气体充分燃烧或者采取其他控制大气污染物排放的措施，并向当地生态环境主管部门报告，按照要求限期修复或者更新。

第三节 机动车船等污染防治

第五十条 国家倡导低碳、环保出行，根据城市规划合理控制燃油机动车保有量，大力发展城市公共交通，提高公共交通出行比例。

国家采取财政、税收、政府采购等措施推广应用节能环保型和新能源机动车船、非道路移动机械，限制高油耗、高排放机动车船、非道路移动机械的发展，减少化石能源的消耗。

省、自治区、直辖市人民政府可以在条件具备的地区，提前执行国家机动车大气污染物排放标准中相应阶段排放限值，并报国务院生态环境主管部门备案。

城市人民政府应当加强并改善城市交通管理，优化道路设置，保障人行道和非机动车道的连续、畅通。

第五十一条 机动车船、非道路移动机械不得超过标准排放大气污染物。

禁止生产、进口或者销售大气污染物排放超过标准的机动车船、非道路移动机械。

第五十二条 机动车、非道路移动机械生产企业应当对新生产的机动车和非道路移动机械进行排放检验。经检验合格的，方可出厂销售。检验信息应当向社会公开。

省级以上人民政府生态环境主管部门可以通过现场检查、抽样检测等方式，加强对新生产、销售机动车和非道路移动机械大气污染物排放状况的监督检查。工业、市场监督管理等有关部门予以配合。

第五十三条 在用机动车应当按照国家或者地方的有关规定，由机动车排放检验机构定期对其进行排放检验。经检验合格的，方可上道路行驶。未经检验合格的，公安机关交通管理部门不得核发安全技术检验合格标志。

县级以上地方人民政府生态环境主管部门可以在机动车集中停放地、维修地对在用机动车的大气污染物排放状况进行监督抽测；在不影响正常通行的情况下，可以通过遥感监测等技术手段对在道路上行驶的机动车的大气污染物排放状况进行监督抽测，公安机关交通管理部门予以配合。

第五十四条 机动车排放检验机构应当依法通过计量认证，使用经依法检定合格的机动车排放检验设备，按照国务院生态环境主管部门制定的规范，对机动车进行排放检验，并与生态环境主管部门联网，实现检验数据实时共享。机动车排放检验机构及其负责人对检验数据的真实性和准确性负责。

生态环境主管部门和认证认可监督管理部门应当对机动车排放检验机构的排放检验情况进行监督检查。

第五十五条 机动车生产、进口企业应当向社会公布其生产、进口机动车车型的排放检验信息、污染控制技术信息和有关维修技术信息。

机动车维修单位应当按照防治大气污染的要求和国家有关技术规范对在用机动车进行维修，使其达到规定的排放标准。交通运输、生态环境主管部门应当依法加强监督管理。

禁止机动车所有人以临时更换机动车污染控制装置等弄虚作假的方式通过机动车排放检验。禁止机动车维修单位提供该类维修服务。禁止破坏机动车车载排放诊断系统。

第五十六条 生态环境主管部门应当会同交通运输、住房和城乡建设、农业行政、水行政等有关部门对非道路移动机械的大气污染物排放状况进行监督检查，排放不合格的，不得使用。

第五十七条 国家倡导环保驾驶，鼓励燃油机动车驾驶人在不影响道路通行且需停车三分钟以上的情况下熄灭发动机，减少大气污染物的排放。

第五十八条 国家建立机动车和非道路移动机械环境保护召回制度。

生产、进口企业获知机动车、非道路移动机械排放大气污染物超过标准，属于设计、生产缺陷或者不符合规定的环境保护耐久性要求的，应当召回；未召回的，由国务院市场监督管理部门会同国务院生态环境主管部门责令其召回。

第五十九条 在用重型柴油车、非道路移动机械未安装污染控制装置或者污染控制装置不符合要求，不能达标排放的，应当加装或者更换符合要求的污染控制装置。

第六十条 在用机动车排放大气污染物超过标准的，应当进行维修；经维修或者采用污染控制技术后，大气污染物排放仍不符合国家在用机动车排放标准的，应当强制报废。其所有人应当将机动车交售给报废机动车回收拆解企业，由报废机动车回收拆解企业按照国家有关规定进行登记、拆解、销毁等处理。

国家鼓励和支持高排放机动车船、非道路移动机械提前报废。

第六十一条 城市人民政府可以根据大气环境质量状况，划定并公布禁止使用高排放非道路移动机械的区域。

第六十二条 船舶检验机构对船舶发动机及有关设备进行排放检验。经检验符合国家排放标准的，船舶方可运营。

第六十三条 内河和江海直达船舶应当使用符合标准的普通柴油。远洋船舶靠港后应当使用符合大气污染物控制要求的船舶用燃油。

新建码头应当规划、设计和建设岸基供电设施；已建成的码头应当逐步实施岸基供电设施改造。船舶靠港后应当优先使用岸电。

第六十四条 国务院交通运输主管部门可以在沿海海域划定船舶大气污染物排放控制区，进入排放控制区的船舶应当符合船舶相关排放要求。

第六十五条 禁止生产、进口、销售不符合标准的机动车船、非道路移动机械用燃料；禁止向汽车和摩托车销售普通柴油以及其他非机动车用燃料；禁止向非道路移动机械、内河和江海直达船舶销售渣油和重油。

第六十六条 发动机油、氮氧化物还原剂、燃料和润滑油添加剂以及其他添加剂的有害物质含量和其他大气环境保护指标，应当符合有关标准的要求，不得损害机动车船污染控制装置效果和耐久性，不得增加新的大气污染物排放。

第六十七条 国家积极推进民用航空器的大气污染防治，鼓励在设计、生产、使用过程中采取有效措施减少大气污染物排放。

民用航空器应当符合国家规定的适航标准中的有关发动机排出物要求。

第四节　扬尘污染防治

第六十八条 地方各级人民政府应当加强对建设施工和运输的管理，保持道路清洁，控制料堆和渣土堆放，扩大绿地、水面、湿地和地面铺装面积，防治扬尘污染。

住房和城乡建设、市容环境卫生、交通运输、国土资源等有关部门，应当根据本级人民政府确定的职责，做好扬尘污染防治工作。

第六十九条 建设单位应当将防治扬尘污染的费用列入工程造价，并在施工承包合同中明确施工单位扬尘污染防治责任。施工单位应当制定具体的施工扬尘污染防治实施方案。

从事房屋建筑、市政基础设施建设、河道整治以及建筑物拆除等施工单位，应当向负责监督管理扬尘污染防治的主管部门备案。

施工单位应当在施工工地设置硬质围挡，并采取覆盖、分段作业、择时施工、洒水抑尘、冲洗地面和车辆等有效防尘降尘措施。建筑土方、工程渣土、建筑垃圾应当及时清运；在场地内堆存的，应当采用密闭式防尘网遮盖。工程渣土、建筑垃圾应当进行资源化处理。

施工单位应当在施工工地公示扬尘污染防治措施、负责人、扬尘监督管理主管部门等信息。

暂时不能开工的建设用地，建设单位应当对裸露地面进行覆盖；超过三个月的，应当进行绿化、铺装或者遮盖。

第七十条 运输煤炭、垃圾、渣土、砂石、土方、灰浆等散装、流体物料的车辆应当采取密闭或者其他措施防止物料遗撒造成扬尘污染，并按照规定路线行驶。

装卸物料应当采取密闭或者喷淋等方式防治扬尘污染。

城市人民政府应当加强道路、广场、停车场和其他公共场所的清扫保洁管理，推行清洁动力机械化清扫等低尘作业方式，防治扬尘污染。

第七十一条 市政河道以及河道沿线、公共用地的裸露地面以及其他城镇裸露地面，有关部门应当按照规划组织实施绿化或者透水铺装。

第七十二条 贮存煤炭、煤矸石、煤渣、煤灰、水泥、石灰、石膏、砂土等易产生扬尘的物料应当密闭；不能密闭的，应当设置不低于堆放物高度的严密围挡，并采取有效覆盖措施防治扬尘污染。

码头、矿山、填埋场和消纳场应当实施分区作业，并采取有效措施防治扬尘污染。

第五节 农业和其他污染防治

第七十三条 地方各级人民政府应当推动转变农业生产方式，发展农业循环经济，加大对废弃物综合处理的支持力度，加强对农业生产经营活动排放大气污染物的控制。

第七十四条 农业生产经营者应当改进施肥方式，科学合理施用化肥并按照国家有关规定使用农药，减少氨、挥发性有机物等大气污染物的排放。

禁止在人口集中地区对树木、花草喷洒剧毒、高毒农药。

第七十五条 畜禽养殖场、养殖小区应当及时对污水、畜禽粪便和尸体等进行收集、贮存、清运和无害化处理，防止排放恶臭气体。

第七十六条 各级人民政府及其农业行政等有关部门应当鼓励和支持采用先进适用技术，对秸秆、落叶等进行肥料化、饲料化、能源化、工业原料化、食用菌基料化等综合利用，加大对秸秆还田、收集一体化农业机械的财政补贴力度。

县级人民政府应当组织建立秸秆收集、贮存、运输和综合利用服务体系，采用财政补贴等措施支持农村集体经济组织、农民专业合作经济组织、企业等开展秸秆收集、贮存、运输和综合利用服务。

第七十七条 省、自治区、直辖市人民政府应当划定区域，禁止露天焚烧秸秆、落叶等产生烟尘污染的物质。

第七十八条 国务院生态环境主管部门应当会同国务院卫生行政部门，根据大气污染物对公众健康和生态环境的危害和影响程度，公布有毒有害大气污染物名录，实行风险管理。

排放前款规定名录中所列有毒有害大气污染物的企业事业单位，应当按照国家有关规定建设环境风险预警体系，对排放口和周边环境进行定期监测，评估环境风险，排查环境安全隐患，并采取有效措施防范环境风险。

第七十九条 向大气排放持久性有机污染物的企业事业单位和其他生产经营者以及废弃物焚烧设施的运营单位，应当按照国家有关规定，采取有利于减少持久性有机污染物排放的技术方法和工艺，配备有效的净化装置，实现达标排放。

第八十条 企业事业单位和其他生产经营者在生产经营活动中产生恶臭气体的，应当科学选址，设置合理的防护距离，并安装净化装置或者采取其他措施，防止排放恶臭气体。

第八十一条 排放油烟的餐饮服务业经营者应当安装油烟净化设施并保持正常使用，或者采取其他油烟净化措施，使油烟达标排放，并防止对附近居民的正常生活环境造成污染。

禁止在居民住宅楼、未配套设立专用烟道的商住综合楼以及商住综合楼内与居住层相邻的商业楼层内新建、改建、扩建产生油烟、异味、废气的餐饮服务项目。

任何单位和个人不得在当地人民政府禁止的区域内露天烧烤食品或者为露天烧烤食品提供场地。

第八十二条 禁止在人口集中地区和其他依法需要特殊保护的区域内焚烧沥青、油毡、橡胶、塑料、皮革、垃圾以及其他产生有毒有害烟尘和恶臭气体的物质。

禁止生产、销售和燃放不符合质量标准的烟花爆竹。任何单位和个人不得在城市人民政府禁止的时段和区域内燃放烟花爆竹。

第八十三条 国家鼓励和倡导文明、绿色祭祀。

火葬场应当设置除尘等污染防治设施并保持正常使用，防止影响周边环境。

第八十四条 从事服装干洗和机动车维修等服务活动的经营者，应当按照国家有关标准或者要求设置异味和废气处理装置等污染防治设施并保持正常使用，防止影响周边环境。

第八十五条 国家鼓励、支持消耗臭氧层物质替代品的生产和使用，逐步减少直至停止消耗臭氧层物质的生产和使用。

国家对消耗臭氧层物质的生产、使用、进出口实行总量控制和配额管理。具体办法由国务院规定。

第五章 重点区域大气污染联合防治

第八十六条 国家建立重点区域大气污染联防联控机制，统筹协调重点区域内大气污染防治工作。国务院生态环境主管部门根据主体功能区划、区域大气环境质量状况和大气污染传输扩散规律，划定国家大气污染防治重点区域，报国务院批准。

重点区域内有关省、自治区、直辖市人民政府应当确定牵头的地方人民政府，定期召开联席会议，按照统一规划、统一标准、统一监测、统一的防治措施的要求，开展大气污染联合防治，落实大气污染防治目标责任。国务院生态环境主管部门应当加强指导、督促。

省、自治区、直辖市可以参照第一款规定划定本行政区域的大气污染防治重点区域。

第八十七条 国务院生态环境主管部门会同国务院有关部门、国家大气污染防治重点区域内有关省、自治区、直辖市人民政府，根据重点区域经济社会发展和大气环境承载力，制订重点区域大气污染联合防治行动计划，明确控制目标，优化区域经济布局，统筹交通管理，发展清洁能源，提出重点防治任务和措施，促进重点区域大气环境质量改善。

第八十八条 国务院经济综合主管部门会同国务院生态环境主管部门，结合国家大气污染防治重点区域产业发展实际和大气环境质量状况，进一步提高环境保护、能耗、安全、质量等要求。

重点区域内有关省、自治区、直辖市人民政府应当实施更严格的机动车大气污染物排放标准，统一在用机动车检验方法和排放限值，并配套供应合格的车用燃油。

第八十九条 编制可能对国家大气污染防治重点区域的大气环境造成严重污染的有关工业园区、开发区、区域产业和发展等规划，应当依法进行环境影响评价。规划编制机关应当与重点区域内有关省、自治区、直辖市人民政府或者有关部门会商。

重点区域内有关省、自治区、直辖市建设可能对相邻省、自治区、直辖市大气环境质量产生重大影响的项目，应当及时通报有关信息，进行会商。

会商意见及其采纳情况作为环境影响评价文件审查或者审批的重要依据。

第九十条 国家大气污染防治重点区域内新建、改建、扩建用煤项目的，应当实行煤炭的等量或者减量替代。

第九十一条 国务院生态环境主管部门应当组织建立国家大气污染防治重点区域的大气环境质量监测、大气污染源监测等相关信息共享机制，利用监测、模拟以及卫星、航测、遥感等新技术分析重点区域内大气污染来源及其变化趋势，并向社会公开。

第九十二条 国务院生态环境主管部门和国家大气污染防治重点区域内有关省、自治区、直辖市人民政府可以组织有关部门开展联合执法、跨区域执法、交叉执法。

第六章 重污染天气应对

第九十三条 国家建立重污染天气监测预警体系。

国务院生态环境主管部门会同国务院气象主管机构等有关部门、国家大气污染防治重点区域内有关省、自治区、直辖市人民政府，建立重点区域重污染天气监测预警机制，统一预警分级标准。可能发生区域重污染天气的，应当及时向重点区域内有关省、自治区、直辖市人民政府通报。

省、自治区、直辖市、设区的市人民政府生态环境主管部门会同气象主管机构等有关部门建立本行政区域重污染天气监测预警机制。

第九十四条 县级以上地方人民政府应当将重污染天气应对纳入突发事件应

急管理体系。

省、自治区、直辖市、设区的市人民政府以及可能发生重污染天气的县级人民政府，应当制定重污染天气应急预案，向上一级人民政府生态环境主管部门备案，并向社会公布。

第九十五条 省、自治区、直辖市、设区的市人民政府生态环境主管部门应当会同气象主管机构建立会商机制，进行大气环境质量预报。可能发生重污染天气的，应当及时向本级人民政府报告。省、自治区、直辖市、设区的市人民政府依据重污染天气预报信息，进行综合研判，确定预警等级并及时发出预警。预警等级根据情况变化及时调整。任何单位和个人不得擅自向社会发布重污染天气预报预警信息。

预警信息发布后，人民政府及其有关部门应当通过电视、广播、网络、短信等途径告知公众采取健康防护措施，指导公众出行和调整其他相关社会活动。

第九十六条 县级以上地方人民政府应当依据重污染天气的预警等级，及时启动应急预案，根据应急需要可以采取责令有关企业停产或者限产、限制部分机动车行驶、禁止燃放烟花爆竹、停止工地土石方作业和建筑物拆除施工、停止露天烧烤、停止幼儿园和学校组织的户外活动、组织开展人工影响天气作业等应急措施。

应急响应结束后，人民政府应当及时开展应急预案实施情况的评估，适时修改完善应急预案。

第九十七条 发生造成大气污染的突发环境事件，人民政府及其有关部门和相关企业事业单位，应当依照《中华人民共和国突发事件应对法》《中华人民共和国环境保护法》的规定，做好应急处置工作。生态环境主管部门应当及时对突发环境事件产生的大气污染物进行监测，并向社会公布监测信息。

第七章 法律责任

第九十八条 违反本法规定，以拒绝进入现场等方式拒不接受生态环境主管部门及其环境执法机构或者其他负有大气环境保护监督管理职责的部门的监督检查，或者在接受监督检查时弄虚作假的，由县级以上人民政府生态环境主管部门或者其他负有大气环境保护监督管理职责的部门责令改正，处二万元以上二十万元以下的罚款；构成违反治安管理行为的，由公安机关依法予以处罚。

第九十九条 违反本法规定，有下列行为之一的，由县级以上人民政府生态环境主管部门责令改正或者限制生产、停产整治，并处十万元以上一百万元以下的罚款；情节严重的，报经有批准权的人民政府批准，责令停业、关闭：

（一）未依法取得排污许可证排放大气污染物的；

（二）超过大气污染物排放标准或者超过重点大气污染物排放总量控制指标排放大气污染物的；

（三）通过逃避监管的方式排放大气污染物的。

第一百条 违反本法规定，有下列行为之一的，由县级以上人民政府生态环境主管部门责令改正，处二万元以上二十万元以下的罚款；拒不改正的，责令停产整治：

（一）侵占、损毁或者擅自移动、改变大气环境质量监测设施或者大气污染物排放自动监测设备的；

（二）未按照规定对所排放的工业废气和有毒有害大气污染物进行监测并保存原始监测记录的；

（三）未按照规定安装、使用大气污染物排放自动监测设备或者未按照规定与生态环境主管部门的监控设备联网，并保证监测设备正常运行的；

（四）重点排污单位不公开或者不如实公开自动监测数据的；

（五）未按照规定设置大气污染物排放口的。

第一百零一条 违反本法规定，生产、进口、销售或者使用国家综合性产业政策目录中禁止的设备和产品，采用国家综合性产业政策目录中禁止的工艺，或者将淘汰的设备和产品转让给他人使用的，由县级以上人民政府经济综合主管部门、海关按照职责责令改正，没收违法所得，并处货值金额一倍以上三倍以下的罚款；拒不改正的，报经有批准权的人民政府批准，责令停业、关闭。进口行为构成走私的，由海关依法予以处罚。

第一百零二条 违反本法规定，煤矿未按照规定建设配套煤炭洗选设施的，由县级以上人民政府能源主管部门责令改正，处十万元以上一百万元以下的罚款；拒不改正的，报经有批准权的人民政府批准，责令停业、关闭。

违反本法规定，开采含放射性和砷等有毒有害物质超过规定标准的煤炭的，由县级以上人民政府按照国务院规定的权限责令停业、关闭。

第一百零三条 违反本法规定，有下列行为之一的，由县级以上地方人民政府市场监督管理部门责令改正，没收原材料、产品和违法所得，并处货值金额一倍以上三倍以下的罚款：

（一）销售不符合质量标准的煤炭、石油焦的；

（二）生产、销售挥发性有机物含量不符合质量标准或者要求的原材料和产品的；

（三）生产、销售不符合标准的机动车船和非道路移动机械用燃料、发动机油、氮氧化物还原剂、燃料和润滑油添加剂以及其他添加剂的；

（四）在禁燃区内销售高污染燃料的。

第一百零四条 违反本法规定，有下列行为之一的，由海关责令改正，没收原材料、产品和违法所得，并处货值金额一倍以上三倍以下的罚款；构成走私的，由海关依法予以处罚：

（一）进口不符合质量标准的煤炭、石油焦的；

（二）进口挥发性有机物含量不符合质量标准或者要求的原材料和产品的；

（三）进口不符合标准的机动车船和非道路移动机械用燃料、发动机油、氮氧化物还原剂、燃料和润滑油添加剂以及其他添加剂的。

第一百零五条 违反本法规定，单位燃用不符合质量标准的煤炭、石油焦的，由县级以上人民政府生态环境主管部门责令改正，处货值金额一倍以上三倍以下的罚款。

第一百零六条 违反本法规定，使用不符合标准或者要求的船舶用燃油的，由海事管理机构、渔业主管部门按照职责处一万元以上十万元以下的罚款。

第一百零七条 违反本法规定，在禁燃区内新建、扩建燃用高污染燃料的设施，或者未按照规定停止燃用高污染燃料，或者在城市集中供热管网覆盖地区新建、扩建分散燃煤供热锅炉，或者未按照规定拆除已建成的不能达标排放的燃煤供热锅炉的，由县级以上地方人民政府生态环境主管部门没收燃用高污染燃料的设施，组织拆除燃煤供热锅炉，并处二万元以上二十万元以下的罚款。

违反本法规定，生产、进口、销售或者使用不符合规定标准或者要求的锅炉，由县级以上人民政府市场监督管理、生态环境主管部门责令改正，没收违法所得，并处二万元以上二十万元以下的罚款。

第一百零八条 违反本法规定，有下列行为之一的，由县级以上人民政府生态环境主管部门责令改正，处二万元以上二十万元以下的罚款；拒不改正的，责令停产整治：

（一）产生含挥发性有机物废气的生产和服务活动，未在密闭空间或者设备中进行，未按照规定安装、使用污染防治设施，或者未采取减少废气排放措施的；

（二）工业涂装企业未使用低挥发性有机物含量涂料或者未建立、保存台账的；

（三）石油、化工以及其他生产和使用有机溶剂的企业，未采取措施对管道、设备进行日常维护、维修，减少物料泄漏或者对泄漏的物料未及时收集处理的；

（四）储油储气库、加油加气站和油罐车、气罐车等，未按照国家有关规定安装并正常使用油气回收装置的；

（五）钢铁、建材、有色金属、石油、化工、制药、矿产开采等企业，未采取集中收集处理、密闭、围挡、遮盖、清扫、洒水等措施，控制、减少粉尘和气态污染物排放的；

（六）工业生产、垃圾填埋或者其他活动中产生的可燃性气体未回收利用，不具备回收利用条件未进行防治污染处理，或者可燃性气体回收利用装置不能正常作业，未及时修复或者更新的。

第一百零九条 违反本法规定，生产超过污染物排放标准的机动车、非道路移动机械的，由省级以上人民政府生态环境主管部门责令改正，没收违法所得，并处货值金额一倍以上三倍以下的罚款，没收销毁无法达到污染物排放标准的机动车、非道路移动机械；拒不改正的，责令停产整治，并由国务院机动车生产主管部门责令停止生产该车型。

违反本法规定，机动车、非道路移动机械生产企业对发动机、污染控制装置弄虚作假、以次充好，冒充排放检验合格产品出厂销售的，由省级以上人民政府生态环境主管部门责令停产整治，没收违法所得，并处货值金额一倍以上三倍以下的罚款，没收销毁无法达到污染物排放标准的机动车、非道路移动机械，并由国务院机动车生产主管部门责令停止生产该车型。

第一百一十条 违反本法规定，进口、销售超过污染物排放标准的机动车、非道路移动机械的，由县级以上人民政府市场监督管理部门、海关按照职责没收违法所得，并处货值金额一倍以上三倍以下的罚款，没收销毁无法达到污染物排放标准的机动车、非道路移动机械；进口行为构成走私的，由海关依法予以处罚。

违反本法规定，销售的机动车、非道路移动机械不符合污染物排放标准的，销售者应当负责修理、更换、退货；给购买者造成损失的，销售者应当赔偿损失。

第一百一十一条 违反本法规定，机动车生产、进口企业未按照规定向社会公布其生产、进口机动车车型的排放检验信息或者污染控制技术信息的，由省级以上人民政府生态环境主管部门责令改正，处五万元以上五十万元以下的罚款。

违反本法规定，机动车生产、进口企业未按照规定向社会公布其生产、进口机动车车型的有关维修技术信息的，由省级以上人民政府交通运输主管部门责令改正，处五万元以上五十万元以下的罚款。

第一百一十二条 违反本法规定，伪造机动车、非道路移动机械排放检验结果或者出具虚假排放检验报告的，由县级以上人民政府生态环境主管部门没收违法所得，并处十万元以上五十万元以下的罚款；情节严重的，由负责资质认定的部门取消其检验资格。

违反本法规定，伪造船舶排放检验结果或者出具虚假排放检验报告的，由海事管理机构依法予以处罚。

违反本法规定，以临时更换机动车污染控制装置等弄虚作假的方式通过机动车排放检验或者破坏机动车车载排放诊断系统的，由县级以上人民政府生态环境主管部门责令改正，对机动车所有人处五千元的罚款；对机动车维修单位处每辆机动车五千元的罚款。

第一百一十三条 违反本法规定，机动车驾驶人驾驶排放检验不合格的机动车上道路行驶的，由公安机关交通管理部门依法予以处罚。

第一百一十四条 违反本法规定，使用排放不合格的非道路移动机械，或者在用重型柴油车、非道路移动机械未按照规定加装、更换污染控制装置的，由县级以上人民政府生态环境等主管部门按照职责责令改正，处五千元的罚款。

违反本法规定，在禁止使用高排放非道路移动机械的区域使用高排放非道路移动机械的，由城市人民政府生态环境等主管部门依法予以处罚。

第一百一十五条 违反本法规定，施工单位有下列行为之一的，由县级以上人民政府住房和城乡建设等主管部门按照职责责令改正，处一万元以上十万元以下的罚款；拒不改正的，责令停工整治：

（一）施工工地未设置硬质围挡，或者未采取覆盖、分段作业、择时施工、洒水抑尘、冲洗地面和车辆等有效防尘降尘措施的；

（二）建筑土方、工程渣土、建筑垃圾未及时清运，或者未采用密闭式防尘网遮盖的。

违反本法规定，建设单位未对暂时不能开工的建设用地的裸露地面进行覆盖，或者未对超过三个月不能开工的建设用地的裸露地面进行绿化、铺装或者遮盖的，由县级以上人民政府住房和城乡建设等主管部门依照前款规定予以处罚。

第一百一十六条 违反本法规定，运输煤炭、垃圾、渣土、砂石、土方、灰浆等散装、流体物料的车辆，未采取密闭或者其他措施防止物料遗撒的，由县级以上地方人民政府确定的监督管理部门责令改正，处二千元以上二万元以下的罚款；拒不改正的，车辆不得上道路行驶。

第一百一十七条 违反本法规定，有下列行为之一的，由县级以上人民政府生态环境等主管部门按照职责责令改正，处一万元以上十万元以下的罚款；拒不改正的，责令停工整治或者停业整治：

（一）未密闭煤炭、煤矸石、煤渣、煤灰、水泥、石灰、石膏、砂土等易产生扬尘物料的；

（二）对不能密闭的易产生扬尘的物料，未设置不低于堆放物高度的严密围挡，或者未采取有效覆盖措施防治扬尘污染的；

（三）装卸物料未采取密闭或者喷淋等方式控制扬尘排放的；

（四）存放煤炭、煤矸石、煤渣、煤灰等物料，未采取防燃措施的；

（五）码头、矿山、填埋场和消纳场未采取有效措施防治扬尘污染的；

（六）排放有毒有害大气污染物名录中所列有毒有害大气污染物的企业事业单位，未按照规定建设环境风险预警体系或者对排放口和周边环境进行定期监测、排查环境安全隐患并采取有效措施防范环境风险的；

（七）向大气排放持久性有机污染物的企业事业单位和其他生产经营者以及废弃物焚烧设施的运营单位，未按照国家有关规定采取有利于减少持久性有机污染物排放的技术方法和工艺，配备净化装置的；

（八）未采取措施防止排放恶臭气体的。

第一百一十八条　违反本法规定，排放油烟的餐饮服务业经营者未安装油烟净化设施、不正常使用油烟净化设施或者未采取其他油烟净化措施，超过排放标准排放油烟的，由县级以上地方人民政府确定的监督管理部门责令改正，处五千元以上五万元以下的罚款；拒不改正的，责令停业整治。

违反本法规定，在居民住宅楼、未配套设立专用烟道的商住综合楼、商住综合楼内与居住层相邻的商业楼层内新建、改建、扩建产生油烟、异味、废气的餐饮服务项目的，由县级以上地方人民政府确定的监督管理部门责令改正；拒不改正的，予以关闭，并处一万元以上十万元以下的罚款。

违反本法规定，在当地人民政府禁止的时段和区域内露天烧烤食品或者为露天烧烤食品提供场地的，由县级以上地方人民政府确定的监督管理部门责令改正，没收烧烤工具和违法所得，并处五百元以上二万元以下的罚款。

第一百一十九条　违反本法规定，在人口集中地区对树木、花草喷洒剧毒、高毒农药，或者露天焚烧秸秆、落叶等产生烟尘污染的物质的，由县级以上地方人民政府确定的监督管理部门责令改正，并可以处五百元以上二千元以下的罚款。

违反本法规定，在人口集中地区和其他依法需要特殊保护的区域内，焚烧沥青、油毡、橡胶、塑料、皮革、垃圾以及其他产生有毒有害烟尘和恶臭气体的物质的，由县级人民政府确定的监督管理部门责令改正，对单位处一万元以上十万元以下的罚款，对个人处五百元以上二千元以下的罚款。

违反本法规定，在城市人民政府禁止的时段和区域内燃放烟花爆竹的，由县级以上地方人民政府确定的监督管理部门依法予以处罚。

第一百二十条　违反本法规定，从事服装干洗和机动车维修等服务活动，未设置异味和废气处理装置等污染防治设施并保持正常使用，影响周边环境的，由县级以上地方人民政府生态环境主管部门责令改正，处二千元以上二万元以下的罚款；拒不改正的，责令停业整治。

第一百二十一条　违反本法规定，擅自向社会发布重污染天气预报预警信息，构成违反治安管理行为的，由公安机关依法予以处罚。

违反本法规定，拒不执行停止工地土石方作业或者建筑物拆除施工等重污染天气应急措施的，由县级以上地方人民政府确定的监督管理部门处一万元以上十万元以下的罚款。

第一百二十二条 违反本法规定，造成大气污染事故的，由县级以上人民政府生态环境主管部门依照本条第二款的规定处以罚款；对直接负责的主管人员和其他直接责任人员可以处上一年度从本企业事业单位取得收入百分之五十以下的罚款。

对造成一般或者较大大气污染事故的，按照污染事故造成直接损失的一倍以上三倍以下计算罚款；对造成重大或者特大大气污染事故的，按照污染事故造成的直接损失的三倍以上五倍以下计算罚款。

第一百二十三条 违反本法规定，企业事业单位和其他生产经营者有下列行为之一，受到罚款处罚，被责令改正，拒不改正的，依法作出处罚决定的行政机关可以自责令改正之日的次日起，按照原处罚数额按日连续处罚：

（一）未依法取得排污许可证排放大气污染物的；

（二）超过大气污染物排放标准或者超过重点大气污染物排放总量控制指标排放大气污染物的；

（三）通过逃避监管的方式排放大气污染物的；

（四）建筑施工或者贮存易产生扬尘的物料未采取有效措施防治扬尘污染的。

第一百二十四条 违反本法规定，对举报人以解除、变更劳动合同或者其他方式打击报复的，应当依照有关法律的规定承担责任。

第一百二十五条 排放大气污染物造成损害的，应当依法承担侵权责任。

第一百二十六条 地方各级人民政府、县级以上人民政府生态环境主管部门和其他负有大气环境保护监督管理职责的部门及其工作人员滥用职权、玩忽职守、徇私舞弊、弄虚作假的，依法给予处分。

第一百二十七条 违反本法规定，构成犯罪的，依法追究刑事责任。

第八章 附 则

第一百二十八条 海洋工程的大气污染防治，依照《中华人民共和国海洋环境保护法》的有关规定执行。

第一百二十九条 本法自 2016 年 1 月 1 日起施行。

附录4 中华人民共和国环境噪声污染防治法

中华人民共和国环境噪声污染防治法

(1996年10月29日第八届全国人民代表大会常务委员会第二十二次会议通过)

第一章 总 则

第一条 为防治环境噪声污染，保护和改善生活环境，保障人体健康，促进经济和社会发展，制定本法。

第二条 本法所称环境噪声，是指在工业生产、建筑施工、交通运输和社会生活中所产生的干扰周围生活环境的声音。

本法所称环境噪声污染，是指所产生的环境噪声超过国家规定的环境噪声排放标准，并干扰他人正常生活、工作和学习的现象。

第三条 本法适用于中华人民共和国领域内环境噪声污染的防治。

因从事本职生产、经营工作受到噪声危害的防治，不适用本法。

第四条 国务院和地方各级人民政府应当将环境噪声污染防治工作纳入环境保护规划，并采取有利于声环境保护的经济、技术政策和措施。

第五条 地方各级人民政府在制定城乡建设规划时，应当充分考虑建设项目和区域开发、改造所产生的噪声对周围生活环境的影响，统筹规划，合理安排功能区和建设布局，防止或者减轻环境噪声污染。

第六条 国务院环境保护行政主管部门对全国环境噪声污染防治实施统一监督管理。

县级以上地方人民政府环境保护行政主管部门对本行政区域内的环境噪声污染防治实施统一监督管理。

各级公安、交通、铁路、民航等主管部门和港务监督机构，根据各自的职责，对交通运输和社会生活噪声污染防治实施监督管理。

第七条 任何单位和个人都有保护声环境的义务，并有权对造成环境噪声污染的单位和个人进行检举和控告。

第八条 国家鼓励、支持环境噪声污染防治的科学研究、技术开发，推广先进的防治技术和普及防治环境噪声污染的科学知识。

第九条 对在环境噪声污染防治方面成绩显著的单位和个人，由人民政府给予奖励。

第二章 环境噪声污染防治的监督管理

第十条 国务院环境保护行政主管部门分别不同的功能区制定国家声环境质量标准。

县级以上地方人民政府根据国家声环境质量标准，划定本行政区域内各类声环境质量标准的适用区域，并进行管理。

第十一条 国务院环境保护行政主管部门根据国家声环境质量标准和国家经济、技术条件，制定国家环境噪声排放标准。

第十二条 城市规划部门在确定建设布局时，应当依据国家声环境质量标准和民用建筑隔声设计规范，合理划定建筑物与交通干线的防噪声距离，并提出相应的规划设计要求。

第十三条 新建、改建、扩建的建设项目，必须遵守国家有关建设项目环境保护管理的规定。

建设项目可能产生环境噪声污染的，建设单位必须提出环境影响报告书，规定环境噪声污染的防治措施，并按照国家规定的程序报环境保护行政主管部门批准。

环境影响报告书中，应当有该建设项目所在地单位和居民的意见。

第十四条 建设项目的环境噪声污染防治设施必须与主体工程同时设计、同时施工、同时投产使用。

建设项目在投入生产或者使用之前，其环境噪声污染防治设施必须经原审批环境影响报告书的环境保护行政主管部门验收；达不到国家规定要求的，该建设项目不得投入生产或者使用。

第十五条 产生环境噪声污染的企业事业单位，必须保持防治环境噪声污染的设施的正常使用；拆除或者闲置环境噪声污染防治设施的，必须事先报经所在地的县级以上地方人民政府环境保护行政主管部门批准。

第十六条　产生环境噪声污染的单位，应当采取措施进行治理，并按照国家规定缴纳超标准排污费。

征收的超标准排污费必须用于污染的防治，不得挪作他用。

第十七条　对于在噪声敏感建筑物集中区域内造成严重环境噪声污染的企业事业单位，限期治理。

被限期治理的单位必须按期完成治理任务。限期治理由县级以上人民政府按照国务院规定的权限决定。

对小型企业事业单位的限期治理，可以由县级以上人民政府在国务院规定的权限内授权其环境保护行政主管部门决定。

第十八条　国家对环境噪声污染严重的落后设备实行淘汰制度。

国务院经济综合主管部门应当会同国务院有关部门公布限期禁止生产、禁止销售、禁止进口的环境噪声污染严重的设备名录。

生产者、销售者或者进口者必须在国务院经济综合主管部门会同国务院有关部门规定的期限内分别停止生产、销售或者进口列入前款规定的名录中的设备。

第十九条　在城市范围内从事生产活动确需排放偶发性强烈噪声的，必须事先向当地公安机关提出申请，经批准后方可进行。当地公安机关应当向社会公告。

第二十条　国务院环境保护行政主管部门应当建立环境噪声监测制度，制定监测规范，并会同有关部门组织监测网络。

环境噪声监测机构应当按照国务院环境保护行政主管部门的规定报送环境噪声监测结果。

第二十一条　县级以上人民政府环境保护行政主管部门和其他环境噪声污染防治工作的监督管理部门、机构，有权依据各自的职责对管辖范围内排放环境噪声的单位进行现场检查。被检查的单位必须如实反映情况，并提供必要的资料。检查部门、机构应当为被检查的单位保守技术秘密和业务秘密。

检查人员进行现场检查，应当出示证件。

第三章　工业噪声污染防治

第二十二条　本法所称工业噪声，是指在工业生产活动中使用固定的设备时产生的干扰周围生活环境的声音。

第二十三条 在城市范围内向周围生活环境排放工业噪声的，应当符合国家规定的工业企业厂界环境噪声排放标准。

第二十四条 在工业生产中因使用固定的设备造成环境噪声污染的工业企业，必须按照国务院环境保护行政主管部门的规定，向所在地的县级以上地方人民政府环境保护行政主管部门申报拥有的造成环境噪声污染的设备的种类、数量以及在正常作业条件下所发出的噪声值和防治环境噪声污染的设施情况，并提供防治噪声污染的技术资料。

造成环境噪声污染的设备的种类、数量、噪声值和防治设施有重大改变的，必须及时申报，并采取应有的防治措施。

第二十五条 产生环境噪声污染的工业企业，应当采取有效措施，减轻噪声对周围生活环境的影响。

第二十六条 国务院有关主管部门对可能产生环境噪声污染的工业设备，应当根据声环境保护的要求和国家的经济、技术条件，逐步在依法制定的产品的国家标准、行业标准中规定噪声限值。

前款规定的工业设备运行时发出的噪声值，应当在有关技术文件中予以注明。

第四章 建筑施工噪声污染防治

第二十七条 本法所称建筑施工噪声，是指在建筑施工过程中产生的干扰周围生活环境的声音。

第二十八条 在城市市区范围内向周围生活环境排放建筑施工噪声的，应当符合国家规定的建筑施工场界环境噪声排放标准。

第二十九条 在城市市区范围内，建筑施工过程中使用机械设备，可能产生环境噪声污染的，施工单位必须在工程开工十五日以前向工程所在地县级以上地方人民政府环境保护行政主管部门申报该工程的项目名称、施工场所和期限、可能产生的环境噪声值以及所采取的环境噪声污染防治措施的情况。

第三十条 在城市市区噪声敏感建筑物集中区域内，禁止夜间进行产生环境噪声污染的建筑施工作业，但抢修、抢险作业和因生产工艺上要求或者特殊需要必须连续作业的除外。

因特殊需要必须连续作业的，必须有县级以上人民政府或者其有关主管部门的证明。

前款规定的夜间作业，必须公告附近居民。

第五章 交通运输噪声污染防治

第三十一条 本法所称交通运输噪声，是指机动车辆、铁路机车、机动船舶、航空器等交通运输工具在运行时所产生的干扰周围生活环境的声音。

第三十二条 禁止制造、销售或者进口超过规定的噪声限值的汽车。

第三十三条 在城市市区范围内行驶的机动车辆的消声器和喇叭必须符合国家规定的要求。机动车辆必须加强维修和保养，保持技术性能良好，防治环境噪声污染。

第三十四条 机动车辆在城市市区范围内行驶，机动船舶在城市市区的内河航道航行，铁路机车驶经或者进入城市市区、疗养区时，必须按照规定使用声响装置。

警车、消防车、工程抢险车、救护车等机动车辆安装、使用警报器，必须符合国务院公安部门的规定；在执行非紧急任务时，禁止使用警报器。

第三十五条 城市人民政府公安机关可以根据本地城市市区区域声环境保护的需要，划定禁止机动车辆行驶和禁止其使用声响装置的路段和时间，并向社会公告。

第三十六条 建设经过已有的噪声敏感建筑物集中区域的高速公路和城市高架、轻轨道路，有可能造成环境噪声污染的，应当设置声屏障或者采取其他有效的控制环境噪声污染的措施。

第三十七条 在已有的城市交通干线的两侧建设噪声敏感建筑物的，建设单位应当按照国家规定间隔一定距离，并采取减轻、避免交通噪声影响的措施。

第三十八条 在车站、铁路编组站、港口、码头、航空港等地指挥作业时使用广播喇叭的，应当控制音量，减轻噪声对周围生活环境的影响。

第三十九条 穿越城市居民区、文教区的铁路，因铁路机车运行造成环境噪声污染的，当地城市人民政府应当组织铁路部门和其他有关部门，制定减轻环境噪声污染的规划。铁路部门和其他有关部门应当按照规划的要求，采取有效措施，减轻环境噪声污染。

第四十条 除起飞、降落或者依法规定的情形以外，民用航空器不得飞越城市市区上空。城市人民政府应当在航空器起飞、降落的净空周围划定限制建设噪声敏感建筑物的区域；在该区域内建设噪声敏感建筑物的，建设单位应当采取减轻、避免航空器运行时产生的噪声影响的措施。民航部门应当采取有效措施，减轻环境噪声污染。

第六章 社会生活噪声污染防治

第四十一条 本法所称社会生活噪声，是指人为活动所产生的除工业噪声、建筑施工噪声和交通运输噪声之外的干扰周围生活环境的声音。

第四十二条 在城市市区噪声敏感建筑物集中区域内，因商业经营活动中使用固定设备造成环境噪声污染的商业企业，必须按照国务院环境保护行政主管部门的规定，向所在地的县级以上地方人民政府环境保护行政主管部门申报拥有的造成环境噪声污染的设备的状况和防治环境噪声污染的设施的情况。

第四十三条 新建营业性文化娱乐场所的边界噪声必须符合国家规定的环境噪声排放标准；不符合国家规定的环境噪声排放标准的，文化行政主管部门不得核发文化经营许可证，工商行政管理部门不得核发营业执照。

经营中的文化娱乐场所，其经营管理者必须采取有效措施，使其边界噪声不超过国家规定的环境噪声排放标准。

第四十四条 禁止在商业经营活动中使用高音广播喇叭或者采用其他发出高噪声的方法招揽顾客。

在商业经营活动中使用空调器、冷却塔等可能产生环境噪声污染的设备、设施的，其经营管理者应当采取措施，使其边界噪声不超过国家规定的环境噪声排放标准。

第四十五条 禁止任何单位、个人在城市市区噪声敏感建筑物集中区域内使用高音广播喇叭。

在城市市区街道、广场、公园等公共场所组织娱乐、集会等活动，使用音响器材可能产生干扰周围生活环境的过大音量的，必须遵守当地公安机关的规定。

第四十六条 使用家用电器、乐器或者进行其他家庭室内娱乐活动时，应当控制音量或者采取其他有效措施，避免对周围居民造成环境噪声污染。

第四十七条 在已竣工交付使用的住宅楼进行室内装修活动，应当限制作业时间，并采取其他有效措施，以减轻、避免对周围居民造成环境噪声污染。

第七章 法律责任

第四十八条 违反本法第十四条的规定，建设项目中需要配套建设的环境噪声污染防治设施没有建成或者没有达到国家规定的要求，擅自投入生产或者使用的，由批准该建设项目的环境影响报告书的环境保护行政主管部门责令停止生产或者使用，可以并处罚款。

第四十九条 违反本法规定，拒报或者谎报规定的环境噪声排放申报事项的，县级以上地方人民政府环境保护行政主管部门可以根据不同情节，给予警告或者处以罚款。

第五十条 违反本法第十五条的规定，未经环境保护行政主管部门批准，擅自拆除或者闲置环境噪声污染防治设施，致使环境噪声排放超过规定标准的，由县级以上地方人民政府环境保护行政主管部门责令改正，并处罚款。

第五十一条 违反本法第十六条的规定，不按照国家规定缴纳超标准排污费的，县级以上地方人民政府环境保护行政主管部门可以根据不同情节，给予警告或者处以罚款。

第五十二条 违反本法第十七条的规定，对经限期治理逾期未完成治理任务的企业事业单位，除依照国家规定加收超标准排污费外，可以根据所造成的危害后果处以罚款，或者责令停业、搬迁、关闭。

前款规定的罚款由环境保护行政主管部门决定。责令停业、搬迁、关闭由县级以上人民政府按照国务院规定的权限决定。

第五十三条 违反本法第十八条的规定，生产、销售、进口禁止生产、销售、进口的设备的，由县级以上人民政府经济综合主管部门责令改正；情节严重的，由县级以上人民政府经济综合主管部门提出意见，报请同级人民政府按照国务院规定的权限责令停业、关闭。

第五十四条 违反本法第十九条的规定，未经当地公安机关批准，进行产生偶发性强烈噪声活动的，由公安机关根据不同情节给予警告或者处以罚款。

第五十五条 排放环境噪声的单位违反本法第二十一条的规定，拒绝环境保护行政主管部门或者其他依照本法规定行使环境噪声监督管理权的部门、机构现场检查或者在被检查时弄虚作假的，环境保护行政主管部门或者其他依照本法规定行使环境噪声监督管理权的监督管理部门、机构可以根据不同情节，给予警告或者处以罚款。

第五十六条 建筑施工单位违反本法第三十条第一款的规定，在城市市区噪声敏感建筑物集中区域内，夜间进行禁止进行的产生环境噪声污染的建筑施工作业的，由工程所在地县级以上地方人民政府环境保护行政主管部门责令改正，可以并处罚款。

第五十七条 违反本法第三十四条的规定，机动车辆不按照规定使用声响装置的，由当地公安机关根据不同情节给予警告或者处以罚款。

机动船舶有前款违法行为的，由港务监督机构根据不同情节给予警告或者处以罚款。

铁路机车有第一款违法行为的，由铁路主管部门对有关责任人员给予行政处分。

第五十八条 违反本法规定，有下列行为之一的，由公安机关给予警告，可以并处罚款：

（一）在城市市区噪声敏感建筑物集中区域内使用高音广播喇叭；

（二）违反当地公安机关的规定，在城市市区街道、广场、公园等公共场所组织娱乐、集会等活动，使用音响器材，产生干扰周围生活环境的过大音量的；

（三）未按本法第四十六条和第四十七条规定采取措施，从家庭室内发出严重干扰周围居民生活的环境噪声的。

第五十九条 违反本法第四十三条第二款、第四十四条第二款的规定，造成环境噪声污染的，由县级以上地方人民政府环境保护行政主管部门责令改正，可以并处罚款。

第六十条 违反本法第四十四条第一款的规定，造成环境噪声污染的，由公安机关责令改正，可以并处罚款。

省级以上人民政府依法决定由县级以上地方人民政府环境保护行政主管部门行使前款规定的行政处罚权的，从其决定。

第六十一条 受到环境噪声污染危害的单位和个人，有权要求加害人排除危害；造成损失的，依法赔偿损失。

赔偿责任和赔偿金额的纠纷，可以根据当事人的请求，由环境保护行政主管部门或者其他环境噪声污染防治工作的监督管理部门、机构调解处理；调解不成的，当事人可以向人民法院起诉。当事人也可以直接向人民法院起诉。

第六十二条 环境噪声污染防治监督管理人员滥用职权、玩忽职守、徇私舞弊的，由其所在单位或者上级主管机关给予行政处分；构成犯罪的，依法追究刑事责任。

第八章 附 则

第六十三条 本法中下列用语的含义是：

（一）“噪声排放”是指噪声源向周围生活环境辐射噪声。

（二）“噪声敏感建筑物”是指医院、学校、机关、科研单位、住宅等需要保持安静的建筑物。

（三）“噪声敏感建筑物集中区域”是指医疗区、文教科研区和以机关或者居民住宅为主的区域。

（四）“夜间”是指晚二十二点至晨六点之间的期间。

（五）“机动车辆”是指汽车和摩托车。

第六十四条 本法自1997年3月1日起施行。1989年9月26日国务院发布的《中华人民共和国环境噪声污染防治条例》同时废止。

附录5 中华人民共和国固体废物污染环境防治法

中华人民共和国固体废物污染环境防治法

（1995年10月30日第八届全国人民代表大会常务委员会第十六次会议通过 2004年12月29日第十届全国人民代表大会常务委员会第十三次会议修订 根据2013年6月29日第十二届全国人民代表大会常务委员会第三次会议《关于修改〈中华人民共和国文物保护法〉等十二部法律的决定》第一次修正 根据2015年4月24日第十二届全国人民代表大会常务委员会第十四次会议《关于修改〈中华人民共和国港口法〉等七部法律的决定》第二次修正 根据2016年11月7日第十二届全国人民代表大会常务委员会第二十四次会议《关于修改〈中华人民共和国对外贸易法〉等十二部法律的决定》第三次修正）

第一章 总 则

第一条 为了防治固体废物污染环境，保障人体健康，维护生态安全，促进经济社会可持续发展，制定本法。

第二条 本法适用于中华人民共和国境内固体废物污染环境的防治。

固体废物污染海洋环境的防治和放射性固体废物污染环境的防治不适用本法。

第三条 国家对固体废物污染环境的防治，实行减少固体废物的产生量和危害性、充分合理利用固体废物和无害化处置固体废物的原则，促进清洁生产和循环经济发展。

国家采取有利于固体废物综合利用活动的经济、技术政策和措施，对固体废物实行充分回收和合理利用。

国家鼓励、支持采取有利于保护环境的集中处置固体废物的措施，促进固体废物污染环境防治产业发展。

第四条　县级以上人民政府应当将固体废物污染环境防治工作纳入国民经济和社会发展计划，并采取有利于固体废物污染环境防治的经济、技术政策和措施。

国务院有关部门、县级以上地方人民政府及其有关部门组织编制城乡建设、土地利用、区域开发、产业发展等规划，应当统筹考虑减少固体废物的产生量和危害性、促进固体废物的综合利用和无害化处置。

第五条　国家对固体废物污染环境防治实行污染者依法负责的原则。

产品的生产者、销售者、进口者、使用者对其产生的固体废物依法承担污染防治责任。

第六条　国家鼓励、支持固体废物污染环境防治的科学研究、技术开发、推广先进的防治技术和普及固体废物污染环境防治的科学知识。

各级人民政府应当加强防治固体废物污染环境的宣传教育，倡导有利于环境保护的生产方式和生活方式。

第七条　国家鼓励单位和个人购买、使用再生产品和可重复利用产品。

第八条　各级人民政府对在固体废物污染环境防治工作以及相关的综合利用活动中作出显著成绩的单位和个人给予奖励。

第九条　任何单位和个人都有保护环境的义务，并有权对造成固体废物污染环境的单位和个人进行检举和控告。

第十条　国务院环境保护行政主管部门对全国固体废物污染环境的防治工作实施统一监督管理。国务院有关部门在各自的职责范围内负责固体废物污染环境防治的监督管理工作。

县级以上地方人民政府环境保护行政主管部门对本行政区域内固体废物污染环境的防治工作实施统一监督管理。县级以上地方人民政府有关部门在各自的职责范围内负责固体废物污染环境防治的监督管理工作。

国务院建设行政主管部门和县级以上地方人民政府环境卫生行政主管部门负责生活垃圾清扫、收集、贮存、运输和处置的监督管理工作。

第二章　固体废物污染环境防治的监督管理

第十一条　国务院环境保护行政主管部门会同国务院有关行政主管部门根据国家环境质量标准和国家经济、技术条件，制定国家固体废物污染环境防治技术标准。

第十二条 国务院环境保护行政主管部门建立固体废物污染环境监测制度，制定统一的监测规范，并会同有关部门组织监测网络。大、中城市人民政府环境保护行政主管部门应当定期发布固体废物的种类、产生量、处置状况等信息。

第十三条 建设产生固体废物的项目以及建设贮存、利用、处置固体废物的项目，必须依法进行环境影响评价，并遵守国家有关建设项目环境保护管理的规定。

第十四条 建设项目的环境影响评价文件确定需要配套建设的固体废物污染环境防治设施，必须与主体工程同时设计、同时施工、同时投入使用。固体废物污染环境防治设施必须经原审批环境影响评价文件的环境保护行政主管部门验收合格后，该建设项目方可投入生产或者使用。对固体废物污染环境防治设施的验收应当与对主体工程的验收同时进行。

第十五条 县级以上人民政府环境保护行政主管部门和其他固体废物污染环境防治工作的监督管理部门，有权依据各自的职责对管辖范围内与固体废物污染环境防治有关的单位进行现场检查。被检查的单位应当如实反映情况，提供必要的资料。检查机关应当为被检查的单位保守技术秘密和业务秘密。

检查机关进行现场检查时，可以采取现场监测、采集样品、查阅或者复制与固体废物污染环境防治相关的资料等措施。检查人员进行现场检查，应当出示证件。

第三章 固体废物污染环境的防治

第一节 一般规定

第十六条 产生固体废物的单位和个人，应当采取措施，防止或者减少固体废物对环境的污染。

第十七条 收集、贮存、运输、利用、处置固体废物的单位和个人，必须采取防扬散、防流失、防渗漏或者其他防止污染环境的措施；不得擅自倾倒、堆放、丢弃、遗撒固体废物。

禁止任何单位或者个人向江河、湖泊、运河、渠道、水库及其最高水位线以下的滩地和岸坡等法律、法规规定禁止倾倒、堆放废弃物的地点倾倒、堆放固体废物。

第十八条 产品和包装物的设计、制造，应当遵守国家有关清洁生产的规定。国务院标准化行政主管部门应当根据国家经济和技术条件、固体废物污染环境防治状况以及产品的技术要求，组织制定有关标准，防止过度包装造成环境污染。

生产、销售、进口依法被列入强制回收目录的产品和包装物的企业，必须按照国家有关规定对该产品和包装物进行回收。

第十九条 国家鼓励科研、生产单位研究、生产易回收利用、易处置或者在环境中可降解的薄膜覆盖物和商品包装物。

使用农用薄膜的单位和个人，应当采取回收利用等措施，防止或者减少农用薄膜对环境的污染。

第二十条 从事畜禽规模养殖应当按照国家有关规定收集、贮存、利用或者处置养殖过程中产生的畜禽粪便，防止污染环境。

禁止在人口集中地区、机场周围、交通干线附近以及当地人民政府划定的区域露天焚烧秸秆。

第二十一条 对收集、贮存、运输、处置固体废物的设施、设备和场所，应当加强管理和维护，保证其正常运行和使用。

第二十二条 在国务院和国务院有关主管部门及省、自治区、直辖市人民政府划定的自然保护区、风景名胜区、饮用水水源保护区、基本农田保护区和其他需要特别保护的区域内，禁止建设工业固体废物集中贮存、处置的设施、场所和生活垃圾填埋场。

第二十三条 转移固体废物出省、自治区、直辖市行政区域贮存、处置的，应当向固体废物移出地的省、自治区、直辖市人民政府环境保护行政主管部门提出申请。移出地的省、自治区、直辖市人民政府环境保护行政主管部门应当商经接受地的省、自治区、直辖市人民政府环境保护行政主管部门同意后，方可批准转移该固体废物出省、自治区、直辖市行政区域。未经批准的，不得转移。

第二十四条 禁止中华人民共和国境外的固体废物进境倾倒、堆放、处置。

第二十五条 禁止进口不能用作原料或者不能以无害化方式利用的固体废物；对可以用作原料的固体废物实行限制进口和非限制进口分类管理。

国务院环境保护行政主管部门会同国务院对外贸易主管部门、国务院经济综合宏观调控部门、海关总署、国务院质量监督检验检疫部门制定、调整并公布禁止进口、限制进口和非限制进口的固体废物目录。

禁止进口列入禁止进口目录的固体废物。进口列入限制进口目录的固体废物，应当经国务院环境保护行政主管部门会同国务院对外贸易主管部门审查许可。

进口的固体废物必须符合国家环境保护标准，并经质量监督检验检疫部门检验合格。

进口固体废物的具体管理办法，由国务院环境保护行政主管部门会同国务院对外贸易主管部门、国务院经济综合宏观调控部门、海关总署、国务院质量监督检验检疫部门制定。

第二十六条 进口者对海关将其所进口的货物纳入固体废物管理范围不服的，可以依法申请行政复议，也可以向人民法院提起行政诉讼。

第二节 工业固体废物污染环境的防治

第二十七条 国务院环境保护行政主管部门应当会同国务院经济综合宏观调控部门和其他有关部门对工业固体废物对环境的污染作出界定，制定防治工业固体废物污染环境的技术政策，组织推广先进的防治工业固体废物污染环境的生产工艺和设备。

第二十八条 国务院经济综合宏观调控部门应当会同国务院有关部门组织研究、开发和推广减少工业固体废物产生量和危害性的生产工艺和设备，公布限期淘汰产生严重污染环境的工业固体废物的落后生产工艺、落后设备的名录。

生产者、销售者、进口者、使用者必须在国务院经济综合宏观调控部门会同国务院有关部门规定的期限内分别停止生产、销售、进口或者使用列入前款规定的名录中的设备。生产工艺的采用者必须在国务院经济综合宏观调控部门会同国务院有关部门规定的期限内停止采用列入前款规定的名录中的工艺。

列入限期淘汰名录被淘汰的设备，不得转让给他人使用。

第二十九条 县级以上人民政府有关部门应当制定工业固体废物污染环境防治工作规划，推广能够减少工业固体废物产生量和危害性的先进生产工艺和设备，推动工业固体废物污染环境防治工作。

第三十条 产生工业固体废物的单位应当建立、健全污染环境防治责任制度，采取防治工业固体废物污染环境的措施。

第三十一条 企业事业单位应当合理选择和利用原材料、能源和其他资源，采用先进的生产工艺和设备，减少工业固体废物产生量，降低工业固体废物的危害性。

第三十二条 国家实行工业固体废物申报登记制度。

产生工业固体废物的单位必须按照国务院环境保护行政主管部门的规定，向所在地县级以上地方人民政府环境保护行政主管部门提供工业固体废物的种类、产生量、流向、贮存、处置等有关资料。

前款规定的申报事项有重大改变的，应当及时申报。

第三十三条 企业事业单位应当根据经济、技术条件对其产生的工业固体废物加以利用；对暂时不利用或者不能利用的，必须按照国务院环境保护行政主管部门的规定建设贮存设施、场所，安全分类存放，或者采取无害化处置措施。

建设工业固体废物贮存、处置的设施、场所，必须符合国家环境保护标准。

第三十四条 禁止擅自关闭、闲置或者拆除工业固体废物污染环境防治设施、场所；确有必要关闭、闲置或者拆除的，必须经所在地县级以上地方人民政府环境保护行政主管部门核准，并采取措施，防止污染环境。

第三十五条 产生工业固体废物的单位需要终止的，应当事先对工业固体废物的贮存、处置的设施、场所采取污染防治措施，并对未处置的工业固体废物作出妥善处置，防止污染环境。

产生工业固体废物的单位发生变更的，变更后的单位应当按照国家有关环境保护的规定对未处置的工业固体废物及其贮存、处置的设施、场所进行安全处置或者采取措施保证该设施、场所安全运行。变更前当事人对工业固体废物及其贮存、处置的设施、场所的污染防治责任另有约定的，从其约定；但是，不得免除当事人的污染防治义务。

对本法施行前已经终止的单位未处置的工业固体废物及其贮存、处置的设施、场所进行安全处置的费用，由有关人民政府承担；但是，该单位享有的土地使用权依法转让的，应当由土地使用权受让人承担处置费用。当事人另有约定的，从其约定；但是，不得免除当事人的污染防治义务。

第三十六条 矿山企业应当采取科学的开采方法和选矿工艺，减少尾矿、矸石、废石等矿业固体废物的产生量和贮存量。

尾矿、矸石、废石等矿业固体废物贮存设施停止使用后，矿山企业应当按照国家有关环境保护规定进行封场，防止造成环境污染和生态破坏。

第三十七条 拆解、利用、处置废弃电器产品和废弃机动车船，应当遵守有关法律、法规的规定，采取措施，防止污染环境。

第三节 生活垃圾污染环境的防治

第三十八条 县级以上人民政府应当统筹安排建设城乡生活垃圾收集、运输、处置设施，提高生活垃圾的利用率和无害化处置率，促进生活垃圾收集、处置的产业化发展，逐步建立和完善生活垃圾污染环境防治的社会服务体系。

第三十九条 县级以上地方人民政府环境卫生行政主管部门应当组织对城市生活垃圾进行清扫、收集、运输和处置，可以通过招标等方式选择具备条件的单位从事生活垃圾的清扫、收集、运输和处置。

第四十条 对城市生活垃圾应当按照环境卫生行政主管部门的规定，在指定的地点放置，不得随意倾倒、抛撒或者堆放。

第四十一条 清扫、收集、运输、处置城市生活垃圾，应当遵守国家有关环境保护和环境卫生管理的规定，防止污染环境。

第四十二条 对城市生活垃圾应当及时清运，逐步做到分类收集和运输，并积极开展合理利用和实施无害化处置。

第四十三条 城市人民政府应当有计划地改进燃料结构，发展城市煤气、天然气、液化气和其他清洁能源。

城市人民政府有关部门应当组织净菜进城，减少城市生活垃圾。

城市人民政府有关部门应当统筹规划，合理安排收购网点，促进生活垃圾的回收利用工作。

第四十四条 建设生活垃圾处置的设施、场所，必须符合国务院环境保护行政主管部门和国务院建设行政主管部门规定的环境保护和环境卫生标准。

禁止擅自关闭、闲置或者拆除生活垃圾处置的设施、场所；确有必要关闭、闲置或者拆除的，必须经所在地的市、县级人民政府环境卫生行政主管部门商所在地环境保护行政主管部门同意后核准，并采取措施，防止污染环境。

第四十五条 从生活垃圾中回收的物质必须按照国家规定的用途或者标准使用，不得用于生产可能危害人体健康的产品。

第四十六条 工程施工单位应当及时清运工程施工过程中产生的固体废物，并按照环境卫生行政主管部门的规定进行利用或者处置。

第四十七条 从事公共交通运输的经营单位，应当按照国家有关规定，清扫、收集运输过程中产生的生活垃圾。

第四十八条 从事城市新区开发、旧区改建和住宅小区开发建设的单位，以及机场、码头、车站、公园、商店等公共设施、场所的经营管理单位，应当按照国家有关环境卫生的规定，配套建设生活垃圾收集设施。

第四十九条 农村生活垃圾污染环境防治的具体办法，由地方性法规规定。

第四章 危险废物污染环境防治的特别规定

第五十条 危险废物污染环境的防治，适用本章规定；本章未做规定的，适用本法其他有关规定。

第五十一条 国务院环境保护行政主管部门应当会同国务院有关部门制定国家危险废物名录，规定统一的危险废物鉴别标准、鉴别方法和识别标志。

第五十二条 对危险废物的容器和包装物以及收集、贮存、运输、处置危险废物的设施、场所，必须设置危险废物识别标志。

第五十三条 产生危险废物的单位，必须按照国家有关规定制定危险废物管理计划，并向所在地县级以上地方人民政府环境保护行政主管部门申报危险废物的种类、产生量、流向、贮存、处置等有关资料。

前款所称危险废物管理计划应当包括减少危险废物产生量和危害性的措施以及危险废物贮存、利用、处置措施。危险废物管理计划应当报产生危险废物的单位所在地县级以上地方人民政府环境保护行政主管部门备案。

本条规定的申报事项或者危险废物管理计划内容有重大改变的，应当及时申报。

第五十四条 国务院环境保护行政主管部门会同国务院经济综合宏观调控部门组织编制危险废物集中处置设施、场所的建设规划，报国务院批准后实施。

县级以上地方人民政府应当依据危险废物集中处置设施、场所的建设规划组织建设危险废物集中处置设施、场所。

第五十五条 产生危险废物的单位，必须按照国家有关规定处置危险废物，不得擅自倾倒、堆放；不处置的，由所在地县级以上地方人民政府环境保护行政主管部门责令限期改正；逾期不处置或者处置不符合国家有关规定的，由所在地县级以上地方人民政府环境保护行政主管部门指定单位按照国家有关规定代为处置，处置费用由产生危险废物的单位承担。

第五十六条 以填埋方式处置危险废物不符合国务院环境保护行政主管部门规定的，应当缴纳危险废物排污费。危险废物排污费征收的具体办法由国务院规定。

危险废物排污费用于污染环境的防治，不得挪作他用。

第五十七条 从事收集、贮存、处置危险废物经营活动的单位，必须向县级以上人民政府环境保护行政主管部门申请领取经营许可证；从事利用危险废物经营活动的单位，必须向国务院环境保护行政主管部门或者省、自治区、直辖市人民政府环境保护行政主管部门申请领取经营许可证。具体管理办法由国务院规定。

禁止无经营许可证或者不按照经营许可证规定从事危险废物收集、贮存、利用、处置的经营活动。

禁止将危险废物提供或者委托给无经营许可证的单位从事收集、贮存、利用、处置的经营活动。

第五十八条 收集、贮存危险废物，必须按照危险废物特性分类进行。禁止混合收集、贮存、运输、处置性质不相容而未经安全性处置的危险废物。

贮存危险废物必须采取符合国家环境保护标准的防护措施，并不得超过一年；确需延长期限的，必须报经原批准经营许可证的环境保护行政主管部门批准；法律、行政法规另有规定的除外。

禁止将危险废物混入非危险废物中贮存。

第五十九条 转移危险废物的，必须按照国家有关规定填写危险废物转移联单。跨省、自治区、直辖市转移危险废物的，应当向危险废物移出地省、自治区、直辖市人民政府环境保护行政主管部门申请。移出地省、自治区、直辖市人民政府环境保护行政主管部门应当商经接受地省、自治区、直辖市人民政府环境保护行政主管部门同意后，方可批准转移该危险废物。未经批准的，不得转移。

转移危险废物途经移出地、接受地以外行政区域的，危险废物移出地设区的市级以上地方人民政府环境保护行政主管部门应当及时通知沿途经过的设区的市级以上地方人民政府环境保护行政主管部门。

第六十条 运输危险废物，必须采取防止污染环境的措施，并遵守国家有关危险货物运输管理的规定。

禁止将危险废物与旅客在同一运输工具上载运。

第六十一条 收集、贮存、运输、处置危险废物的场所、设施、设备和容器、包装物及其他物品转作他用时，必须经过消除污染的处理，方可使用。

第六十二条 产生、收集、贮存、运输、利用、处置危险废物的单位，应当制定意外事故的防范措施和应急预案，并向所在地县级以上地方人民政府环境保护行政主管部门备案；环境保护行政主管部门应当进行检查。

第六十三条 因发生事故或者其他突发性事件，造成危险废物严重污染环境的单位，必须立即采取措施消除或者减轻对环境的污染危害，及时通报可能受到污染危害的单位和居民，并向所在地县级以上地方人民政府环境保护行政主管部门和有关部门报告，接受调查处理。

第六十四条 在发生或者有证据证明可能发生危险废物严重污染环境、威胁居民生命财产安全时，县级以上地方人民政府环境保护行政主管部门或者其他固体废物污染环境防治工作的监督管理部门必须立即向本级人民政府和上一级人民政府有关行政主管部门报告，由人民政府采取防止或者减轻危害的有效措施。有关人民政府可以根据需要责令停止导致或者可能导致环境污染事故的作业。

第六十五条 重点危险废物集中处置设施、场所的退役费用应当预提，列入投资概算或者经营成本。具体提取和管理办法，由国务院财政部门、价格主管部门会同国务院环境保护行政主管部门规定。

第六十六条 禁止经中华人民共和国过境转移危险废物。

第五章　法律责任

第六十七条 县级以上人民政府环境保护行政主管部门或者其他固体废物污染环境防治工作的监督管理部门违反本法规定，有下列行为之一的，由本级人民政府或者上级人民政府有关行政主管部门责令改正，对负有责任的主管人员和其他直接责任人员依法给予行政处分；构成犯罪的，依法追究刑事责任：

（一）不依法作出行政许可或者办理批准文件的；

（二）发现违法行为或者接到对违法行为的举报后不予查处的；

（三）有不依法履行监督管理职责的其他行为的。

第六十八条 违反本法规定，有下列行为之一的，由县级以上人民政府环境保护行政主管部门责令停止违法行为，限期改正，处以罚款：

（一）不按照国家规定申报登记工业固体废物，或者在申报登记时弄虚作假的；

（二）对暂时不利用或者不能利用的工业固体废物未建设贮存的设施、场所安全分类存放，或者未采取无害化处置措施的；

（三）将列入限期淘汰名录被淘汰的设备转让给他人使用的；

（四）擅自关闭、闲置或者拆除工业固体废物污染环境防治设施、场所的；

（五）在自然保护区、风景名胜区、饮用水水源保护区、基本农田保护区和其他需要特别保护的区域内，建设工业固体废物集中贮存、处置的设施、场所和生活垃圾填埋场的；

（六）擅自转移固体废物出省、自治区、直辖市行政区域贮存、处置的；

（七）未采取相应防范措施，造成工业固体废物扬散、流失、渗漏或者造成其他环境污染的；

（八）在运输过程中沿途丢弃、遗撒工业固体废物的。

有前款第一项、第八项行为之一的，处五千元以上五万元以下的罚款；有前款第二项、第三项、第四项、第五项、第六项、第七项行为之一的，处一万元以上十万元以下的罚款。

第六十九条 违反本法规定，建设项目需要配套建设的固体废物污染环境防治设施未建成、未经验收或者验收不合格，主体工程即投入生产或者使用的，由审批该建设项目环境影响评价文件的环境保护行政主管部门责令停止生产或者使用，可以并处十万元以下的罚款。

第七十条 违反本法规定，拒绝县级以上人民政府环境保护行政主管部门或者其他固体废物污染环境防治工作的监督管理部门现场检查的，由执行现场检查的部门责令限期改正；拒不改正或者在检查时弄虚作假的，处二千元以上二万元以下的罚款。

第七十一条 从事畜禽规模养殖未按照国家有关规定收集、贮存、处置畜禽粪便，造成环境污染的，由县级以上地方人民政府环境保护行政主管部门责令限期改正，可以处五万元以下的罚款。

第七十二条 违反本法规定，生产、销售、进口或者使用淘汰的设备，或者采用淘汰的生产工艺的，由县级以上人民政府经济综合宏观调控部门责令改正；情节严重的，由县级以上人民政府经济综合宏观调控部门提出意见，报请同级人民政府按照国务院规定的权限决定停业或者关闭。

第七十三条 尾矿、矸石、废石等矿业固体废物贮存设施停止使用后，未按照国家有关环境保护规定进行封场的，由县级以上地方人民政府环境保护行政主管部门责令限期改正，可以处五万元以上二十万元以下的罚款。

第七十四条 违反本法有关城市生活垃圾污染环境防治的规定，有下列行为之一的，由县级以上地方人民政府环境卫生行政主管部门责令停止违法行为，限期改正，处以罚款：

（一）随意倾倒、抛撒或者堆放生活垃圾的；

（二）擅自关闭、闲置或者拆除生活垃圾处置设施、场所的；

（三）工程施工单位不及时清运施工过程中产生的固体废物，造成环境污染的；

（四）工程施工单位不按照环境卫生行政主管部门的规定对施工过程中产生的固体废物进行利用或者处置的；

（五）在运输过程中沿途丢弃、遗撒生活垃圾的。

单位有前款第一项、第三项、第五项行为之一的，处五千元以上五万元以下的罚款；有前款第二项、第四项行为之一的，处一万元以上十万元以下的罚款。个人有前款第一项、第五项行为之一的，处二百元以下的罚款。

第七十五条 违反本法有关危险废物污染环境防治的规定，有下列行为之一的，由县级以上人民政府环境保护行政主管部门责令停止违法行为，限期改正，处以罚款：

（一）不设置危险废物识别标志的；

（二）不按照国家规定申报登记危险废物，或者在申报登记时弄虚作假的；

（三）擅自关闭、闲置或者拆除危险废物集中处置设施、场所的；

（四）不按照国家规定缴纳危险废物排污费的；

（五）将危险废物提供或者委托给无经营许可证的单位从事经营活动的；

（六）不按照国家规定填写危险废物转移联单或者未经批准擅自转移危险废物的；

（七）将危险废物混入非危险废物中贮存的；

（八）未经安全性处置，混合收集、贮存、运输、处置具有不相容性质的危险废物的；

（九）将危险废物与旅客在同一运输工具上载运的；

（十）未经消除污染的处理将收集、贮存、运输、处置危险废物的场所、设施、设备和容器、包装物及其他物品转作他用的；

（十一）未采取相应防范措施，造成危险废物扬散、流失、渗漏或者造成其他环境污染的；

（十二）在运输过程中沿途丢弃、遗撒危险废物的；

（十三）未制定危险废物意外事故防范措施和应急预案的。

有前款第一项、第二项、第七项、第八项、第九项、第十项、第十一项、第十二项、第十三项行为之一的，处一万元以上十万元以下的罚款；有前款第三项、第五项、第六项行为之一的，处二万元以上二十万元以下的罚款；有前款第四项行为的，限期缴纳，逾期不缴纳的，处应缴纳危险废物排污费金额一倍以上三倍以下的罚款。

第七十六条 违反本法规定，危险废物产生者不处置其产生的危险废物又不承担依法应当承担的处置费用的，由县级以上地方人民政府环境保护行政主管部门责令限期改正，处代为处置费用一倍以上三倍以下的罚款。

第七十七条 无经营许可证或者不按照经营许可证规定从事收集、贮存、利用、处置危险废物经营活动的，由县级以上人民政府环境保护行政主管部门责令停止违法行为，没收违法所得，可以并处违法所得三倍以下的罚款。

不按照经营许可证规定从事前款活动的，还可以由发证机关吊销经营许可证。

第七十八条 违反本法规定，将中华人民共和国境外的固体废物进境倾倒、堆放、处置的，进口属于禁止进口的固体废物或者未经许可擅自进口属于限制进口的固体废物用作原料的，由海关责令退运该固体废物，可以并处十万元以上一百万元以下的罚款；构成犯罪的，依法追究刑事责任。进口者不明的，由承运人承担退运该固体废物的责任，或者承担该固体废物的处置费用。

逃避海关监管将中华人民共和国境外的固体废物运输进境，构成犯罪的，依法追究刑事责任。

第七十九条 违反本法规定，经中华人民共和国过境转移危险废物的，由海关责令退运该危险废物，可以并处五万元以上五十万元以下的罚款。

第八十条 对已经非法入境的固体废物，由省级以上人民政府环境保护行政主管部门依法向海关提出处理意见，海关应当依照本法第七十八条的规定作出处罚决定；已经造成环境污染的，由省级以上人民政府环境保护行政主管部门责令进口者消除污染。

第八十一条 违反本法规定，造成固体废物严重污染环境的，由县级以上人民政府环境保护行政主管部门按照国务院规定的权限决定限期治理；逾期未完成治理任务的，由本级人民政府决定停业或者关闭。

第八十二条 违反本法规定，造成固体废物污染环境事故的，由县级以上人民政府环境保护行政主管部门处二万元以上二十万元以下的罚款；造成重大损失的，按照直接损失的百分之三十计算罚款，但是最高不超过一百万元，对负有责任的主管人员和其他直接责任人员，依法给予行政处分；造成固体废物污染环境重大事故的，并由县级以上人民政府按照国务院规定的权限决定停业或者关闭。

第八十三条 违反本法规定，收集、贮存、利用、处置危险废物，造成重大环境污染事故，构成犯罪的，依法追究刑事责任。

第八十四条 受到固体废物污染损害的单位和个人，有权要求依法赔偿损失。

赔偿责任和赔偿金额的纠纷，可以根据当事人的请求，由环境保护行政主管部门或者其他固体废物污染环境防治工作的监督管理部门调解处理；调解不成的，当事人可以向人民法院提起诉讼。当事人也可以直接向人民法院提起诉讼。

国家鼓励法律服务机构对固体废物污染环境诉讼中的受害人提供法律援助。

第八十五条 造成固体废物污染环境的，应当排除危害，依法赔偿损失，并采取措施恢复环境原状。

第八十六条 因固体废物污染环境引起的损害赔偿诉讼，由加害人就法律规定的免责事由及其行为与损害结果之间不存在因果关系承担举证责任。

第八十七条 固体废物污染环境的损害赔偿责任和赔偿金额的纠纷，当事人可以委托环境监测机构提供监测数据。环境监测机构应当接受委托，如实提供有关监测数据。

第六章 附 则

第八十八条 本法下列用语的含义：

（一）固体废物，是指在生产、生活和其他活动中产生的丧失原有利用价值或者虽未丧失利用价值但被抛弃或者放弃的固态、半固态和置于容器中的气态的物品、物质以及法律、行政法规规定纳入固体废物管理的物品、物质。

（二）工业固体废物，是指在工业生产活动中产生的固体废物。

（三）生活垃圾，是指在日常生活中或者为日常生活提供服务的活动中产生的固体废物以及法律、行政法规规定视为生活垃圾的固体废物。

（四）危险废物，是指列入国家危险废物名录或者根据国家规定的危险废物鉴别标准和鉴别方法认定的具有危险特性的固体废物。

（五）贮存，是指将固体废物临时置于特定设施或者场所中的活动。

（六）处置，是指将固体废物焚烧和用其他改变固体废物的物理、化学、生物特性的方法，达到减少已产生的固体废物数量、缩小固体废物体积、减少或者消除其危险成分的活动，或者将固体废物最终置于符合环境保护规定要求的填埋场的活动。

（七）利用，是指从固体废物中提取物质作为原材料或者燃料的活动。

第八十九条 液态废物的污染防治，适用本法；但是，排入水体的废水的污染防治适用有关法律，不适用本法。

第九十条 中华人民共和国缔结或者参加的与固体废物污染环境防治有关的国际条约与本法有不同规定的，适用国际条约的规定；但是，中华人民共和国声明保留的条款除外。

第九十一条 本法自 2005 年 4 月 1 日起施行。

附录6 中华人民共和国土壤污染防治法

中华人民共和国土壤污染防治法

（2018年8月31日第十三届全国人民代表大会常务委员会第五次会议通过）

第一章 总 则

第一条 为了保护和改善生态环境，防治土壤污染，保障公众健康，推动土壤资源永续利用，推进生态文明建设，促进经济社会可持续发展，制定本法。

第二条 在中华人民共和国领域及管辖的其他海域从事土壤污染防治及相关活动，适用本法。

本法所称土壤污染，是指因人为因素导致某种物质进入陆地表层土壤，引起土壤化学、物理、生物等方面特性的改变，影响土壤功能和有效利用，危害公众健康或者破坏生态环境的现象。

第三条 土壤污染防治应当坚持预防为主、保护优先、分类管理、风险管控、污染担责、公众参与的原则。

第四条 任何组织和个人都有保护土壤、防止土壤污染的义务。

土地使用权人从事土地开发利用活动，企业事业单位和其他生产经营者从事生产经营活动，应当采取有效措施，防止、减少土壤污染，对所造成的土壤污染依法承担责任。

第五条 地方各级人民政府应当对本行政区域土壤污染防治和安全利用负责。

国家实行土壤污染防治目标责任制和考核评价制度，将土壤污染防治目标完成情况作为考核评价地方各级人民政府及其负责人、县级以上人民政府负有土壤污染防治监督管理职责的部门及其负责人的内容。

第六条 各级人民政府应当加强对土壤污染防治工作的领导，组织、协调、督促有关部门依法履行土壤污染防治监督管理职责。

第七条 国务院生态环境主管部门对全国土壤污染防治工作实施统一监督管理；国务院农业农村、自然资源、住房城乡建设、林业草原等主管部门在各自职责范围内对土壤污染防治工作实施监督管理。

地方人民政府生态环境主管部门对本行政区域土壤污染防治工作实施统一监督管理；地方人民政府农业农村、自然资源、住房和城乡建设、林业草原等主管部门在各自职责范围内对土壤污染防治工作实施监督管理。

第八条 国家建立土壤环境信息共享机制。

国务院生态环境主管部门应当会同国务院农业农村、自然资源、住房和城乡建设、水利、卫生健康、林业草原等主管部门建立土壤环境基础数据库，构建全国土壤环境信息平台，实行数据动态更新和信息共享。

第九条 国家支持土壤污染风险管控和修复、监测等污染防治科学技术研究开发、成果转化和推广应用，鼓励土壤污染防治产业发展，加强土壤污染防治专业技术人才培养，促进土壤污染防治科学技术进步。

国家支持土壤污染防治国际交流与合作。

第十条 各级人民政府及其有关部门、基层群众性自治组织和新闻媒体应当加强土壤污染防治宣传教育和科学普及，增强公众土壤污染防治意识，引导公众依法参与土壤污染防治工作。

第二章 规划、标准、普查和监测

第十一条 县级以上人民政府应当将土壤污染防治工作纳入国民经济和社会发展规划、环境保护规划。

设区的市级以上地方人民政府生态环境主管部门应当会同发展改革、农业农村、自然资源、住房和城乡建设、林业草原等主管部门，根据环境保护规划要求、土地用途、土壤污染状况普查和监测结果等，编制土壤污染防治规划，报本级人民政府批准后公布实施。

第十二条 国务院生态环境主管部门根据土壤污染状况、公众健康风险、生态风险和科学技术水平，并按照土地用途，制定国家土壤污染风险管控标准，加强土壤污染防治标准体系建设。

省级人民政府对国家土壤污染风险管控标准中未做规定的项目，可以制定地方土壤污染风险管控标准；对国家土壤污染风险管控标准中已做规定的项目，可以制定严于国家土壤污染风险管控标准的地方土壤污染风险管控标准。地方土壤污染风险管控标准应当报国务院生态环境主管部门备案。

土壤污染风险管控标准是强制性标准。

国家支持对土壤环境背景值和环境基准的研究。

第十三条 制定土壤污染风险管控标准，应当组织专家进行审查和论证，并征求有关部门、行业协会、企业事业单位和公众等方面的意见。

土壤污染风险管控标准的执行情况应当定期评估，并根据评估结果对标准适时修订。

省级以上人民政府生态环境主管部门应当在其网站上公布土壤污染风险管控标准，供公众免费查阅、下载。

第十四条 国务院统一领导全国土壤污染状况普查。国务院生态环境主管部门会同国务院农业农村、自然资源、住房和城乡建设、林业草原等主管部门，每十年至少组织开展一次全国土壤污染状况普查。

国务院有关部门、设区的市级以上地方人民政府可以根据本行业、本行政区域实际情况组织开展土壤污染状况详查。

第十五条 国家实行土壤环境监测制度。

国务院生态环境主管部门制定土壤环境监测规范，会同国务院农业农村、自然资源、住房和城乡建设、水利、卫生健康、林业草原等主管部门组织监测网络，统一规划国家土壤环境监测站（点）的设置。

第十六条 地方人民政府农业农村、林业草原主管部门应当会同生态环境、自然资源主管部门对下列农用地地块进行重点监测：

（一）产出的农产品污染物含量超标的；

（二）作为或者曾作为污水灌溉区的；

（三）用于或者曾用于规模化养殖，固体废物堆放、填埋的；

（四）曾作为工矿用地或者发生过重大、特大污染事故的；

（五）有毒有害物质生产、贮存、利用、处置设施周边的；

（六）国务院农业农村、林业草原、生态环境、自然资源主管部门规定的其他情形。

第十七条 地方人民政府生态环境主管部门应当会同自然资源主管部门对下列建设用地地块进行重点监测：

（一）曾用于生产、使用、贮存、回收、处置有毒有害物质的；

（二）曾用于固体废物堆放、填埋的；

（三）曾发生过重大、特大污染事故的；

（四）国务院生态环境、自然资源主管部门规定的其他情形。

第三章 预防和保护

第十八条 各类涉及土地利用的规划和可能造成土壤污染的建设项目，应当依法进行环境影响评价。环境影响评价文件应当包括对土壤可能造成的不良影响及应当采取的相应预防措施等内容。

第十九条 生产、使用、贮存、运输、回收、处置、排放有毒有害物质的单位和个人，应当采取有效措施，防止有毒有害物质渗漏、流失、扬散，避免土壤受到污染。

第二十条 国务院生态环境主管部门应当会同国务院卫生健康等主管部门，根据对公众健康、生态环境的危害和影响程度，对土壤中有毒有害物质进行筛查评估，公布重点控制的土壤有毒有害物质名录，并适时更新。

第二十一条 设区的市级以上地方人民政府生态环境主管部门应当按照国务院生态环境主管部门的规定，根据有毒有害物质排放等情况，制定本行政区域土壤污染重点监管单位名录，向社会公开并适时更新。

土壤污染重点监管单位应当履行下列义务：

（一）严格控制有毒有害物质排放，并按年度向生态环境主管部门报告排放情况；

（二）建立土壤污染隐患排查制度，保证持续有效防止有毒有害物质渗漏、流失、扬散；

（三）制定、实施自行监测方案，并将监测数据报生态环境主管部门。

前款规定的义务应当在排污许可证中载明。

土壤污染重点监管单位应当对监测数据的真实性和准确性负责。生态环境主管部门发现土壤污染重点监管单位监测数据异常，应当及时进行调查。

设区的市级以上地方人民政府生态环境主管部门应当定期对土壤污染重点监管单位周边土壤进行监测。

第二十二条 企业事业单位拆除设施、设备或者建筑物、构筑物的，应当采取相应的土壤污染防治措施。

土壤污染重点监管单位拆除设施、设备或者建筑物、构筑物的，应当制定包括应急措施在内的土壤污染防治工作方案，报地方人民政府生态环境、工业和信息化主管部门备案并实施。

第二十三条 各级人民政府生态环境、自然资源主管部门应当依法加强对矿产资源开发区域土壤污染防治的监督管理，按照相关标准和总量控制的要求，严格控制可能造成土壤污染的重点污染物排放。

尾矿库运营、管理单位应当按照规定，加强尾矿库的安全管理，采取措施防止土壤污染。危库、险库、病库以及其他需要重点监管的尾矿库的运营、管理单位应当按照规定，进行土壤污染状况监测和定期评估。

第二十四条 国家鼓励在建筑、通信、电力、交通、水利等领域的信息、网络、防雷、接地等建设工程中采用新技术、新材料，防止土壤污染。

禁止在土壤中使用重金属含量超标的降阻产品。

第二十五条 建设和运行污水集中处理设施、固体废物处置设施，应当依照法律法规和相关标准的要求，采取措施防止土壤污染。

地方人民政府生态环境主管部门应当定期对污水集中处理设施、固体废物处置设施周边土壤进行监测；对不符合法律法规和相关标准要求的，应当根据监测结果，要求污水集中处理设施、固体废物处置设施运营单位采取相应改进措施。

地方各级人民政府应当统筹规划、建设城乡生活污水和生活垃圾处理、处置设施，并保障其正常运行，防止土壤污染。

第二十六条 国务院农业农村、林业草原主管部门应当制定规划，完善相关标准和措施，加强农用地农药、化肥使用指导和使用总量控制，加强农用薄膜使用控制。

国务院农业农村主管部门应当加强农药、肥料登记，组织开展农药、肥料对土壤环境影响的安全性评价。

制定农药、兽药、肥料、饲料、农用薄膜等农业投入品及其包装物标准和农田灌溉用水水质标准，应当适应土壤污染防治的要求。

第二十七条 地方人民政府农业农村、林业草原主管部门应当开展农用地土壤污染防治宣传和技术培训活动，扶持农业生产专业化服务，指导农业生产者合理使用农药、兽药、肥料、饲料、农用薄膜等农业投入品，控制农药、兽药、化肥等的使用量。

地方人民政府农业农村主管部门应当鼓励农业生产者采取有利于防止土壤污染的种养结合、轮作休耕等农业耕作措施；支持采取土壤改良、土壤肥力提升等有利于土壤养护和培育的措施；支持畜禽粪便处理、利用设施的建设。

第二十八条 禁止向农用地排放重金属或者其他有毒有害物质含量超标的污水、污泥，以及可能造成土壤污染的清淤底泥、尾矿、矿渣等。

县级以上人民政府有关部门应当加强对畜禽粪便、沼渣、沼液等收集、贮存、利用、处置的监督管理，防止土壤污染。

农田灌溉用水应当符合相应的水质标准，防止土壤、地下水和农产品污染。地方人民政府生态环境主管部门应当会同农业农村、水利主管部门加强对农田灌溉用水水质的管理，对农田灌溉用水水质进行监测和监督检查。

第二十九条 国家鼓励和支持农业生产者采取下列措施：

（一）使用低毒、低残留农药以及先进喷施技术；

（二）使用符合标准的有机肥、高效肥；

（三）采用测土配方施肥技术、生物防治等病虫害绿色防控技术；

（四）使用生物可降解农用薄膜；

（五）综合利用秸秆、移出高富集污染物秸秆；

（六）按照规定对酸性土壤等进行改良。

第三十条 禁止生产、销售、使用国家明令禁止的农业投入品。

农业投入品生产者、销售者和使用者应当及时回收农药、肥料等农业投入品的包装废弃物和农用薄膜，并将农药包装废弃物交由专门的机构或者组织进行无害化处理。具体办法由国务院农业农村主管部门会同国务院生态环境等主管部门制定。

国家采取措施，鼓励、支持单位和个人回收农业投入品包装废弃物和农用薄膜。

第三十一条 国家加强对未污染土壤的保护。

地方各级人民政府应当重点保护未污染的耕地、林地、草地和饮用水水源地。

各级人民政府应当加强对国家公园等自然保护地的保护，维护其生态功能。

对未利用地应当予以保护，不得污染和破坏。

第三十二条 县级以上地方人民政府及其有关部门应当按照土地利用总体规划和城乡规划，严格执行相关行业企业布局选址要求，禁止在居民区和学校、医院、疗养院、养老院等单位周边新建、改建、扩建可能造成土壤污染的建设项目。

第三十三条 国家加强对土壤资源的保护和合理利用。对开发建设过程中剥离的表土，应当单独收集和存放，符合条件的应当优先用于土地复垦、土壤改良、造地和绿化等。

禁止将重金属或者其他有毒有害物质含量超标的工业固体废物、生活垃圾或者污染土壤用于土地复垦。

第三十四条 因科学研究等特殊原因，需要进口土壤的，应当遵守国家出入境检验检疫的有关规定。

第四章 风险管控和修复

第一节 一般规定

第三十五条 土壤污染风险管控和修复，包括土壤污染状况调查和土壤污染风险评估、风险管控、修复、风险管控效果评估、修复效果评估、后期管理等活动。

第三十六条 实施土壤污染状况调查活动，应当编制土壤污染状况调查报告。

土壤污染状况调查报告应当主要包括地块基本信息、污染物含量是否超过土壤污染风险管控标准等内容。污染物含量超过土壤污染风险管控标准的，土壤污染状况调查报告还应当包括污染类型、污染来源以及地下水是否受到污染等内容。

第三十七条 实施土壤污染风险评估活动，应当编制土壤污染风险评估报告。

土壤污染风险评估报告应当主要包括下列内容：

（一）主要污染物状况；

（二）土壤及地下水污染范围；

（三）农产品质量安全风险、公众健康风险或者生态风险；

（四）风险管控、修复的目标和基本要求等。

第三十八条 实施风险管控、修复活动，应当因地制宜、科学合理，提高针对性和有效性。

实施风险管控、修复活动，不得对土壤和周边环境造成新的污染。

第三十九条 实施风险管控、修复活动前，地方人民政府有关部门有权根据实际情况，要求土壤污染责任人、土地使用权人采取移除污染源、防止污染扩散等措施。

第四十条 实施风险管控、修复活动中产生的废水、废气和固体废物，应当按照规定进行处理、处置，并达到相关环境保护标准。

实施风险管控、修复活动中产生的固体废物以及拆除的设施、设备或者建筑物、构筑物属于危险废物的，应当依照法律法规和相关标准的要求进行处置。

修复施工期间，应当设立公告牌，公开相关情况和环境保护措施。

第四十一条 修复施工单位转运污染土壤的，应当制订转运计划，将运输时间、方式、线路和污染土壤数量、去向、最终处置措施等，提前报所在地和接收地生态环境主管部门。

转运的污染土壤属于危险废物的，修复施工单位应当依照法律法规和相关标准的要求进行处置。

第四十二条 实施风险管控效果评估、修复效果评估活动，应当编制效果评估报告。

效果评估报告应当主要包括是否达到土壤污染风险评估报告确定的风险管控、修复目标等内容。

风险管控、修复活动完成后，需要实施后期管理的，土壤污染责任人应当按照要求实施后期管理。

第四十三条 从事土壤污染状况调查和土壤污染风险评估、风险管控、修复、风险管控效果评估、修复效果评估、后期管理等活动的单位，应当具备相应的专业能力。

受委托从事前款活动的单位对其出具的调查报告、风险评估报告、风险管控效果评估报告、修复效果评估报告的真实性、准确性、完整性负责，并按照约定对风险管控、修复、后期管理等活动结果负责。

第四十四条 发生突发事件可能造成土壤污染的，地方人民政府及其有关部门和相关企业事业单位以及其他生产经营者应当立即采取应急措施，防止土壤污染，并依照本法规定做好土壤污染状况监测、调查和土壤污染风险评估、风险管控、修复等工作。

第四十五条 土壤污染责任人负有实施土壤污染风险管控和修复的义务。土壤污染责任人无法认定的，土地使用权人应当实施土壤污染风险管控和修复。

地方人民政府及其有关部门可以根据实际情况组织实施土壤污染风险管控和修复。

国家鼓励和支持有关当事人自愿实施土壤污染风险管控和修复。

第四十六条 因实施或者组织实施土壤污染状况调查和土壤污染风险评估、风险管控、修复、风险管控效果评估、修复效果评估、后期管理等活动所支出的费用，由土壤污染责任人承担。

第四十七条 土壤污染责任人变更的，由变更后承继其债权、债务的单位或者个人履行相关土壤污染风险管控和修复义务并承担相关费用。

第四十八条 土壤污染责任人不明确或者存在争议的，农用地由地方人民政府农业农村、林业草原主管部门会同生态环境、自然资源主管部门认定，建设用地由地方人民政府生态环境主管部门会同自然资源主管部门认定。认定办法由国务院生态环境主管部门会同有关部门制定。

第二节 农用地

第四十九条 国家建立农用地分类管理制度。按照土壤污染程度和相关标准，将农用地划分为优先保护类、安全利用类和严格管控类。

第五十条 县级以上地方人民政府应当依法将符合条件的优先保护类耕地划为永久基本农田，实行严格保护。

在永久基本农田集中区域，不得新建可能造成土壤污染的建设项目；已经建成的，应当限期关闭拆除。

第五十一条 未利用地、复垦土地等拟开垦为耕地的，地方人民政府农业农村主管部门应当会同生态环境、自然资源主管部门进行土壤污染状况调查，依法进行分类管理。

第五十二条 对土壤污染状况普查、详查和监测、现场检查表明有土壤污染风险的农用地地块，地方人民政府农业农村、林业草原主管部门应当会同生态环境、自然资源主管部门进行土壤污染状况调查。

对土壤污染状况调查表明污染物含量超过土壤污染风险管控标准的农用地地块，地方人民政府农业农村、林业草原主管部门应当会同生态环境、自然资源主管部门组织进行土壤污染风险评估，并按照农用地分类管理制度管理。

第五十三条 对安全利用类农用地地块，地方人民政府农业农村、林业草原主管部门，应当结合主要作物品种和种植习惯等情况，制定并实施安全利用方案。

安全利用方案应当包括下列内容：

（一）农艺调控、替代种植；

（二）定期开展土壤和农产品协同监测与评价；

（三）对农民、农民专业合作社及其他农业生产经营主体进行技术指导和培训；

（四）其他风险管控措施。

第五十四条 对严格管控类农用地地块，地方人民政府农业农村、林业草原主管部门应当采取下列风险管控措施：

（一）提出划定特定农产品禁止生产区域的建议，报本级人民政府批准后实施；

（二）按照规定开展土壤和农产品协同监测与评价；

（三）对农民、农民专业合作社及其他农业生产经营主体进行技术指导和培训；

（四）其他风险管控措施。

各级人民政府及其有关部门应当鼓励对严格管控类农用地采取调整种植结构、退耕还林还草、退耕还湿、轮作休耕、轮牧休牧等风险管控措施，并给予相应的政策支持。

第五十五条 安全利用类和严格管控类农用地地块的土壤污染影响或者可能影响地下水、饮用水水源安全的，地方人民政府生态环境主管部门应当会同农业农村、林业草原等主管部门制定防治污染的方案，并采取相应的措施。

第五十六条 对安全利用类和严格管控类农用地地块，土壤污染责任人应当按照国家有关规定以及土壤污染风险评估报告的要求，采取相应的风险管控措施，并定期向地方人民政府农业农村、林业草原主管部门报告。

第五十七条 对产出的农产品污染物含量超标，需要实施修复的农用地地块，土壤污染责任人应当编制修复方案，报地方人民政府农业农村、林业草原主管部门备案并实施。修复方案应当包括地下水污染防治的内容。

修复活动应当优先采取不影响农业生产、不降低土壤生产功能的生物修复措施，阻断或者减少污染物进入农作物食用部分，确保农产品质量安全。

风险管控、修复活动完成后，土壤污染责任人应当另行委托有关单位对风险管控效果、修复效果进行评估，并将效果评估报告报地方人民政府农业农村、林业草原主管部门备案。

农村集体经济组织及其成员、农民专业合作社及其他农业生产经营主体等负有协助实施土壤污染风险管控和修复的义务。

第三节 建设用地

第五十八条 国家实行建设用地土壤污染风险管控和修复名录制度。

建设用地土壤污染风险管控和修复名录由省级人民政府生态环境主管部门会同自然资源等主管部门制定，按照规定向社会公开，并根据风险管控、修复情况适时更新。

第五十九条 对土壤污染状况普查、详查和监测、现场检查表明有土壤污染风险的建设用地地块，地方人民政府生态环境主管部门应当要求土地使用权人按照规定进行土壤污染状况调查。

用途变更为住宅、公共管理与公共服务用地的，变更前应当按照规定进行土壤污染状况调查。

前两款规定的土壤污染状况调查报告应当报地方人民政府生态环境主管部门，由地方人民政府生态环境主管部门会同自然资源主管部门组织评审。

第六十条 对土壤污染状况调查报告评审表明污染物含量超过土壤污染风险管控标准的建设用地地块，土壤污染责任人、土地使用权人应当按照国务院生态环境主管部门的规定进行土壤污染风险评估，并将土壤污染风险评估报告报省级人民政府生态环境主管部门。

第六十一条 省级人民政府生态环境主管部门应当会同自然资源等主管部门按照国务院生态环境主管部门的规定，对土壤污染风险评估报告组织评审，及时将需要实施风险管控、修复的地块纳入建设用地土壤污染风险管控和修复名录，并定期向国务院生态环境主管部门报告。

列入建设用地土壤污染风险管控和修复名录的地块，不得作为住宅、公共管理与公共服务用地。

第六十二条 对建设用地土壤污染风险管控和修复名录中的地块，土壤污染责任人应当按照国家有关规定以及土壤污染风险评估报告的要求，采取相应的风险管控措施，并定期向地方人民政府生态环境主管部门报告。风险管控措施应当包括地下水污染防治的内容。

第六十三条 对建设用地土壤污染风险管控和修复名录中的地块，地方人民政府生态环境主管部门可以根据实际情况采取下列风险管控措施：

（一）提出划定隔离区域的建议，报本级人民政府批准后实施；

（二）进行土壤及地下水污染状况监测；

（三）其他风险管控措施。

第六十四条 对建设用地土壤污染风险管控和修复名录中需要实施修复的地块，土壤污染责任人应当结合土地利用总体规划和城乡规划编制修复方案，报地方人民政府生态环境主管部门备案并实施。修复方案应当包括地下水污染防治的内容。

第六十五条 风险管控、修复活动完成后，土壤污染责任人应当另行委托有关单位对风险管控效果、修复效果进行评估，并将效果评估报告报地方人民政府生态环境主管部门备案。

第六十六条 对达到土壤污染风险评估报告确定的风险管控、修复目标的建设用地地块，土壤污染责任人、土地使用权人可以申请省级人民政府生态环境主管部门移出建设用地土壤污染风险管控和修复名录。

省级人民政府生态环境主管部门应当会同自然资源等主管部门对风险管控效果评估报告、修复效果评估报告组织评审，及时将达到土壤污染风险评估报告确定的风险管控、修复目标且可以安全利用的地块移出建设用地土壤污染风险管控和修复名录，按照规定向社会公开，并定期向国务院生态环境主管部门报告。

未达到土壤污染风险评估报告确定的风险管控、修复目标的建设用地地块，禁止开工建设任何与风险管控、修复无关的项目。

第六十七条 土壤污染重点监管单位生产经营用地的用途变更或者在其土地使用权收回、转让前，应当由土地使用权人按照规定进行土壤污染状况调查。土壤污染状况调查报告应当作为不动产登记资料送交地方人民政府不动产登记机构，并报地方人民政府生态环境主管部门备案。

第六十八条 土地使用权已经被地方人民政府收回，土壤污染责任人为原土地使用权人的，由地方人民政府组织实施土壤污染风险管控和修复。

第五章 保障和监督

第六十九条 国家采取有利于土壤污染防治的财政、税收、价格、金融等经济政策和措施。

第七十条 各级人民政府应当加强对土壤污染的防治，安排必要的资金用于下列事项：

（一）土壤污染防治的科学技术研究开发、示范工程和项目；

（二）各级人民政府及其有关部门组织实施的土壤污染状况普查、监测、调查和土壤污染责任人认定、风险评估、风险管控、修复等活动；

（三）各级人民政府及其有关部门对涉及土壤污染的突发事件的应急处置；

（四）各级人民政府规定的涉及土壤污染防治的其他事项。

使用资金应当加强绩效管理和审计监督，确保资金使用效益。

第七十一条 国家加大土壤污染防治资金投入力度，建立土壤污染防治基金制度。设立中央土壤污染防治专项资金和省级土壤污染防治基金，主要用于农用地土壤污染防治和土壤污染责任人或者土地使用权人无法认定的土壤污染风险管控和修复以及政府规定的其他事项。

对本法实施之前产生的，并且土壤污染责任人无法认定的污染地块，土地使用权人实际承担土壤污染风险管控和修复的，可以申请土壤污染防治基金，集中用于土壤污染风险管控和修复。

土壤污染防治基金的具体管理办法，由国务院财政主管部门会同国务院生态环境、农业农村、自然资源、住房和城乡建设、林业草原等主管部门制定。

第七十二条 国家鼓励金融机构加大对土壤污染风险管控和修复项目的信贷投放。

国家鼓励金融机构在办理土地权利抵押业务时开展土壤污染状况调查。

第七十三条 从事土壤污染风险管控和修复的单位依照法律、行政法规的规定，享受税收优惠。

第七十四条 国家鼓励并提倡社会各界为防治土壤污染捐赠财产，并依照法律、行政法规的规定，给予税收优惠。

第七十五条 县级以上人民政府应当将土壤污染防治情况纳入环境状况和环境保护目标完成情况年度报告，向本级人民代表大会或者人民代表大会常务委员会报告。

第七十六条 省级以上人民政府生态环境主管部门应当会同有关部门对土壤污染问题突出、防治工作不力、群众反映强烈的地区，约谈设区的市级以上地方人民政府及其有关部门主要负责人，要求其采取措施及时整改。约谈整改情况应当向社会公开。

第七十七条 生态环境主管部门及其环境执法机构和其他负有土壤污染防治监督管理职责的部门，有权对从事可能造成土壤污染活动的企业事业单位和其他生产经营者进行现场检查、取样，要求被检查者提供有关资料、就有关问题作出说明。

被检查者应当配合检查工作，如实反映情况，提供必要的资料。

实施现场检查的部门、机构及其工作人员应当为被检查者保守商业秘密。

第七十八条 企业事业单位和其他生产经营者违反法律法规规定排放有毒有害物质，造成或者可能造成严重土壤污染的，或者有关证据可能灭失或者被隐匿的，生态环境主管部门和其他负有土壤污染防治监督管理职责的部门，可以查封、扣押有关设施、设备、物品。

第七十九条 地方人民政府安全生产监督管理部门应当监督尾矿库运营、管理单位履行防治土壤污染的法定义务，防止其发生可能污染土壤的事故；地方人民政府生态环境主管部门应当加强对尾矿库土壤污染防治情况的监督检查和定期评估，发现风险隐患的，及时督促尾矿库运营、管理单位采取相应措施。

地方人民政府及其有关部门应当依法加强对向沙漠、滩涂、盐碱地、沼泽地等未利用地非法排放有毒有害物质等行为的监督检查。

第八十条 省级以上人民政府生态环境主管部门和其他负有土壤污染防治监督管理职责的部门应当将从事土壤污染状况调查和土壤污染风险评估、风险管控、修复、风险管控效果评估、修复效果评估、后期管理等活动的单位和个人的执业情况，纳入信用系统建立信用记录，将违法信息记入社会诚信档案，并纳入全国信用信息共享平台和国家企业信用信息公示系统向社会公布。

第八十一条 生态环境主管部门和其他负有土壤污染防治监督管理职责的部门应当依法公开土壤污染状况和防治信息。

国务院生态环境主管部门负责统一发布全国土壤环境信息；省级人民政府生态环境主管部门负责统一发布本行政区域土壤环境信息。生态环境主管部门应当将涉及主要食用农产品生产区域的重大土壤环境信息，及时通报同级农业农村、卫生健康和食品安全主管部门。

公民、法人和其他组织享有依法获取土壤污染状况和防治信息、参与和监督土壤污染防治的权利。

第八十二条 土壤污染状况普查报告、监测数据、调查报告和土壤污染风险评估报告、风险管控效果评估报告、修复效果评估报告等，应当及时上传全国土壤环境信息平台。

第八十三条 新闻媒体对违反土壤污染防治法律法规的行为享有舆论监督的权利，受监督的单位和个人不得打击报复。

第八十四条 任何组织和个人对污染土壤的行为，均有向生态环境主管部门和其他负有土壤污染防治监督管理职责的部门报告或者举报的权利。

生态环境主管部门和其他负有土壤污染防治监督管理职责的部门应当将土壤污染防治举报方式向社会公布，方便公众举报。

接到举报的部门应当及时处理并对举报人的相关信息予以保密；对实名举报并查证属实的，给予奖励。

举报人举报所在单位的，该单位不得以解除、变更劳动合同或者其他方式对举报人进行打击报复。

第六章 法律责任

第八十五条 地方各级人民政府、生态环境主管部门或者其他负有土壤污染防治监督管理职责的部门未依照本法规定履行职责的，对直接负责的主管人员和其他直接责任人员依法给予处分。

依照本法规定应当做出行政处罚决定而未做出的，上级主管部门可以直接做出行政处罚决定。

第八十六条 违反本法规定，有下列行为之一的，由地方人民政府生态环境主管部门或者其他负有土壤污染防治监督管理职责的部门责令改正，处以罚款；拒不改正的，责令停产整治：

（一）土壤污染重点监管单位未制定、实施自行监测方案，或者未将监测数据报生态环境主管部门的；

（二）土壤污染重点监管单位篡改、伪造监测数据的；

（三）土壤污染重点监管单位未按年度报告有毒有害物质排放情况，或者未建立土壤污染隐患排查制度的；

（四）拆除设施、设备或者建筑物、构筑物，企业事业单位未采取相应的土壤污染防治措施或者土壤污染重点监管单位未制定、实施土壤污染防治工作方案的；

（五）尾矿库运营、管理单位未按照规定采取措施防止土壤污染的；

（六）尾矿库运营、管理单位未按照规定进行土壤污染状况监测的；

（七）建设和运行污水集中处理设施、固体废物处置设施，未依照法律法规和相关标准的要求采取措施防止土壤污染的。

有前款规定行为之一的，处二万元以上二十万元以下的罚款；有前款第二项、第四项、第五项、第七项规定行为之一，造成严重后果的，处二十万元以上二百万元以下的罚款。

第八十七条 违反本法规定，向农用地排放重金属或者其他有毒有害物质含量超标的污水、污泥，以及可能造成土壤污染的清淤底泥、尾矿、矿渣等的，由地方人民政府生态环境主管部门责令改正，处十万元以上五十万元以下的罚款；情节严重的，处五十万元以上二百万元以下的罚款，并可以将案件移送公安机关，对直接负责的主管人员和其他直接责任人员处五日以上十五日以下的拘留；有违法所得的，没收违法所得。

第八十八条 违反本法规定，农业投入品生产者、销售者、使用者未按照规定及时回收肥料等农业投入品的包装废弃物或者农用薄膜，或者未按照规定及时回收农药包装废弃物交由专门的机构或者组织进行无害化处理的，由地方人民政府农业农村主管部门责令改正，处一万元以上十万元以下的罚款；农业投入品使用者为个人的，可以处二百元以上二千元以下的罚款。

第八十九条 违反本法规定，将重金属或者其他有毒有害物质含量超标的工业固体废物、生活垃圾或者污染土壤用于土地复垦的，由地方人民政府生态环境主管部门责令改正，处十万元以上一百万元以下的罚款；有违法所得的，没收违法所得。

第九十条 违反本法规定，受委托从事土壤污染状况调查和土壤污染风险评估、风险管控效果评估、修复效果评估活动的单位，出具虚假调查报告、风险评估报告、风险管控效果评估报告、修复效果评估报告的，由地方人民政府生态环境主管部门处十万元以上五十万元以下的罚款；情节严重的，禁止从事上述业务，并处五十万元以上一百万元以下的罚款；有违法所得的，没收违法所得。

前款规定的单位出具虚假报告的，由地方人民政府生态环境主管部门对直接负责的主管人员和其他直接责任人员处一万元以上五万元以下的罚款；情节严重的，十年内禁止从事前款规定的业务；构成犯罪的，终身禁止从事前款规定的业务。

本条第一款规定的单位和委托人恶意串通，出具虚假报告，造成他人人身或者财产损害的，还应当与委托人承担连带责任。

第九十一条 违反本法规定，有下列行为之一的，由地方人民政府生态环境主管部门责令改正，处十万元以上五十万元以下的罚款；情节严重的，处五十万元以上一百万元以下的罚款；有违法所得的，没收违法所得；对直接负责的主管人员和其他直接责任人员处五千元以上二万元以下的罚款：

（一）未单独收集、存放开发建设过程中剥离的表土的；

（二）实施风险管控、修复活动对土壤、周边环境造成新的污染的；

（三）转运污染土壤，未将运输时间、方式、线路和污染土壤数量、去向、最终处置措施等提前报所在地和接收地生态环境主管部门的；

（四）未达到土壤污染风险评估报告确定的风险管控、修复目标的建设用地地块，开工建设与风险管控、修复无关的项目的。

第九十二条　违反本法规定，土壤污染责任人或者土地使用权人未按照规定实施后期管理的，由地方人民政府生态环境主管部门或者其他负有土壤污染防治监督管理职责的部门责令改正，处一万元以上五万元以下的罚款；情节严重的，处五万元以上五十万元以下的罚款。

第九十三条　违反本法规定，被检查者拒不配合检查，或者在接受检查时弄虚作假的，由地方人民政府生态环境主管部门或者其他负有土壤污染防治监督管理职责的部门责令改正，处二万元以上二十万元以下的罚款；对直接负责的主管人员和其他直接责任人员处五千元以上二万元以下的罚款。

第九十四条　违反本法规定，土壤污染责任人或者土地使用权人有下列行为之一的，由地方人民政府生态环境主管部门或者其他负有土壤污染防治监督管理职责的部门责令改正，处二万元以上二十万元以下的罚款；拒不改正的，处二十万元以上一百万元以下的罚款，并委托他人代为履行，所需费用由土壤污染责任人或者土地使用权人承担；对直接负责的主管人员和其他直接责任人员处五千元以上二万元以下的罚款：

（一）未按照规定进行土壤污染状况调查的；

（二）未按照规定进行土壤污染风险评估的；

（三）未按照规定采取风险管控措施的；

（四）未按照规定实施修复的；

（五）风险管控、修复活动完成后，未另行委托有关单位对风险管控效果、修复效果进行评估的。

土壤污染责任人或者土地使用权人有前款第三项、第四项规定行为之一，情节严重的，地方人民政府生态环境主管部门或者其他负有土壤污染防治监督管理职责的部门可以将案件移送公安机关，对直接负责的主管人员和其他直接责任人员处五日以上十五日以下的拘留。

第九十五条　违反本法规定，有下列行为之一的，由地方人民政府有关部门责令改正；拒不改正的，处一万元以上五万元以下的罚款：

（一）土壤污染重点监管单位未按照规定将土壤污染防治工作方案报地方人民政府生态环境、工业和信息化主管部门备案的；

（二）土壤污染责任人或者土地使用权人未按照规定将修复方案、效果评估报告报地方人民政府生态环境、农业农村、林业草原主管部门备案的；

（三）土地使用权人未按照规定将土壤污染状况调查报告报地方人民政府生态环境主管部门备案的。

第九十六条 污染土壤造成他人人身或者财产损害的，应当依法承担侵权责任。

土壤污染责任人无法认定，土地使用权人未依照本法规定履行土壤污染风险管控和修复义务，造成他人人身或者财产损害的，应当依法承担侵权责任。

土壤污染引起的民事纠纷，当事人可以向地方人民政府生态环境等主管部门申请调解处理，也可以向人民法院提起诉讼。

第九十七条 污染土壤损害国家利益、社会公共利益的，有关机关和组织可以依照《中华人民共和国环境保护法》《中华人民共和国民事诉讼法》《中华人民共和国行政诉讼法》等法律的规定向人民法院提起诉讼。

第九十八条 违反本法规定，构成违反治安管理行为的，由公安机关依法给予治安管理处罚；构成犯罪的，依法追究刑事责任。

第七章 附 则

第九十九条 本法自 2019 年 1 月 1 日起施行。

附录7 中华人民共和国环境保护税法

中华人民共和国环境保护税法

（2016年12月25日第十二届全国人民代表大会常务委员会第二十五次会议通过 根据2018年10月26日第十三届全国人民代表大会常务委员会第六次会议《关于修改〈中华人民共和国野生动物保护法〉等十五部法律的决定》修正）

第一章 总 则

第一条 为了保护和改善环境，减少污染物排放，推进生态文明建设，制定本法。

第二条 在中华人民共和国领域和中华人民共和国管辖的其他海域，直接向环境排放应税污染物的企业事业单位和其他生产经营者为环境保护税的纳税人，应当依照本法规定缴纳环境保护税。

第三条 本法所称应税污染物，是指本法所附《环境保护税税目税额表》《应税污染物和当量值表》规定的大气污染物、水污染物、固体废物和噪声。

第四条 有下列情形之一的，不属于直接向环境排放污染物，不缴纳相应污染物的环境保护税：

（一）企业事业单位和其他生产经营者向依法设立的污水集中处理、生活垃圾集中处理场所排放应税污染物的；

（二）企业事业单位和其他生产经营者在符合国家和地方环境保护标准的设施、场所贮存或者处置固体废物的。

第五条 依法设立的城乡污水集中处理、生活垃圾集中处理场所超过国家和地方规定的排放标准向环境排放应税污染物的，应当缴纳环境保护税。

企业事业单位和其他生产经营者贮存或者处置固体废物不符合国家和地方环境保护标准的，应当缴纳环境保护税。

第六条 环境保护税的税目、税额，依照本法所附《环境保护税税目税额表》执行。

应税大气污染物和水污染物的具体适用税额的确定和调整，由省、自治区、直辖市人民政府统筹考虑本地区环境承载能力、污染物排放现状和经济社会生态发展目标要求，在本法所附《环境保护税税目税额表》规定的税额幅度内提出，报同级人民代表大会常务委员会决定，并报全国人民代表大会常务委员会和国务院备案。

第二章 计税依据和应纳税额

第七条 应税污染物的计税依据，按照下列方法确定：

（一）应税大气污染物按照污染物排放量折合的污染当量数确定；

（二）应税水污染物按照污染物排放量折合的污染当量数确定；

（三）应税固体废物按照固体废物的排放量确定；

（四）应税噪声按照超过国家规定标准的分贝数确定。

第八条 应税大气污染物、水污染物的污染当量数，以该污染物的排放量除以该污染物的污染当量值计算。每种应税大气污染物、水污染物的具体污染当量值，依照本法所附《应税污染物和当量值表》执行。

第九条 每一排放口或者没有排放口的应税大气污染物，按照污染当量数从大到小排序，对前三项污染物征收环境保护税。

每一排放口的应税水污染物，按照本法所附《应税污染物和当量值表》，区分第一类水污染物和其他类水污染物，按照污染当量数从大到小排序，对第一类水污染物按照前五项征收环境保护税，对其他类水污染物按照前三项征收环境保护税。

省、自治区、直辖市人民政府根据本地区污染物减排的特殊需要，可以增加同一排放口征收环境保护税的应税污染物项目数，报同级人民代表大会常务委员会决定，并报全国人民代表大会常务委员会和国务院备案。

第十条 应税大气污染物、水污染物、固体废物的排放量和噪声的分贝数，按照下列方法和顺序计算：

（一）纳税人安装使用符合国家规定和监测规范的污染物自动监测设备的，按照污染物自动监测数据计算；

（二）纳税人未安装使用污染物自动监测设备的，按照监测机构出具的符合国家有关规定和监测规范的监测数据计算；

（三）因排放污染物种类多等原因不具备监测条件的，按照国务院生态环境主管部门规定的排污系数、物料衡算方法计算；

（四）不能按照本条第一项至第三项规定的方法计算的，按照省、自治区、直辖市人民政府生态环境主管部门规定的抽样测算的方法核定计算。

第十一条 环境保护税应纳税额按照下列方法计算：

（一）应税大气污染物的应纳税额为污染当量数乘以具体适用税额；

（二）应税水污染物的应纳税额为污染当量数乘以具体适用税额；

（三）应税固体废物的应纳税额为固体废物排放量乘以具体适用税额；

（四）应税噪声的应纳税额为超过国家规定标准的分贝数对应的具体适用税额。

第三章 税收减免

第十二条 下列情形，暂予免征环境保护税：

（一）农业生产（不包括规模化养殖）排放应税污染物的；

（二）机动车、铁路机车、非道路移动机械、船舶和航空器等流动污染源排放应税污染物的；

（三）依法设立的城乡污水集中处理、生活垃圾集中处理场所排放相应应税污染物，不超过国家和地方规定的排放标准的；

（四）纳税人综合利用的固体废物，符合国家和地方环境保护标准的；

（五）国务院批准免税的其他情形。

前款第五项免税规定，由国务院报全国人民代表大会常务委员会备案。

第十三条 纳税人排放应税大气污染物或者水污染物的浓度值低于国家和地方规定的污染物排放标准百分之三十的，减按百分之七十五征收环境保护税。纳税人排放应税大气污染物或者水污染物的浓度值低于国家和地方规定的污染物排放标准百分之五十的，减按百分之五十征收环境保护税。

第四章　征收管理

第十四条　环境保护税由税务机关依照《中华人民共和国税收征收管理法》和本法的有关规定征收管理。

生态环境主管部门依照本法和有关环境保护法律法规的规定负责对污染物的监测管理。

县级以上地方人民政府应当建立税务机关、生态环境主管部门和其他相关单位分工协作工作机制，加强环境保护税征收管理，保障税款及时足额入库。

第十五条　生态环境主管部门和税务机关应当建立涉税信息共享平台和工作配合机制。

生态环境主管部门应当将排污单位的排污许可、污染物排放数据、环境违法和受行政处罚情况等环境保护相关信息，定期交送税务机关。

税务机关应当将纳税人的纳税申报、税款入库、减免税额、欠缴税款以及风险疑点等环境保护税涉税信息，定期交送生态环境主管部门。

第十六条　纳税义务发生时间为纳税人排放应税污染物的当日。

第十七条　纳税人应当向应税污染物排放地的税务机关申报缴纳环境保护税。

第十八条　环境保护税按月计算，按季申报缴纳。不能按固定期限计算缴纳的，可以按次申报缴纳。

纳税人申报缴纳时，应当向税务机关报送所排放应税污染物的种类、数量，大气污染物、水污染物的浓度值，以及税务机关根据实际需要要求纳税人报送的其他纳税资料。

第十九条　纳税人按季申报缴纳的，应当自季度终了之日起十五日内，向税务机关办理纳税申报并缴纳税款。纳税人按次申报缴纳的，应当自纳税义务发生之日起十五日内，向税务机关办理纳税申报并缴纳税款。

纳税人应当依法如实办理纳税申报，对申报的真实性和完整性承担责任。

第二十条　税务机关应当将纳税人的纳税申报数据资料与生态环境主管部门交送的相关数据资料进行比对。

税务机关发现纳税人的纳税申报数据资料异常或者纳税人未按照规定期限办理纳税申报的，可以提请生态环境主管部门进行复核，生态环境主管部门应当自收到税务机关的数据资料之日起十五日内向税务机关出具复核意见。税务机关应当按照生态环境主管部门复核的数据资料调整纳税人的应纳税额。

第二十一条 依照本法第十条第四项的规定核定计算污染物排放量的，由税务机关会同生态环境主管部门核定污染物排放种类、数量和应纳税额。

第二十二条 纳税人从事海洋工程向中华人民共和国管辖海域排放应税大气污染物、水污染物或者固体废物，申报缴纳环境保护税的具体办法，由国务院税务主管部门会同国务院生态环境主管部门规定。

第二十三条 纳税人和税务机关、生态环境主管部门及其工作人员违反本法规定的，依照《中华人民共和国税收征收管理法》《中华人民共和国环境保护法》和有关法律法规的规定追究法律责任。

第二十四条 各级人民政府应当鼓励纳税人加大环境保护建设投入，对纳税人用于污染物自动监测设备的投资予以资金和政策支持。

第五章 附 则

第二十五条 本法下列用语的含义：

（一）污染当量，是指根据污染物或者污染排放活动对环境的有害程度以及处理的技术经济性，衡量不同污染物对环境污染的综合性指标或者计量单位。同一介质相同污染当量的不同污染物，其污染程度基本相当。

（二）排污系数，是指在正常技术经济和管理条件下，生产单位产品所应排放的污染物量的统计平均值。

（三）物料衡算，是指根据物质质量守恒原理对生产过程中使用的原料、生产的产品和产生的废物等进行测算的一种方法。

第二十六条 直接向环境排放应税污染物的企业事业单位和其他生产经营者，除依照本法规定缴纳环境保护税外，应当对所造成的损害依法承担责任。

第二十七条 自本法施行之日起，依照本法规定征收环境保护税，不再征收排污费。

第二十八条 本法自 2018 年 1 月 1 日起施行。

附表一：环境保护税税目税额表

<table>
<tr><th colspan="2">税目</th><th>计税单位</th><th>税额</th><th>备注</th></tr>
<tr><td colspan="2">大气污染物</td><td>每污染当量</td><td>1.2 元至 12 元</td><td></td></tr>
<tr><td colspan="2">水污染物</td><td>每污染当量</td><td>1.4 元至 14 元</td><td></td></tr>
<tr><td rowspan="4">固体废物</td><td>煤矸石</td><td>每吨</td><td>5 元</td><td></td></tr>
<tr><td>尾矿</td><td>每吨</td><td>15 元</td><td></td></tr>
<tr><td>危险废物</td><td>每吨</td><td>1 000 元</td><td></td></tr>
<tr><td>冶炼渣、粉煤灰、炉渣、其他固体废物（含半固态、液态废物）</td><td>每吨</td><td>25 元</td><td></td></tr>
<tr><td rowspan="6">噪声</td><td rowspan="6">工业噪声</td><td>超标 1～3 分贝</td><td>每月 350 元</td><td rowspan="6">1. 一个单位边界上有多处噪声超标，根据最高一处超标声级计算应纳税额；当沿边界长度超过 100 米有两处以上噪声超标，按照两个单位计算应纳税额。
2. 一个单位有不同地点作业场所的，应当分别计算应纳税额，合并计征。
3. 昼、夜均超标的环境噪声，昼、夜分别计算应纳税额，累计计征。
4. 声源一个月内超标不足 15 天的，减半计算应纳税额。
5. 夜间频繁突发和夜间偶然突发厂界超标噪声，按等效声级和峰值噪声两种指标中超标分贝值高的一项计算应纳税额</td></tr>
<tr><td>超标 4～6 分贝</td><td>每月 700 元</td></tr>
<tr><td>超标 7～9 分贝</td><td>每月 1 400 元</td></tr>
<tr><td>超标 10～12 分贝</td><td>每月 2 800 元</td></tr>
<tr><td>超标 13～15 分贝</td><td>每月 5 600 元</td></tr>
<tr><td>超标 16 分贝以上</td><td>每月 11 200 元</td></tr>
</table>

附表二：应税污染物和当量值表

一、第一类水污染物污染当量值

污染物	污染当量值/千克
1．总汞	0.000 5
2．总镉	0.005
3．总铬	0.04
4．六价铬	0.02
5．总砷	0.02
6．总铅	0.025
7．总镍	0.025
8．苯并[*a*]芘	0.000 000 3
9．总铍	0.01
10．总银	0.02

二、第二类水污染物污染当量值

污染物	污染当量值/千克	备注
11．悬浮物（SS）	4	
12．生化需氧量（BOD_5）	0.5	同一排放口中的化学需氧量、生化需氧量和总有机碳，只征收一项
13．化学需氧量（COD_{Cr}）	1	
14．总有机碳（TOC）	0.49	
15．石油类	0.1	
16．动植物油	0.16	
17．挥发酚	0.08	
18．总氰化物	0.05	
19．硫化物	0.125	
20．氨氮	0.8	
21．氟化物	0.5	
22．甲醛	0.125	
23．苯胺类	0.2	
24．硝基苯类	0.2	
25．阴离子表面活性剂（LAS）	0.2	
26．总铜	0.1	

污染物	污染当量值/千克	备注
27．总锌	0.2	
28．总锰	0.2	
29．彩色显影剂（CD-2）	0.2	
30．总磷	0.25	
31．单质磷（以 P 计）	0.05	
32．有机磷农药（以 P 计）	0.05	
33．乐果	0.05	
34．甲基对硫磷	0.05	
35．马拉硫磷	0.05	
36．对硫磷	0.05	
37．五氯酚及五氯酚钠（以五氯酚计）	0.25	
38．三氯甲烷	0.04	
39．可吸附有机卤化物（AOX）（以 Cl 计）	0.25	
40．四氯化碳	0.04	
41．三氯乙烯	0.04	
42．四氯乙烯	0.04	
43．苯	0.02	
44．甲苯	0.02	
45．乙苯	0.02	
46．邻-二甲苯	0.02	
47．对-二甲苯	0.02	
48．间-二甲苯	0.02	
49．氯苯	0.02	
50．邻二氯苯	0.02	
51．对二氯苯	0.02	
52．对硝基氯苯	0.02	
53．2,4-二硝基氯苯	0.02	
54．苯酚	0.02	
55．间-甲酚	0.02	
56．2,4-二氯酚	0.02	
57．2,4,6-三氯酚	0.02	
58．邻苯二甲酸二丁酯	0.02	
59．邻苯二甲酸二辛酯	0.02	
60．丙烯腈	0.125	
61．总硒	0.02	

三、pH 值、色度、大肠菌群数、余氯量水污染物污染当量值

污染物		污染当量值	备注
1. pH 值	1. 0～1，13～14	0.06 吨污水	pH 值 5～6 指大于等于 5，小于 6；pH 值 9～10 指大于等于 9，小于等于 10；其余类推
	2. 1～2，12～13	0.125 吨污水	
	3. 2～3，11～12	0.25 吨污水	
	4. 3～4，10～11	0.5 吨污水	
	5. 4～5，9～10	1 吨污水	
	6. 5～6	5 吨污水	
2. 色度		5 吨水·倍	
3. 大肠菌群数（超标）		3.3 吨污水	大肠菌群数和余氯量只征收一项
4. 余氯量（用氯消毒的医院废水）		3.3 吨污水	

四、禽畜养殖业、小型企业和第三产业水污染物污染当量值（本表仅适用于计算无法进行实际检测或物料衡算的禽畜养殖业、小型企业和第三产业水污染物污染当量数）

类型		污染当量值	备注
禽畜养殖场	1. 牛	0.1 头	仅对存栏规模大于 50 头牛、500 头猪、5 000 羽鸡鸭等的禽畜养殖场征收
	2. 猪	1 头	
	3. 鸡、鸭等家禽	30 羽	
4. 小型企业		1.8 吨污水	
5. 饮食娱乐服务业		0.5 吨污水	
6. 医院	消毒	0.14 床	医院病床大于 20 张的按照本表计算污染当量数
		2.8 吨污水	
	不消毒	0.07 床	
		1.4 吨污水	

五、大气污染物污染当量值

污染物	污染当量值/千克
1．二氧化硫	0.95
2．氮氧化物	0.95
3．一氧化碳	16.7
4．氯气	0.34
5．氯化氢	10.75
6．氟化物	0.87
7．氰化氢	0.005
8．硫酸雾	0.6
9．铬酸雾	0.000 7
10．汞及其化合物	0.000 1
11．一般性粉尘	4
12．石棉尘	0.53
13．玻璃棉尘	2.13
14．炭黑尘	0.59
15．铅及其化合物	0.02
16．镉及其化合物	0.03
17．铍及其化合物	0.000 4
18．镍及其化合物	0.13
19．锡及其化合物	0.27
20．烟尘	2.18
21．苯	0.05
22．甲苯	0.18
23．二甲苯	0.27
24．苯并[*a*]芘	0.000 002
25．甲醛	0.09
26．乙醛	0.45
27．丙烯醛	0.06
28．甲醇	0.67
29．酚类	0.35
30．沥青烟	0.19
31．苯胺类	0.21
32．氯苯类	0.72

污染物	污染当量值/千克
33．硝基苯	0.17
34．丙烯腈	0.22
35．氯乙烯	0.55
36．光气	0.04
37．硫化氢	0.29
38．氨	9.09
39．三甲胺	0.32
40．甲硫醇	0.04
41．甲硫醚	0.28
42．二甲二硫	0.28
43．苯乙烯	25
44．二硫化碳	20

参考文献

[1] 环境保护部环境监察局. 环境监察[M]. 北京：中国环境科学出版社，2009.

[2] 郭正，陈喜红. 环境监察[M]. 北京：化学工业出版社，2010.

[3] 李莉霞. 环境监察[M]. 北京：科学出版社，2011.

[4] 李党生. 环境保护概论[M]. 北京：中国环境科学出版社，2010.

[5] 陈喜红. 环境法规与标准[M]. 北京：高等教育出版社，2007.

[6] 国家环境保护总局. 排污申报登记实用手册[M]. 北京：中国环境科学出版社，2004.

[7] 孟庆伟. 环境管理与规划[M]. 北京：化学工业出版社，2011.

[8] 张明顺. 环境管理[M]. 武汉：武汉理工大学出版社，2003.

[9] 朱庚申. 环境管理[M]. 北京：中国环境科学出版社，2010.

[10] 沈洪艳. 环境管理学[M]. 北京：清华大学出版社，2010.

[11] 叶文虎，张勇. 环境管理学[M]. 北京：高等教育出版社，2006.

[12] 蓝文艺. 环境行政管理[M]. 北京：中国环境科学出版社，2004.

[13] 环境保护部环境监察局. 污染源环境监察[M]. 北京：中国环境科学出版社，2012.

[14] 环境保护部环境工程评估中心. 建设项目环境监理[M]. 北京：中国环境科学出版社，2012.

[15] 吕小明. 环境污染事件应急处理技术[M]. 北京：中国环境科学出版社，2012.

[16] 余敏. 突发环境事件案例分析（第一辑）[M]. 北京：中国环境科学出版社，2011.

[17] 左锐，曹健，舒伟. 基于内部控制视角的企业环境风险管理研究[J]. 西安财经学院学报，2012，25（5）：86-90.

[18] 岳鹏飞. 石化企业环境风险特性与评价[J]. 河北化工，2010，33（8）：69-71.

[19] 钱仕龙，贾秀英，张杭君. 大型化工企业环境风险管控新思路[J]. 广州化工，2012，40（6）：176-178.

[20] 刘煦晴，汪瀚，李庆新，等. 大型磷铵企业环境风险的回顾性评价[J]. 安全与环境工程，2003，10（1）：26-29.

[21] 罗榜圣. 企业环境管理[M]. 重庆：重庆大学出版社，2005.

[22] 张晓玲. 中小企业环境管理手册[M]. 北京：中国环境科学出版社，2012.

[23] 杜静. 清洁生产审核实用手册[M]. 北京：中国环境科学出版社，2009.

[24] 郭显锋，等. 清洁生产审核指南[M]. 北京：中国环境科学出版社，2007.

[25] 广东创势质量技术咨询服务有限公司. ISO 14000 普及教材[M]. 广州：广东人民出版社，2003.

[26] 段一泓. 环境管理体系教程 2004 版 ISO 14000 系列标准培训教材[M]. 北京：中国标准出版社，2006.

[27] 艾兵，刘国旗，张泳琪. ISO 14001：2004 环境管理体系建立简明教程[M]. 北京：中国标准出版社，2006.

[28] 环境影响评价技术导则　总纲（HJ 2.1—2011）[S].

[29] 建设项目环境风险评价技术导则（HJ/T 169—2018）[S].

[30] 建设项目环境保护管理条例（国务院令　第 682 号）.

[31] 建设项目竣工环境保护验收暂行办法（国环规环评〔2017〕4 号）.

[32] 突发环境事件应急管理暂行办法（环境保护部令　第 34 号）.

[33] 排污许可管理办法（试行）（环境保护部令　第 48 号）.

[34] 排污许可证申请及核发技术规范　总则（HJ 42—2018）[S].

[35] 排污单位环境管理及排污许可证执行报告技术规范化　总则（HJ 944—2018）[S].

[36] 吕忠梅. 环境法学概要[M]. 北京：法律出版社，2016.

[37] 袁杰. 中华人民共和国环境保护法解读[M]. 北京：中国法制出版社，2014.